面向新工科5G移动通信“十四五”规划教材

总主编◎张光义 中国工程院院士

光传输技术

蔡正保 戴泽淼 赵静梅 陈 曼◎编著

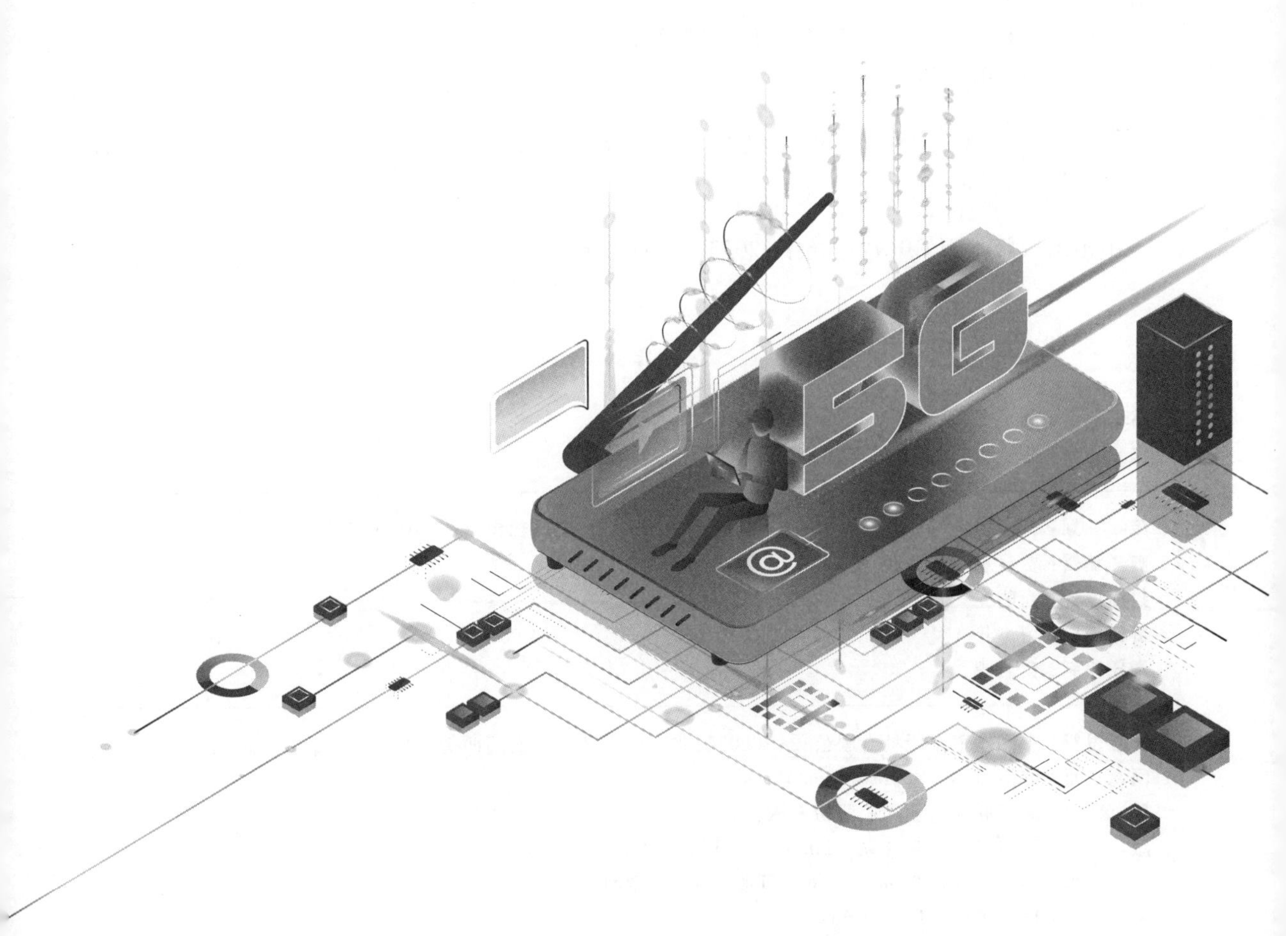

中国铁道出版社有限公司
CHINA RAILWAY PUBLISHING HOUSE CO., LTD.

内 容 简 介

本书全面介绍了OTN技术的基本原理及其应用场景，主要包括传送网概述、OTN的网络架构、OTN复用与映射、OTN业务映射方式、OTN交叉连接技术、POTN技术概述、POTN设备的功能特征和逻辑功能模型、POTN的关键技术、OTN同步需求、OTN同步技术、OTN同步实现方案、高速传输技术、OTN网元管理系统实战、OTN+PTN联合组网模式分析、5G承载网方案分析以及OTN性能维护及故障处理等。

本书力求在OTN技术基本原理、应用等方面提供必要的信息，理论与实际紧密联系，突出实际应用。本书适合作为高等院校通信工程、电子信息工程及光通信工程等相关专业的教材，也可作为光传输技术的培训教材，以及一般工程技术人员的参考用书。

图书在版编目(CIP)数据

光传输技术/蔡正保等编著．—北京：中国铁道出版社有限公司，2023.4
面向新工科5G移动通信"十四五"规划教材
ISBN 978-7-113-29966-8

Ⅰ.①光… Ⅱ.①蔡… Ⅲ.①光传输技术-高等学校-教材 Ⅳ.①TN818

中国国家版本馆CIP数据核字(2023)第030016号

书 名：光传输技术
作 者：蔡正保 戴泽淼 赵静梅 陈 曼

策 划：韩从付 **编辑部电话：**(010)63549501
责任编辑：贾 星 绳 超
封面设计：尚明龙
责任校对：苗 丹
责任印制：樊启鹏

出版发行：中国铁道出版社有限公司(100054，北京市西城区右安门西街8号)
网 址：http://www.tdpress.com/51eds/
印 刷：北京联兴盛业印刷股份有限公司
版 次：2023年4月第1版 2023年4月第1次印刷
开 本：787 mm×1 092 mm 1/16 **印张：**14.5 **字数：**367千
书 号：ISBN 978-7-113-29966-8
定 价：45.00元

编委会

序 一

全球经济一体化促使信息产业高速发展，给当今世界人类生活带来了巨大的变化，通信技术在这场变革中起着至关重要的作用。通信技术的应用和普及大大缩短了信息传递的时间，优化了信息传播的效率，特别是移动通信技术的不断突破，极大地提高了信息交换的简洁化和便利化程度，扩大了信息传播的范围。目前，5G通信技术在全球范围内引起各国的高度重视，是国家竞争力的重要组成部分。中国政府早在"十三五"规划中已明确推出"网络强国"战略和"互联网+"行动计划，旨在不断加强国内通信网络建设，为物联网、云计算、大数据和人工智能等行业提供强有力的通信网络支撑，为工业产业升级提供强大动力，提高中国智能制造业的创造力和竞争力。

党的二十大报告指出，"加快建设国家战略人才力量，努力培养造就更多大师、战略科学家、一流科技领军人才和创新团队、青年科技人才、卓越工程师、大国工匠、高技能人才"。近年来，为适应国家建设教育强国的战略部署，满足区域和地方经济发展对高学历人才和技术应用型人才的需要，国家颁布了一系列发展普通教育和职业教育的决定。2022年1月召开的2022年全国教育工作会议指出，要创新发展支撑国家战略需要的高等教育。推进人才培养服务新时代人才强国战略，推进学科专业结构适应新发展格局需要，以高质量的科研创新创造成果支撑高水平科技自立自强，推动"双一流"建设高校为加快建设世界重要人才中心和创新高地提供有力支撑。《国务院关于大力推进职业教育改革与发展的决定》指出，要加强实践教学，提高受教育者的职业能力，职业学校要培养学生的实践能力、专业技能、敬业精神和严谨求实作风。

现阶段，高校专业人才培养工作与通信行业的实际人才需求存在以下几个问题：

一、通信专业人才培养与行业需求不完全适应

面对通信行业的人才需求，应用型本科教育和高等职业教育的主要任务是培养更多更好的应用型、技能型人才，为此国家相关部门颁布了一系列文件，提出了明确的导向，但现阶段高等职业教育体系和专业建设还存在过于倾向学历化的问题。通信行业因其工程性、实践性、实时性等特点，要求高职院校在培养通信人才的过程中必须严格落实国家制定的"产教融合，校企合作，工学结合"的人才培养要求，引入产业资源充实课程内容，使人才培养与产业需求有机统一。

二、教学模式相对陈旧，专业实践教学滞后比较明显

当前通信专业应用型本科教育和高等职业教育仍较多采用课堂讲授为主的教学模式，学生很难以"准职业人"的身份参与教学活动。这种普通教育模式比较缺乏对通信人才的专业技能培训。应用型本科和高职院校的实践教学应引入"职业化"教学的理念，使实践教

学从课程实验、简单专业实训、金工实训等传统内容中走出来,积极引入企业实战项目,广泛采取项目式教学手段,根据行业发展和企业人才需求培养学生的实践能力、技术应用能力和创新能力。

三、专业课程设置和课程内容与通信行业的能力要求多有脱节,应用性不强

作为高等教育体系中的应用型本科教育和高等职业教育,不仅要实现其“高等性”,也要实现其“应用性”和“职业性”。教育要与行业对接,实现深度的产教融合。专业课程设置和课程内容中对实践能力的培养较弱,缺乏针对性,不利于学生职业素质的培养,难以适应通信行业的要求。同时,课程结构缺乏层次性和衔接性,并非是纵向深化为主的学习方式,教学内容与行业脱节,难以吸引学生的注意力,易出现“学而不用,用而不学”的尴尬现象。

新工科就是基于国家战略发展新需求、适应国际竞争新形势、满足立德树人新要求而提出的我国工程教育改革方向。探索集前沿技术培养与专业解决方案于一身的教程,面向新工科,有助于解决人才培养中遇到的上述问题,提升高校教学水平,培养满足行业需求的新技术人才,因而具有十分重要的意义。

本套书第一期计划出版15本,分别是《光通信原理及应用实践》《综合布线工程设计》《光传输技术》《无线网络规划与优化》《数据通信技术》《数据网络设计与规划》《光宽带接入技术》《5G移动通信技术》《现代移动通信技术》《通信工程设计与概预算》《分组传送技术》《通信全网实践》《通信项目管理与监理》《移动通信室内覆盖工程》《WLAN无线通信技术》。套书整合了高校理论教学与企业实践的优势,兼顾理论系统性与实践操作的指导性,旨在打造为移动通信教学领域的精品图书。

本套书围绕我国培育和发展通信产业的总体规划和目标,立足当前院校教学实际场景,构建起完善的移动通信理论知识框架,通过融入黄冈教育谷培养应用型技术技能专业人才的核心目标,建立起从理论到工程实践的知识桥梁,致力于培养既具备扎实理论基础又能从事实践的优秀应用型人才。

本套书的编者来自中国电子科技集团、广东省新一代通信与网络创新研究院、南京理工大学、黄冈教育谷投资控股有限公司等单位,包括广东省新一代通信与网络创新研究院院长朱伏生、中国电子科技集团赵玉洁、黄冈教育谷投资控股有限公司徐巍、舒雪姣、徐志斌、兰剑、姚中阳、胡良稳、蒋志钊、阳春、袁彬等。

本套书如有不足之处,请各位专家、老师和广大读者不吝指正。希望通过本套书的不断完善和出版,为我国通信教育事业的发展和应用型人才培养做出更大贡献。

张光义

2022年11月

序 二

现今,ICT(信息、通信和技术)领域是当仁不让的焦点。国家发布了一系列政策,从顶层设计引导和推动新型技术发展,各类智能技术深度融入垂直领域为传统行业的发展添薪加火;面向实际生活的应用日益丰富,智能化的生活实现了从“能用”向“好用”的转变;“大智物云”更上一层楼,从服务本行业扩展到推动企业数字化转型。2019 年中央经济工作会议提出,加快 5G 商用步伐,加强人工智能、工业互联网、物联网等新型基础设施建设。5G 牌照发放后已经带动移动、联通和电信在 5G 网络建设的投资,并且国家一直积极推动国家宽带战略,这也牵引了运营商加大在宽带固网基础设施与设备的投入。

5G 时代的技术革命使通信及通信关联企业对通信专业的人才提出了新的要求。在这种新形势下,企业对学生的新技术和新科技认知度、岗位适应性和扩展性、综合能力素质有了更高的要求。从相关调研与数据分析看,通信专业人才储备明显不足,仅 10% 的受访企业认可当前人才储备能够满足企业发展需求。相关的调研显示,为应对该挑战,超过 50% 的受访企业已经开展 5G 相关通信人才的培养行动,但由于缺乏相应的培养经验、资源与方法,人才培养投入产出效益不及预期。为此,黄冈教育谷投资控股有限公司再次出发,面向教育领域人才培养做出规划,为通信行业人才输出做出有力支撑。

本套书是黄冈教育谷投资控股有限公司面向新工科移动通信专业学生及对通信感兴趣的初学人士所开发的系列教材之一。以培养学生的应用能力为主要目标,理论与实践并重,并强调理论与实践相结合。通过校企双方优势资源的共同投入和促进,建立以产业需求为导向、以实践能力培养为重点、以产学结合为途径的专业培养模式,使学生既获得实际工作体验,又夯实基础知识,掌握实际技能,提升综合素养。因此,本套书注重实际应用,立足于高等教育应用型人才培养目标,结合黄冈教育谷投资控股有限公司培养应用型技术技能专业人才的核心目标,在内容编排上,将教材知识点项目化、模块化,用任务驱动的方式安排项目,力求循序渐进、举一反三、通俗易懂,突出实践性和工程性,使抽象的理论具体化、形象化,使之真正贴合实际、面向工程应用。

本套书编写过程中,主要形成了以下特点:

(1)系统性。以项目为基础、以任务实战的方式安排内容,架构清晰、组织结构新颖。先让学生掌握课程整体知识内容的骨架,然后在不同项目中穿插实战任务,学习目标明确,实战经验丰富，对学生培养效果好。

（2）实用性。本套书由一批具有丰富教学经验和多年工程实践经验的企业培训师编写，既解决了高校教师教学经验丰富但工程经验少、编写教材时不免理论内容过多的问题，又解决了工程人员实战经验多却无法全面清晰阐述内容的问题，教材贴合实际又易于学习，实用性强。

（3）前瞻性。任务案例来自工程一线，案例新、实践性强。本套书结合工程一线真实案例编写了大量实训任务和工程案例演练环节，让学生掌握实际工作中所需要用到的各种技能，边做边学，在学校完成实践学习，提前具备职业人才技能素养。

本套书如有不足之处，请各位专家、老师和广大读者不吝指正。以新工科的要求进行技能人才培养需要更加广泛深入的探索，希望通过本套书的不断完善，与各界同仁一道携手并进，为教育事业共尽绵薄之力。

2022 年 11 月

前言

当前通信网业务的主体已经由传统的TDM(时分复用)业务转为数据业务,为了更好地承载数据业务,光传送技术一直在发展各种IP承载技术,如PTN(分组传送网)、IPRAN(无线接入网IP化)、OTN(光传送网)等。尤其需要指出的是,当下通信主干网容量的需求是十年前的数十乃至上百倍,可以预见的未来数字经济,容量还将进一步增长,而OTN技术在这方面有明显的优势,可以较好地解决大颗粒数据业务的灵活承载问题。在这种环境下,为了与通信企业人才需求接轨,也为了能为各厂家、运营商公司培养更多优秀的传输工程技术人员,特撰写了本书。

本书依据通信相关专业人才培养方案,针对光传输技术的特点而编制,目的是突出理论够用、注重实践的特点。本书内容包括光传输技术、OTN网络建设与运维、光传输网运维实例分析三篇,共分七个项目。

项目一主要介绍了传送网的基本概念、OTN的网络架构、OTN复用与映射、OTN交叉连接技术等基础知识。项目二主要介绍了POTN技术、POTN设备的功能特征和逻辑功能模型,主要侧重介绍POTN的关键技术。项目三介绍了OTN同步技术,包括同步的相关技术及实现方案。项目四主要介绍了高速传输技术,涉及40G、100G、400G WDM(波分复用)关键技术。项目五主要介绍了OTN网元管理系统实战,包括网管平台的介绍、网元初始化、OTN业务配置。项目六是光传输网案例分析,包含OTN+PTN联合组网模式分析和5G承载网方案分析。项目七介绍了光传输网故障处理,包括网络的日常维护、故障定位及处理、典型故障案例。

本书既注重培养学生分析问题的能力,也注意培养学生思考、解决问题的能力,使学生真正做到学以致用。在本书的编写过程中,编著者吸收了相关教材及论著的研究成果,在此,谨向通信学界的师友、同仁及作者表示衷心的感谢!

本书提供课件、实训手册、配套题库、课程标准、课程大纲等配套资源。读者如有需要,可登录http://www.tdpress.com/51eds/下载。

限于编著者水平,书中难免有不妥或疏漏之处,敬请广大读者批评指正。

编著者

2022年12月

目 录

理论篇 光传输技术

实践篇 OTN 网络建设与运维

理论篇

光传输技术

引言

20 世纪 90 年代，以因特网为代表的新技术革命正在深刻地改变着传统的电信概念和体系，其发展的速度是人类历史上所有工业中最快的，未来全球的因特网业务将超过话音业务。传统的网络无论从业务量设计、容量、组网方式，还是从交换方式上来讲都已无法适应这一新的发展趋势，开发下一代网络已成为网络技术发展的必然趋势。

下一代网络的一个重要挑战是容量问题。近十年来，全世界电话业务的平均年增长率为 6% 左右，而数据业务的平均年增长率却高达 25%～40%，远高于电话业务，特别是 IP 业务正呈现爆炸式增长态势，年增幅高达 300%；从核心网角度看，由于网络的高生存性要求，以数字交叉连接（DXC）选路和自愈环为基础的自愈网分别需要多消耗 30%～60% 和 100% 的额外网络容量，使容量需求增加；从接入网角度看，由于一系列宽带接入技术的应用，使接入速率增加了数十至数百倍，导致核心主干网上的业务流量大幅度增加；在网络业务组成中将占主导地位的 IP 业务量的分布模式使未来的网络业务量分布大幅度向核心网转移，这进一步加剧了主干网容量需求的压力；IP 业务量的高度不确定性使不同路由的负荷会随时发生变化，造成网络资源利用的高度不平衡；日益廉价的带宽正在刺激大量宽带新业务和新应用的产生，诸如 IP 视频业务、高清晰度电视（HDTV）和虚拟现实（VR）等，有些特殊的宽带业务甚至需要高达太比特每秒以上的数据传输速率，例如 Telepresence 业务（又称远程呈现，指“使用音视频技术，实现远程虚拟人物呈现”的视频会议业务）需要 15 Tbit/s 的速率；最后，随着网络 IP 业务量份额的日益扩大和带宽成本的迅速降低，未来主干网上用带宽换取服务质量的轻载网络策略正赢得越来越多的支持，将需要更大、更宽松的网络带宽。

一、从 SDH 走向 WDM

十几年前全球信息基础设施主要是由同步数字体系（SDH）支撑，这种网络体系结构在传统电信网中扮演了极其重要的角色，而且十几年来也不断验证了电信网转型的大趋势。同时,随着数据业务逐渐成为全网的主要业务,作为支持电路交换方式的 SDH TDM 结构,其容量潜力已经不适应目前以及未来业务的发展,分组化几乎已经占领了网络全局。

从过去20多年的电信发展史看,光纤通信发展始终在按照电的时分复用(TDM)方式进行,高比特率系统的经济效益大致按指数规律增长。商用系统最初大批量采用10 Gbit/s的设备来装备网络,而后设备运营商不断推出40 Gbit/s 的系统并开始投入商用,当时有些实验室甚至已进行了160 Gbit/s 乃至320 Gbit/s 的试验。单路波长的传输速率正趋近上限,这受限于集成电路硅材料和镓砷材料的电子和空穴的迁移率及受限于传输媒质的色散和极化模色散,还受限于所开发系统的性能价格比是否有商用经济价值,因而现实的进一步大规模扩容的出路是转向光的复用方式。那时只有波分复用(WDM)方式已进入大规模商用阶段,其他方式尚处于试验研究阶段。

采用 WDM 技术后可以使容量迅速扩大几倍至几百倍;电再生距离从传统 SDH 的60~100 km 增加到400~600 km,节约了大量光纤和电再生器,大大降低了传输成本。WDM 与信号传输速率及电调制方式无关,是互连新老系统引入宽带新业务的方便手段。WDM 系统发展十分迅猛,320 Gbit/s(32×10 Gbit/s)WDM 系统已开始大批量装备网络,北电(北电网络,加拿大著名电讯设备供应商)等公司的1.6 Tbit/s(160×10 Gbit/s)WDM 系统也已经开始投入商用。从应用场合看,WDM 系统正开始从长途网向城域网渗透,最终会进入接入网领域。总的情况看,采用 WDM 后传输链路容量已基本实现突破,网络容量的"瓶颈"将转移到网络节点上。

二、从 WDM 走向 OTN 和 ASON

传统的点到点 WDM 系统在结构上十分简单,可以提供大量的原始带宽。然而,传统 WDM 系统每隔400~600 km 仍然需要电再生,随着用户电路长度的增加,必须配置大量背靠背的电再生器,系统成本迅速上升。据初步统计,在不少实际大型电信网络中大约有30%的用户电路长度超过2 400 km,随着 IP 业务的继续增加,长用户电路的比例会继续增加,这些长用户电路的成本很高;其次,每隔几百千米就需要安装和开通电再生器,使端到端用户电路的指配供给速度很慢,需要一个月以上;另外大量电再生器的运行维护和供电成本以及消耗的机房空间使运营成本大幅攀升;而且,网络的扩容也十分复杂,在大型网络节点中,往往需要互连多个点到点系统,涉及几百乃至几千个波长通路的互连。传统 WDM 结构要求每一个方向的每一个 WDM 通路都实施物理终结,靠手工进行大量光纤跳线的互连,造成高额终结成本和运行成本。简言之,传统点到点 WDM 系统的主要问题是:

(1)点到点 WDM 系统只提供了大量原始的传输带宽,需要有大型、灵活的网络节点才能实现高效的灵活组网能力。

(2)需要在枢纽节点实现 WDM 通路的物理终结和手工互连,因此不能迅速提供端到端的新电路。

(3)在下一代网络的大型节点处,高容量的光纤配线架的管理操作将十分复杂,手工互连不仅慢,而且易出错,扩容成本高,难度大。

(4)需要增加物理终结大量通路和附加大量接口卡的成本,特别对于工作和保护通路可延伸到数千千米的长距离传输系统影响更大。

显然，为了将传统的点到点 WDM 系统所提供的巨大原始带宽转化为实际组网可以灵活应用的带宽，需要在传输节点处引入灵活光节点，实现光层联网，构筑光传送网（OTN）乃至自动交换光网络（ASON），即实现从传统 WDM 走向 OTN 和 ASON 的转变和升级。当然，这种转变从网络视角看不应也不会是革命性的，而是长期的、自然的演进过程，是网络可持续发展战略的必然结果。

学习目标

（1）掌握 OTN 技术与同步技术基础理论知识。

（2）了解 POTN 技术特点与高速传输技术。

（3）具备 OTN 网络技术咨询、信号分析等能力。

知识体系

项目一

学习 OTN 技术

任务一　了解传送网

任务描述

全业务运营时代，电信运营商都将转型成为ICT（信息通信技术）综合服务提供商。业务的丰富性带来对带宽的更高需求，直接反映为对传送网能力和性能的要求。光传送网（optical transport network，OTN）技术由于能够满足各种新型业务需求，从幕后渐渐走到台前，成为传送网发展的主要方向。OTN是以波分复用技术为基础，在光层组织网络的传送网，是下一代的主干传送网。本任务主要介绍业务的丰富性对OTN网络的需求、常见的几种复用技术、OTN技术的简单介绍、OTN技术的国内外标准、未来OTN技术发展趋势以及常见OTN应用场景分析。

任务目标

（1）识记：常见的复用技术以及OTN在复用技术中的定位、OTN技术简介。

（2）领会：移动通信技术演进对传送网的需求、OTN标准进展。

（3）应用：OTN应用场景。

任务实施

一、移动通信技术演进对传送网的需求

传送网分为城域传送网、省内传送网和省际传送网。城域传送网又划分为接入层、汇聚层和核心层。在城域的接入层和汇聚层一般采用SDH/MSTP/PTN设备完成业务的接入和汇聚；在核心层，一般由WDM或光纤直趋方式将业务传送到各自的归属地，例如核心路由器，再经由省内干线网和省际干线网传送到各地。目前各业务网将逐步转为由IP网承载，IP业务颗粒变大、局向减少、网络结构简化。为适应网络IP化发展，增强网络的承载能力，传送网的建设由IP over SDH（光同步传输模式上传送IP）转向IP over WDM（波分复用传输模式上传送IP）技术进

行组网,满足 GE(gigabit Ethernet,千兆以太网)、2.5 Gbit/s(简写为 2.5G)、10 Gbit/s(简写为 10G)等大颗粒 IP 业务传送需求。与 IP over SDH 相比,IP over WDM 省去了 SDH 层面,减少了重叠功能,节约了 SDH 设备投资和相应的维护成本,但是 IP over WDM 也存在以下主要问题。

首先,WDM 组网能力较弱,对业务的保护能力不足。城域核心层、省内干线网和省际干线业务量大,保护级别高、流向灵活,要求传送层对业务实施可靠的保护,以保证实现电信级的业务保护与恢复。在实施保护的同时,还要有较高的网络带宽利用率。传统 WDM 因为主要基于光层进行故障检测和启动保护动作,所以除光波长保护、光复用段保护和光线路保护等少数方式之外,很难提供其他稳定可靠的保护手段,保护手段单一,保护能力弱。此外,光波长保护要额外占用波长资源,真正实现带宽共享较为复杂。

其次,业务分配固定,业务调度不灵活。任何新业务的推出都会造成带宽需求的急剧增加,这就要求传送网能够快速调整带宽。而传统 WDM 网络各业务所需的通道/波长分配固定,网络拓扑和通道/波长调整困难,通道/波长必须以点对点的形式进行配置,无法动态调整,不能灵活调整带宽。

最后,网络日常维护和管理单一,无法监控所传送业务的状态。传统 WDM 系统虽然提供了光监控信道,但仅用于对光信道的物理性能(如信道光功率大小与均衡性、光信道劣化状态、信道连通状态、光放大器工作状态等)进行监控,不能对所传送业务的误码检测及告警进行监控,没有提供专门用途的开销。而 SDH 系统采用了标准的帧结构,并使用约 5% 的开销用于管理,从而使业务具有良好的性能监测与保护机制。

总体归纳下来,传送网的发展要满足宽带化、分组化、扁平化和智能化的需求。

(一)宽带化需求

日益增长的网络电话(VoIP 电话)、数据、网络电视(IPTV/HDTV)等三重播放(triple-play)业务对网络容量和组播/广播能力需求迫切,特别是数字用户线路接入复用器(digital subscriber line access multiplexer,DSLAM)、交互式电视点播系统(video on demand,VOD)部署方式的演变对城域传送网的容量和组网方式影响较大。伴随着 triple-play 业务的发展,IP 业务大颗粒化,对光传送网的带宽需求也与日俱增,WDM 系统呈现出长距离和大容量传输的趋势。

在超长距离传输系统中,功率控制和均衡、色度色散和偏振模色散补偿、前向纠错等已成为被传输设备供应商认同并广泛应用的关键技术。在系统中每间隔一定距离或跨段配置功率均衡器,保证光信号在接收端各波道信号功率、信噪比基本均衡;采用掺铒光纤放大器(erbium-doped fiber amplifier,EDFA)+拉曼光纤放大器(Raman fiber amplifier,RFA)的方式,以较低的信号光功率得到较高的光信噪比(optical signal noise ratio,OSNR),从而减少系统噪声和光纤非线性效应的影响;采用色散补偿光纤对系统进行色度色散补偿;采用 FEC(前向纠错编码)技术在较低信噪比情况下,得到较低的误码率。

(二)分组化需求

全球信息量呈现出爆炸式增长的趋势,宽带数据业务早已取代了传统电信网中语音业务的主导地位。同时,采用基于时分复用(time-division multiplexing,TDM)技术构建的传统电信网络,随着时间的推移,其建设成本高、设备利用率低、新业务开发速度慢、可开发业务种类少、维护成本高等问题不断凸显,成为制约着电信网络发展的瓶颈。IP 技术通过数年来不断的发展,其应用领域不再局限于传送数据信息,已被用作传送语音、数据、视频等多媒体综合业务。网络电话、网络电视、远程教育、医疗、电子商务等新鲜业务的涌现,也进一步证明了各种网络应用均建立在 IP 基础之上的时代即将到来。随着 IP 数据业务的急剧增长，一种适合 IP 业务分组化特点，能够提供大容量、多业务承载能力的分组传送技术成为业界关注的焦点。

在高度竞争和开放的城域网网络环境中，受不同用户和各种应用驱动，城域网的基本特征呈现出业务类型多样化、业务流向流量的不确定性。城域网不仅是数据层面上广域网与局域网的桥接区，传送层面上主干网与接入网的桥接区，也是底层传送网、接入网与上层各种业务网的融合区，还是传送网与数据网的交叉融合地带，因而各种不同背景的技术在此碰撞交融。分组传送网（packet transport network，PTN）技术应运而生，PTN 是 IP/MPLS（multi-protocol label switching，多协议标签交换）和传送网技术结合优化的产物，是端到端面向连接的传送技术，在 IP 业务和底层光传输媒质之间设置了一个层面，它针对分组业务流量的突发性和统计复用传送的要求而设计，以分组业务为核心并支持多业务提供，具有更低的总拥有成本（total cost of ownership，TCO），同时继承了光传输的传统优势，包括高可用性和可靠性、高效的带宽管理机制和流量工程、便捷的操作维护管理（operation administration and maintenance，OAM）和网络管理方式、可扩展性和较高的安全性。

（三）扁平化需求

在当前网络转型发展的阶段，IP 多媒体子系统（IP multimedia subsystem，IMS）等下一代网络（next-generation network，NGN）技术的出现，使得网络的融合出现新的形式，那就是不同网络功能层面之间的融合，最为典型的就是传统的传输网络和承载网络之间的融合。随着网络的逐步发展，简化网络层次、减少功能重叠、节约投资逐渐成为网络建设的主要目标，因此 IP 和光网络的技术融合和协调发展是基础传送网络演进的主流趋势。

目前，IP 承载网所需的电路带宽和颗粒度不断增大，以虚级联（virtual concatenation，VC）调度为基础的同步数字体系（synchronous digital hierarchy，SDH）网络首先在扩展性和效率方面呈现出了明显不足。SDH 单通道线路的容量无法满足业务的快速增长，设备核心交叉矩阵的最大处理单位是 VC4（155 Mbit/s），对 GE 以上速率的大颗粒 IP 业务交叉效率低，带宽收敛性能差，VC 级别的汇聚已经逐渐成为多余。为了满足 IP 业务发展需要，在光层网络上直接承载 IP/MPLS 的扁平化架构已经成为大势所趋。

由于业务的 IP 化，今后传送网的业务主要来源于 IP 承载网。随着业务量和业务颗粒的不断增大，特别是干线传送网，基本上都是 GE 以上颗粒，接口为 GE/10GE、2. 5G/10G PoS（同步数字体系上的数据包）等类型，SDH 层的汇聚功能正在逐渐削弱。随着 IP 技术的不断发展，特别是 IGP（内部网关协议）收敛、TE FRR（流量工程快速重路由）等保护方式使其保护能力不断提高，为简化 SDH 层保护功能提供了条件；OTN 技术的出现，将大大增强路由器同步、WDM 组网和管理维护能力。当 SDH 层的汇聚、保护、同步、组网和管理作用逐渐被 IP 层和 WDM 层取代后，采用 WDM 直接承载大颗粒的 IP 业务即具备了应用条件。省去 SDH 层可以降低网络建设成本。如图 1-1-1 所示，IP over WDM 组网简化了网络结构，使得传送网垂直结构扁平化。

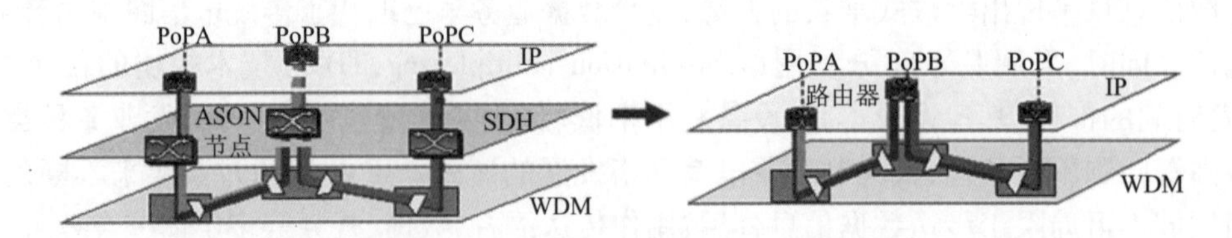

图 1-1-1　传送网垂直结构扁平化示意图

一条物理光缆/波分路由中断可能导致 IP 网对应的多条逻辑路由的中断,引起 IP 网全网收敛或保护,对 IP 网形成较大冲击,影响 IP 网络的路由稳定性。因此,当光纤链路中存在大量相关 IP 链路的网络环境下,需要采用 WDM 的保护并在部署 TE FRR 的路由器端口时设置适当的拖延(hold off)时间。

(四)智能化需求

新型的电信业务与传统电信业务相比,具有更高的动态特性和不可预测性,因此需要作为基础承载网的光网络提供更高的灵活性和智能化功能,以便在网络拓扑及业务分布发生变化时能够快速响应,实现业务的灵活调度。

同时,运营商在网络运维和演进方面的需求也在推动着 IP over WDM 组网模式的不断发展。首先,在网络运维方面,运营商希望 WDM 网络具有类似于 SDH 的组网、保护、带宽配置和管理维护能力,而这是传统点到点的第一代 WDM 和以固定 FOADM(固定光分插复用器)为代表的第二代 WDM 环网设备所不能满足的;其次,背靠背 OTM(光终端复用器)组网方式和 ODF(光数字配线)架上的手工连纤操作使得 OPEX(运维成本)高达 WDM 网络总成本的 60%~80%,只有大幅降低 OPEX 才能保证运营商的利润。

如图 1-1-2 所示,基于 ODU*k* 的交叉功能极大地满足了对大颗粒业务的灵活调度需求,基于 ROADM(可重构光分插复用器)的光交叉功能则部分取代了 ODF 架功能,实现了光波长的远程调度,再加上 ASON/GMPLS(自动交换光网络/通用多协议标签交换)控制平面的引入,形成了新一代的智能化光传送网节点。

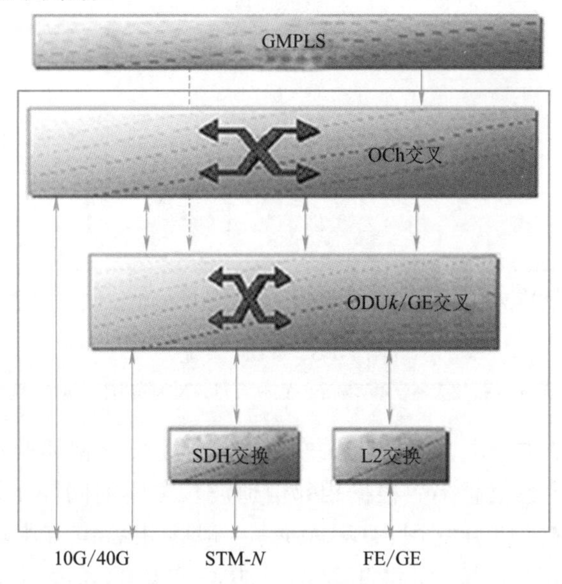

图 1-1-2　具备 GMPLS 控制平面的 OTN 节点示意

注:FE(fast Ethernet,百兆网端口),L2 交换即二层交换。

OTN 采用类似于 SDH 的帧结构和类似于 VC 的 ODU(集光纤配线单元)交叉能力,因此兼容传统的 SDH 联网功能,同时提供 WDM/ROADM 的波长级传送和交叉调度组网能力,又可以作为 ASON 网络的物理承载,在加入控制层面后实现基于 OTN 的 ASON。OTN 技术和 SDH 技术在功能上类似,只不过在 OTN 所规范的速率和格式上有自己的标准,能够提供有关客户层的传送、复用、选路、管理、监控和生存性功能。

二、波分复用技术

随着社会信息化进程的发展，人们对通信的依赖程度越来越高，对通信系统运载信息能力的要求也日趋增强。目前发展迅速的各种新型业务（高速数据、高速视频以及高速局域网等业务）对通信网的带宽（容量）提出了更高的要求，促使光纤传输系统向着更高速率、更大容量的方向发展。

波分复用（WDM）是指在一根光纤上同时传送多个波长的光载波，因此又称光波长分割复用。WDM 技术在一根光纤上承载多个波长（信道），将一根光纤转换为多条虚拟纤，每条虚拟纤独立工作在不同的波长上。应用 WDM 技术，原来在一根光纤上只能传送一个光载波的单一光信道变为可传送多个波长光载波的光信道，使得光纤系统的容量大幅增加，对实现高速通信有着十分重要的意义。

WDM 系统如图 1-1-3 所示，把光波作为信号的载波，在发送端，采用复用器（合波器）将载有信息的不同波长的光载波在光频域内以一定的波长间隔合并起来，并送入一根光纤中进行传输；在接收端，再利用解复用器（分波器）将各个不同波长的光载波分开，并做进一步的处理，恢复出原信号后送入不同的终端。由于每个不同波长信道的光信号在同一光纤中是独立传输的，因此在一根光纤中可实现多路光信号的复用传输，这样就能充分利用光纤宽带的传输特性，使一根光纤起到多根光纤的作用。

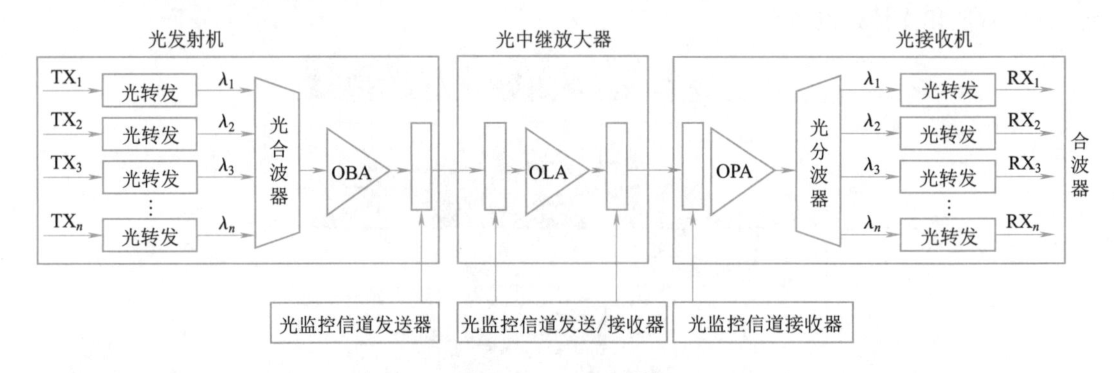

图 1-1-3　WDM 系统

注：OBA 为光后置放大器，OLA 为光线路放大器，OPA 为光前置放大器，TX 为发射信号，RX 为接收信号，λ 为信号的波长。

WDM 是对多个波长进行复用的，能够复用多少个波长与相邻两波长之间的间隔有关，间隔越小，复用的波长个数就越多。根据相邻信道波长之间的间隔不同，波分复用可分成粗波分复用（CWDM）和密集波分复用（DWDM）。一般将相邻信道中心波长的间隔为 50 ~ 100 nm的系统称为 CWDM 系统，而将相邻信道中心波长的间隔为 1 ~ 10 nm 的系统称为 DWDM 系统。

三、OTN 技术简介

SDH 技术在相当长一段时间内在电信网领域发挥了重要的作用，提供了稳定、可靠的基础传送网。随着 IP 承载网所需的电路带宽和颗粒度的不断增大，原本针对语音等 TDM 业务传输所设计的 SDH 网络面临很大的挑战。第一，SDH 技术基于 TDM 的内核，与数据包长度变化、流量突发的数据业务模型不匹配；第二，复杂的封装协议和映射导致效率不高，业务处理复杂;第三,IP 业务颗粒度越来越大,而 SDH 基于 VC 的交叉灵活性不够。总之,在主干层 SDH 设备对大颗粒 IP 业务承载效率低、可扩展性差,并且占用了大量的设备投资和机房面积,已经逐渐不能满足 IP 业务发展的需要,在光层上直接承载数据业务已经成为大势所趋。

同时,原有作为底层公共承载平台的 WDM 网络,能够为各种业务提供丰富的带宽资源,但是 WDM 系统目前仍然是以点到点的线性拓扑为主,网络生存性较差,并缺乏有效的网络管理功能和灵活调度能力。

面向 IP 业务的下一代光传送网的主要发展趋势是:光层将由简单的点对点组网方式转向光层联网方式,以改进组网效率和灵活性;光层采用 G. 709 接口,并且引入 OTN 的开销功能,提高光传送网的可管理性和互通性;电层具备 ODU*k* 级别的交叉连接能力,光层具备波长交叉能力,提高波长资源利用率和组网灵活性;光联网将从静态联网开始向智能化动态联网方向发展。OTN 能够很好地解决光层的组网、管理和保护问题,代表了下一代传送网的发展方向。

自 1999 年起,ITU-T 开始制定 OTN 相关标准,到目前各类 OTN 产品不断推出,运营商和制造商越来越重视 OTN 技术,主要基于以下原因:一是在传送网主干层通过节省 SDH 子网管理域的数目,从而降低网络建设、维护成本;二是数据业务的增长导致传统 VC12/VC4 颗粒已经不能满足大颗粒交叉连接的需要,须采用具备 ODU*k* 大颗粒度交叉调度能力的 OTN 设备;三是 OTN 技术在提供与 WDM 同样充足带宽的前提下还具备和 SDH 相似的组网能力。

OTN 由光通路接入点作为边界的光传送网,由 OTN 设备和网管系统组成。OTN 组网考虑到客户特征信息、客户/服务器层关联、网络拓扑和分层网络功能,网络结构是子网内全光透明,而在子网边界处采用 O/E/O(光信号转电信号,电信号转光信号)技术,目标是支持突发型大带宽业务的应用,以及数据和语音业务。OTN 是一种能在标准 OTN 接口上实现不同厂家设备互联互通的技术,通过引入电域子层,为客户信号提供在波长/子波长上进行传送、复用、交换、监控和保护恢复的功能。

OTN 技术由 WDM 技术演进而来,初期在 WDM 设备上增加了 OTN 接口,并引入 ROADM(光交叉),实现了波长级别调度,起到光纤配线架作用。后来,OTN 增加了电交叉模块,引入了波长/子波长交叉连接功能,为各类速率客户信号提供复用、调度功能。OTN 兼容传统的 SDH 组网和网管能力,在加入控制层面后可以实现基于 OTN 的 ASON。OTN 技术和 SDH 技术在功能上类似,只不过 OTN 所规范的速率和格式有自己的标准,能够提供有关客户层的传送、复用、选路、管理、监控和生存性功能。图 1-1-4 所示为 OTN 设备节点功能模型,包括电层领域内的业务映射、复用和交叉,光层领域的传送和交叉。OTN 组网灵活,可以组成点到点、环形和网状网拓扑。

与 SDH 不同的是,OTU*k* 采用固定长度的帧结构,不随客户信号速率而变化,也不随 OTU1、OTU2、OTU3 等级而变化,即都是 4×4 080 字节,但每帧的周期不同。当客户信号速率较高时,相对缩短帧周期,加快帧频率,而每帧承载的数据信号没有增加。SDH STM-*N* 帧周期均为 125 μs,不同速率信号其帧的大小不同。OTN 不需要全网同步,接收端只要根据 FAS(帧定位信号)等来确定每帧的起始位置即可;但是 SDH 为定帧频,接收端必须同发送端保持同步,才能准确接收数据。

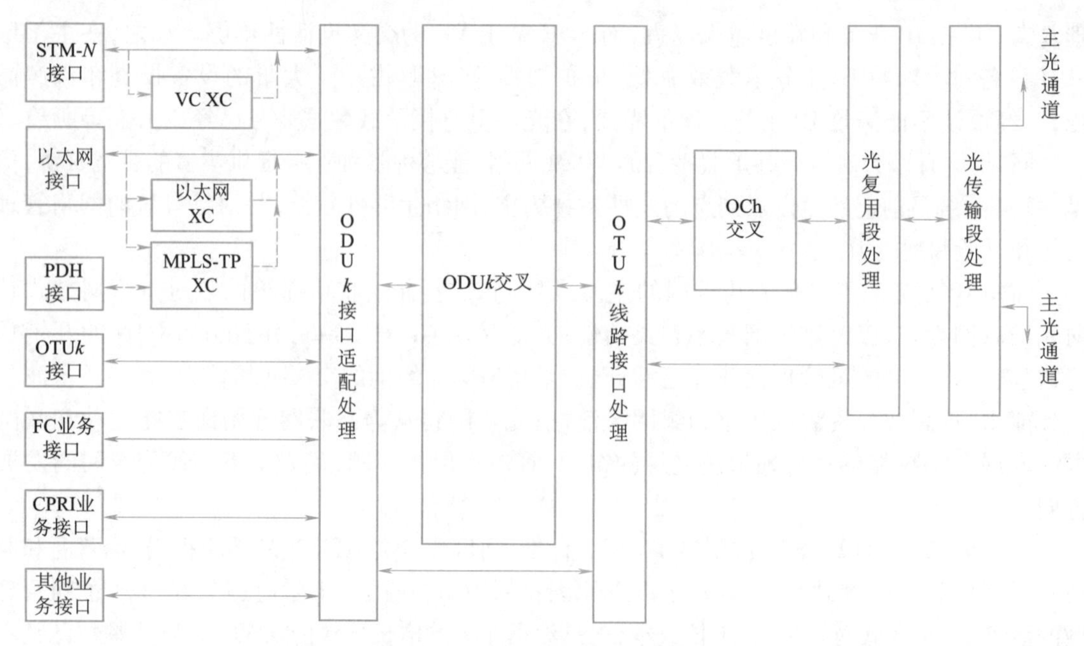

图 1-1-4　OTN 设备节点功能模型

OTN 技术的特点和优势主要在于以下几方面：

(一)支持客户层信号的透明传输

OTN 帧可以支持多种客户信号的映射，如 SDH、ATM、以太网、ODU 复用信号，以及自定义速率数据流，使 OTN 可以传送这些信号格式，或以这些信号为载体的更高层次的客户信号，如以太网、MPLS(多协议标签交换)、光纤通道、HDLC/PPP(高级数据链路控制/点对点)、ESCON(管理系统连接)及 DVB-ASI(异步串行接口)视频信号等，不同应用的业务都可统一到一个传送平台上去。此外，OTN 还支持无损调整 ODUflex(GFP)连接带宽的控制机制(G. HAO)。

(二)交叉能力上的扩展性

OTN 交叉对线路速率透明，可以随着线路速率的增加而增加任意级别的交换速率，可以利用 OTN 的复用和反向复用特性提供不同比特率的业务，与具体每个波长信号的比特率无关。目前 OTN 设备采用切片方式对业务进行处理，采用 $M:N$ 的方式实现交叉连接，从而实现更大容量无阻塞的交叉连接功能。

(三)具有多级串联连接监视(TCM)功能

为了支持跨不同运营商网络的通道监视功能，OTN 提供了六级串联连接监视功能，监视连接可以是嵌套式、重叠式和/或级联式，可以对一根光纤中复用的多个波长同时进行管理。

(四)支持频率同步、时间同步信息的传递

相对于早期异步系统的 OTN 系统，新型 OTN 架构可以实现同步功能，通过同步以太实现频率同步，通过 IEEE 1588v2 实现时间同步，从而为下游的业务平台提供各种同步信息。

(五)分组处理能力

随着 OTN 和 PTN 的应用推广，在我国许多大中城市的城域核心层，存在着 PTN 和现有

WDM/OTN 设备背靠背组网的应用场景，目的是既解决大容量传送也实现分组业务的高效处理。从便于网络运维、减少传送设备种类和降低综合成本的角度出发，需要将 OTN 和 PTN 的功能特性和设备形态进一步地有机融合，从而催生了新一代光传送网产品形态——分组光传送网(POTN)，目的是实现 L0 WDM/ROADM 光层、L1 SDH/OTN 层和 L2 分组传送层[包括以太网和 MPLS-TP(基于 MPLS 的传输子集)]的功能集成和有机融合。POTN 将最先应用在城域核心和汇聚层，随着接入层容量需求的提升，逐步向接入层延伸。

四、OTN 标准的进展

(一)OTN 国际标准进展

OTN 技术的概念由 ITU-T(国际电信联盟电信标准分局)提出，在 1999—2008 年制定与修订了与 OTN 相关的主要标准，主要包括网络结构、OTN 术语和定义、OTN 建议框架、保护倒换、映射复用与开销、物理特性、设备功能、抖动漂移、设备管理功能、管理信息模型、误码性能、业务投入及维护，具体标准编号如图 1-1-5 所示。另外，自动交换光网络(automatically switched optical network，ASON)系列相关标准也适用于 OTN 网络。

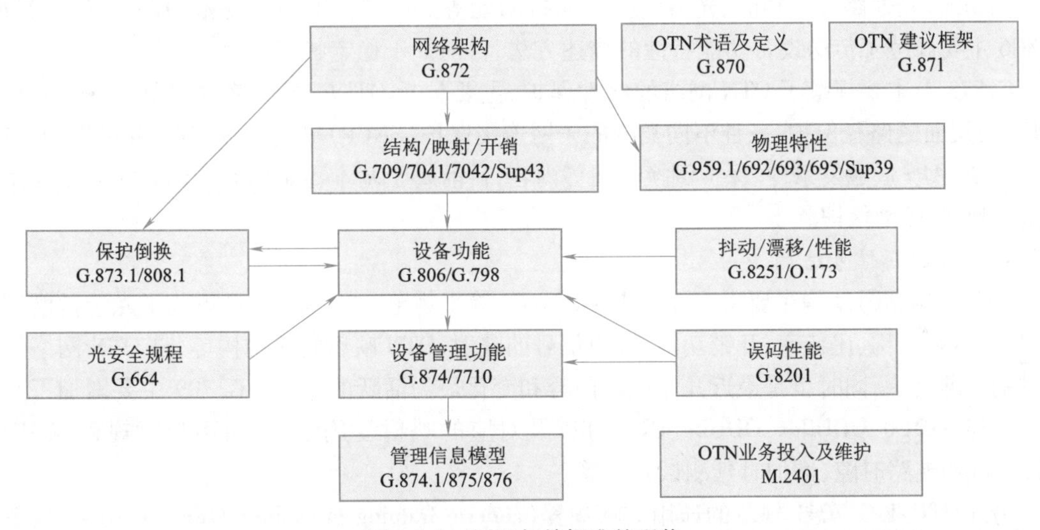

图 1-1-5　OTN 相关标准的现状

在 OTN 的功能描述中，光信号是由波长(或中心波长)来表征的。光信号的处理可以基于单个波长，或基于一个波分复用组(基于其他光复用技术，如光时分复用或光码分复用的 OTN，还有待研究)。OTN 在光域内可以实现业务信号的传递、复用、路由选择、监控，并保证其性能要求和生存性。OTN 可以支持多种上层业务或协议，如 SDH(同步数字体系)、ATM(异步传输模式)、Ethernet、IP、PDH(准同步数字体系)、Fiber Channel、GFP(通用成帧协议)、MPLS、OTN 虚级联、ODU 复用等，是未来网络演进的理想基础。全球范围内越来越多的运营商开始构造基于 OTN 的新一代传送网络，设备制造商们也推出具有更多 OTN 功能的产品来支持下一代传送网的构建。

国际上，OTN 系列标准主要由网络架构(SG15 Q12 负责)、物理层传输(SG15 Q6 负责)、设备功能及保护(SG15 Q9 负责)、OTN 逻辑信号结构(SG15 Q11 负责)、OTN 抖动与误码(SG15 Q13 负责)、OTN 管理(SG15 Q14 负责)等内容构成。

1. OTN 网络架构

OTN 网络架构由 G. 872 规范规定，主要采用 G. 805 的原子功能建模方法描述了光传送网的体系结构，从网络角度描述了光传送网功能，内容包括光网络的分层结构，客户特征信息，客户/服务器关联，网络拓扑和网络功能提供光信号传输、复用、选路、监控、性能评估和网络生存性等。G. 872 相对于 G. 709，主要新增加了容器粒度和时隙等方面内容的更新。

2. 物理层传输

OTN 的物理层接口标准主要包括 G. 959. 1 和 G. 693 等。G. 959. 1 规范了光网络的物理接口，主要目的是在两个管理域的边界间提供横向兼容性，域间接口（IrDI）规范了无线路放大器的局内、短距和长距应用。G. 693 规范了局内系统的光接口，规定了标称比特率为 10 Gbit/s 和 40 Gbit/s、链路距离最多 2 km 的局内系统光接口的指标，目标是保证横向兼容性。G. 959. 1 主要增加的内容包括 40 Gbit/s 信号的 5 km 接口、25 Gbit/s 信号的 20 km 接口等。

3. 设备功能及保护

OTN 设备功能主要包括 G. 798、G. 806 等规范，保护功能主要由 G. 873. 1 来规范。G. 798 标准主要规范了传输网络设备功能描述。这些功能包括光传输段终结和线路放大功能、光复用段终结功能、光通路终结功能、光通路交叉连接功能等。G. 798. 1 主要规范 OTN 设备的类型。G. 806 主要规范了传送设备功能特性的描述方法，目前处于稳定状态。

G. 873. 1 主要规范了 OTN 网络的线性保护，主要包括 OTUk（光通路数据单元，$k=0,1,2,3,4,\cdots$）层面的路径保护、三种不同类型的子网连接保护（SNCP）等类型，规范了保护结构、自动倒换信令（APS）、触发条件、保护倒换时间等内容，目前属于基本稳定状态。G. 873. 2 主要用于规范 OTN 的环网保护。

4. OTN 逻辑信号结构

OTN 逻辑信号结构主要由 G. 709 和 G. Sup43 等来规范。G. 709 主要规范了光传送网逻辑接口，包括帧结构、比特率、开销功能、客户信号的映射、OTN 映射复用结构等，是 OTN 网络最为基础的标准之一，同时也是最近几年更新内容和变化最为活跃的标准。G. 709 主要增加了新的带宽容器（ODU0、ODUflex，ODU2e、ODU4）以及对应的映射复用结构、通用映射规程（GMP）、1. 25 Gbit/s支路时隙、增加时延测试开销等。

另外，ITU-T G. 7041 规范的通用成帧规程（generic framing procedure，GFP）、G. 7042 规范的虚级联信号的链路容量自动调整机制也同样适用于 OTN 网络。

5. OTN 抖动与误码

OTN 网络的抖动和误码主要由 G. 8251、O. 173 等标准来规范。G. 8251 主要规范 OTUk 接口以及网络的抖动产生、输入抖动容限、抖动传递函数等指标。O. 173 是测试 OTN 抖动的设备（仪表）功能要求。

OTN 网络的误码性能主要由 G. 8201 来规范。G. 8201 主要用来规范 OTN 的国际多运营商之间的通道误码性能指标。

6. OTN 管理

OTN 网络的管理主要由 G. 874、G. 874. 1、G. 7710 和 M. 2401 等标准来规范。其中，G. 874 主要规范 OTN 网元管理的五大（故障、配置、计费、性能、安全）功能要求，G. 874. 1 主要规范了 OTN 网元管理的信息模型，G. 7710 为通用设备管理要求（适用于 OTN 和 SDH 等），G. 7712 规范了数据和信令通信网络，M. 2401 规范了 OTN 网络运营商投入业务和维护业务的性能指标要求。目前这些标准均处于基本稳定状态。

除了上述标准之外,OTN 标准还包括定义 OTN 术语和定义的 G.870,以及规范 OTN 标准框架的 G.871 等,另外,适用于 SDH 的智能控制(自动交换光网络)相关标准同样可适用于基于电层的 OTN 网络,目前相关标准基本稳定。对于基于光层的智能控制标准(波长交换光网络 WSON),目前通用控制与测量平面工作组也已经开展相关研究,主要集中于框架结构、信息模型、信令扩展、路由扩展、光层损伤机制等几个方面,主要处于工作组文稿和个人文稿阶段。

从 OTN 国际标准的整体发展现状来看,OTN 的主要标准目前已趋于成熟,后续的主要工作将集中于对现有已立项标准的完善和修订,同时基于更高速率的 OTU5 及其相关映射复用结构的规范、基于光层损伤感知的智能控制等也将是后续标准发展的主要方向。

(二)OTN 国内标准进阶

随着 OTN 技术发展与应用需求的日益凸显,我国关于 OTN 的行业标准已日趋完善。我国 OTN 的标准化工作主要由中国通信标准化协会(CCSA)的传送与接入网工作委员会(TC6)的第 1 工作组(WG1)来完成。从 OTN 标准的制定过程来看,基本可分为两个阶段,即国际标准借鉴采用阶段、国内标准自主创新阶段。

1. 第一阶段 OTN 国际标准对应转换阶段完成的标准

(1)对应于 ITU-T G.798,制定了《光传送网体系设备的功能块特性》(GB/T 20187—2006)。

(2)对应于 ITU-T G.709,制定了《光传送网(OTN)接口》(YD/T 1462—2006①)。

(3)对应于 ITU-T G.959.1,制定了《光传送网(OTN)物理层接口》(YD/T 1634—2007②)等标准。

2. 第二阶段自主创新制定阶段完成的标准与技术报告

(1)《光传送网(OTN)网络总体技术要求》(YD/T 1990—2009③)。

(2)《可重构的光分插复用(ROADM)设备技术要求》(YD/T 2003—2009④)。

(3)《光传送网(OTN)测试方法》(YD/T 2148—2010)。

(4)《可重构的光分插复用(ROADM)设备测试方法》(YD/T 2489—2013)。

(5)技术报告《光传送网络(OTN)组网应用研究》和《光传送网(OTN)多业务承载技术要求》(YD/B 076—2012)等。

3. 第二阶段国内自主制定的标准的主要内容

(1)《光传送网(OTN)网络总体技术要求》规定了基于 ITU-T G.872 定义的光传送网(OTN)总体技术要求。主要内容包括 OTN 网络功能结构、接口要求、复用结构、性能要求、设备类型、保护要求、DCN 实现方式、网络管理和控制平面要求等。适用于 OTN 终端复用设备和 OTN 交叉连接设备,其中 OTN 交叉设备主要包括 OTN 电交叉设备、OTN 光交叉设备和同时具有 OTN 电交叉和光交叉功能的设备。

(2)《可重构的光分插复用(ROADM)设备技术要求》主要规范了 ROADM 设备的技术要求,包括设备的参考模型和参考点、设备的基本要求、设备光接口参数要求、波长转换器和子速

---

①现已被 YD/T 1462—2011 替代。

②现已被 YD/T 1634—2016 替代。

③现已被 YD/T 1900—2019 替代。

④现已被 YD/T 2003—2018 替代。

率复用/解复用要求、监控通道要求、设备管理要求等内容。

(3)《光传送网(OTN)测试方法》是与《光传送网(OTN)网络总体技术要求》对应使用的标准,主要规范了OTN网络相关的测试方法,包括系统参考点定义、开销及维护信号测试、光接口测试、抖动测试、网络性能测试、OTN设备功能测试、保护倒换测试、网管功能验证和控制平面测试等内容。

(4)《可重构的光分插复用(ROADM)设备测试方法》规定了ROADM设备功能和性能指标的测试方法。主要内容包括ROADM的节点容量、端口数和可配置波长能力等功能和性能测试、ROADM设备的光接口参数的测试、波长转换器(OTU)的功能和性能测试、保护倒换测试、传输性能、光监控通路测试、网元和网络管理系统功能验证等。

(5)技术报告《光传送网(OTN)组网应用研究》的主要内容包括:OTN网络与现有SDH和WDM网络的关系;OTN光电两层交叉在传送网中的应用方式;OTN在省际干线、省内干线、城域网中的应用方式;OTN网络与PTN网络、IP承载网络的关系;多厂家互联互通方式等。

(6)《光传送网(OTN)多业务承载技术要求》主要研究OTN多业务承载的接口适配处理、分组业务处理功能、VC调度功能、OTN时钟同步和频率同步要求、OTN多业务承载性能要求及保护、网络管理、控制平面要求等内容,主要侧重YD/T 1990—2009没有包含且目前发展趋势较为明显的内容。

从OTN国内标准的整体发展现状来看,OTN标准也处于基本成熟的阶段,后续的标准化工作侧重于现有已立项标准体系的逐渐完善和补充,同时根据OTN技术最新的发展和应用需求情况,逐步立项并制定相关要求标准。

从2004年开始,中国各个电信运营商和设备制造商积极推动并参与ITU-T开展相关的标准讨论,引导并推动支持多业务承载的OTN标准的制定,提出了GE/10 GE/100 GE业务全方位解决方案,分别从体系架构、业务速率、映射方式、同步特性等各个纬度全面、系统地阐述了OTN演进的思路。

(三)OTN标准的发展趋势

综合标准化情况来看,OTN的技术标准经过多年发展,充分考虑了网络的业务传送需求,具有多种粒度处理能力和多种业务的适配能力,提供大颗粒且灵活的交叉,并且能够提供多种保护和恢复的能力等,在技术标准方面已经成熟和稳定。目前,国内外的传送设备制造商都至少具有光层交叉OTN设备、电层交叉OTN设备中的一种,大部分国内厂商同时具备光、电和光电混合交叉的OTN设备。从应用的角度来看,随着网络业务的不断增加,大颗粒业务调度和网络保护需求凸显。2007年以来,国内各大运营商在城域网普遍采用了OTN设备组网。

考虑到目前OTN的技术现状,同时结合应用业务的驱动,OTN技术的后续发展主要侧重以下几个方面。

1. OTN物理层和逻辑层结构引入更高的接口类型

最高物理接口速率从目前的100 Gbit/s向400 Gbit/s(1 Tbit/s)演进,逻辑接口从OTU4升级到OTU5。由于ODU*k*子层过多,如何简化复用映射结构也是面临的问题。

2. 光层的性能监控及智能控制是后续的研究重点

对于OTN光层网络,光层性能(如色度色散、偏振模色散、非线性效应、光信噪比等)监控一直是个难题。基于损伤感知的光层智能控制也将是后续研究的重点技术,这对于真正意义上的全光网络发展意义重大。

3. OTN 技术逐渐融入其他组网技术

OTN 技术从本质上而言是 TDM 技术，而目前传送的主要客户业务为分组业务，因此，考虑到带宽利用率、能耗和应用场景等多种因素，OTN 技术将与现有的其他传送网组网技术实现一定程度的融合，如 OTN 技术中可以融入分组传送网（PTN）或以太网层面的一些功能要求，相应演进出有别于现有 OTN 技术的新一代 OTN 技术，如 P（分组）-OTN 或者 E（以太）-OTN 等概念的网络结构。具体如何演进，有待于对技术、标准和应用等多方面进行综合来确定。

4. OTN 支持同步

OTN 设备提供频率和时间同步，参与时间同步的传递，可减少建设专用时间传送网络的投资，减少时间源设备的数量，减少光纤资源消耗。目前 OTN 设备已经逐步实现同步以太功能，完成全网频率同步，并在此基础上，通过 OTN 带内开销或者带外光监控信道（OSC）传递时间同步，从而实现 OTN 和 PTN 组网环境下端到端的频率同步和时间同步。

5. OTN 技术的应用由点到面逐步展开

目前 OTN 技术（典型的 ODUk 交叉）的应用主要侧重于省内干线和城域传送网。随着 OTN 技术、标准、设备和测试仪表等方面的日益成熟，OTN 的应用将全面展开，应用范围以城域核心、省内干线和省际干线为主，同时在城域汇聚与接入也将得到一定程度的应用，而智能控制平面也会择机引入。

五、OTN 应用场景分析

（一）主干网

OTN 综合了 SDH 和 WDM 的优点。一方面，它处理的基本对象是波长级业务，提供对更大颗粒的 2.5 Gbit/s、10 Gbit/s、40 Gbit/s 和 100 Gbit/s 业务的透明传送支持；另一方面，它解决了传统 WDM 网络无波长和子波长业务调度能力、组网能力、保护能力弱等问题。OTN 可在光层及电层实现波长及子波长业务的交叉调度，并实现业务的接入、封装、映射、复用、级联、保护和恢复、管理及维护。OTN 结合了光域和电域处理的优势，提供了巨大的传送容量、完全透明的端到端波长/子波长连接以及电信级的保护，是传送宽带大颗粒业务最优的技术。它集传送和交换能力于一体，是承载宽带 IP 业务的理想平台。

现在的 IP 网构建方案是将数据网分级，由 WDM 承载或通过光纤直连，IP 分组包的源和宿之间需要多台路由器转接，会产生大量的直通业务，即不在本地上下而直接中转的业务（直通业务能占到一台核心路由器总处理容量的 60%），这会导致大量的额外成本，即使最大容量的核心路由器也很快会面临扩容的问题。目前，IP 路由器的扩容使用堆簇（cluster）方式。同一地点的设备互连代价昂贵，且往往导致网络内部阻塞。另外，核心 IP 网中采用了双路由备份（链路备份、节点备份）的组网结构，导致了运营商网络投资的倍增。所以，现在的 IP 网极度轻载，主干网链路带宽利用率只有 10%～30%。设计新的、成本优化的 IP 网传送结构成为业界的一个研究热点。

对于以太网业务容量的扩展，在多级 IP/MPLS 网络中，分组业务从源到目的地要经历多跳，导致本地节点处理大量的中转业务，而核心网的网状互联程度有限，更增加了 IP 中转业务，因此 IP 网络规模越大，中转业务量越大。在 IP 承载网的核心层，组网模式一般是边缘路由器（PE）归属到核心节点的 P 路由器上，P 路由器完成 PE 路由器之间的业务转发和疏导。通过分

析主干网络流量,发现在经过P路由器的业务流量中大约有50%以上属于“过境”的中转流量,这些“过境”流量更是大大加重了P路由器的负担。一方面导致路由器的容量扩展受到严重挑战;另一方面中转业务实际上不需要三层IP功能,却占用了昂贵的路由器线卡,造成了网络成本和设备功耗的快速增长,网络流量的整体处理效率较低,因此迫切需要考虑如何降低这种不增值的转发成本,而且这些“过境”流量对本地来说是不增值的。

通过底层的光传输设备识别业务是“过境”,还是本地上下。“过境”业务完全可以通过网络中OTN设备Bypass IP流进行旁路,以降低P路由器的处理压力,减少对路由器堆簇的需求,可大大节省整个网络的CAPEX(投资成本)。另外,OTN设备提供的灵活保护恢复机制可以有效解决IP网络中继电路故障的问题,减少全部依赖路由器保护场景下的链路冗余要求,提高链路利用率,提高网络生存性,同时降低了IP网络的建设成本。

如图1-1-6所示,IP over OTN通过光网络节点实现核心PE路由器之间的大量中转业务传输层穿通处理,节约核心P路由器的接口数量,降低对其容量的要求,提升业务转发效率;通过结合控制平面UNI接口的ODUflex技术,可以实现IP路由器和OTN交叉设备的带宽灵活适配和动态调整。随着网络的进一步融合,IP和光网络在业务传送层、控制层和管理层三个平面都实现互通,构建下一代传送网络架构,进一步优化网络资源,降低网络投资和运营成本。

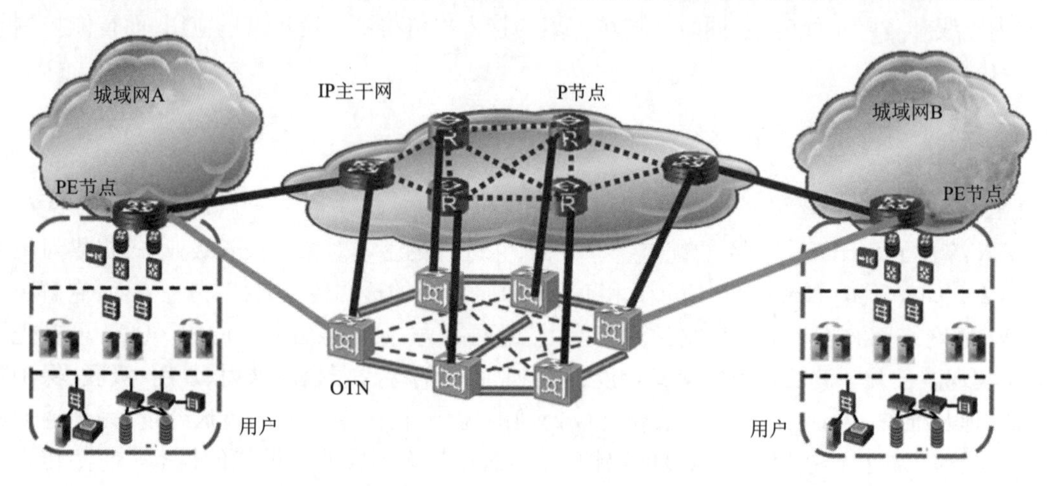

图1-1-6 OTN对IP业务分流示意

(二)城域网

1. 移动回传网络

城域网环境下的业务IP化和大颗粒化趋势,首先导致带宽需求增大,城域网将由主要承载现有E1/STM-1 TDM业务逐渐转向承载FE/GE IP业务,单站点带宽由2M/155M向着100M/1000M发展。对于3G无线基站数量,由于商业区域对数据业务需求不同,会产生3G基站密集覆盖问题,3G基站数量约为2G基站的2倍。为适应业务IP化和网络IP化的发展趋势,分组传送网(PTN)技术已作为城域传送网的主要发展方向。PTN技术具有丰富的OAM机制,完善多样的保护恢复能力,可有效满足基站、大客户等各类业务接入需求。

在移动回传网络中,城域网接入和汇聚中利用PTN将大量GE/10GE汇聚上联;在核心网中,需要对大量的GE/10GE进行调度。

在移动回传承载网中,OTN设备与PTN设备融合,对于业务等级较低的可以采用单节点汇聚,如图 1-1-7 所示。左边为传统解决方案,汇聚业务类型有 TDM 和分组(PTN/PON)业务,汇聚节点由原来的三台(或更多)设备(左图点画线圈)集成为具有分组和 ODU*k* 交叉功能的一台设备(右图虚线圈),这种组网方式大大节省了建网成本。

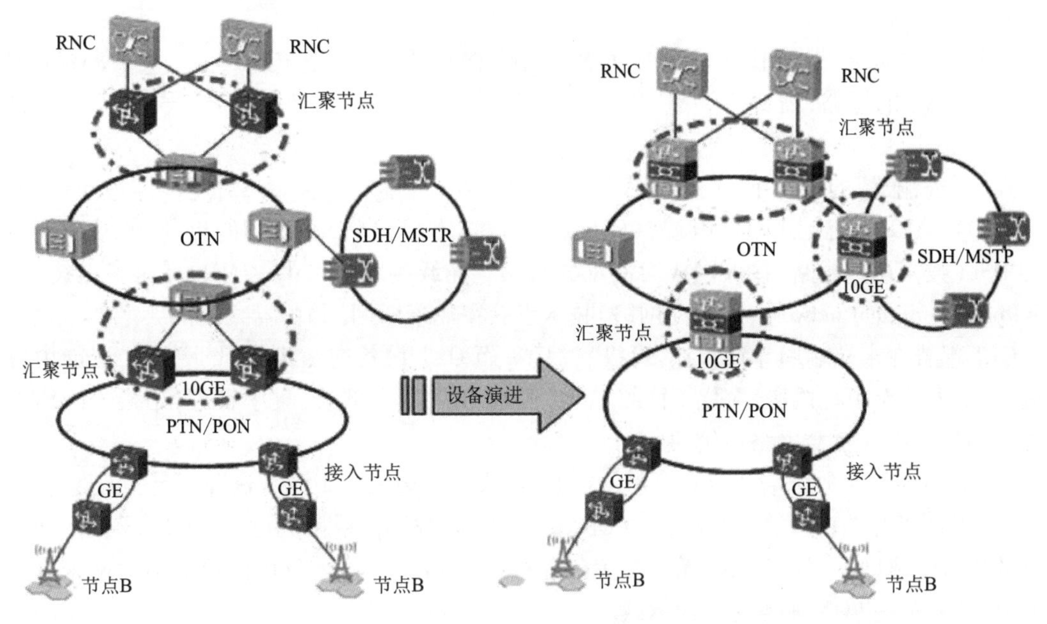

图 1-1-7　单节点汇聚(RNC 为无线网络控制器)

2. 城域数据网络

全 IP 化是城域核心网演进的必然方向。当前各种业务都向 IP 化方向发展,新型业务建立在 IP 基础上,业务 IP 化推动着网络进一步融合,网络结构进一步扁平化,如图 1-1-8 所示。

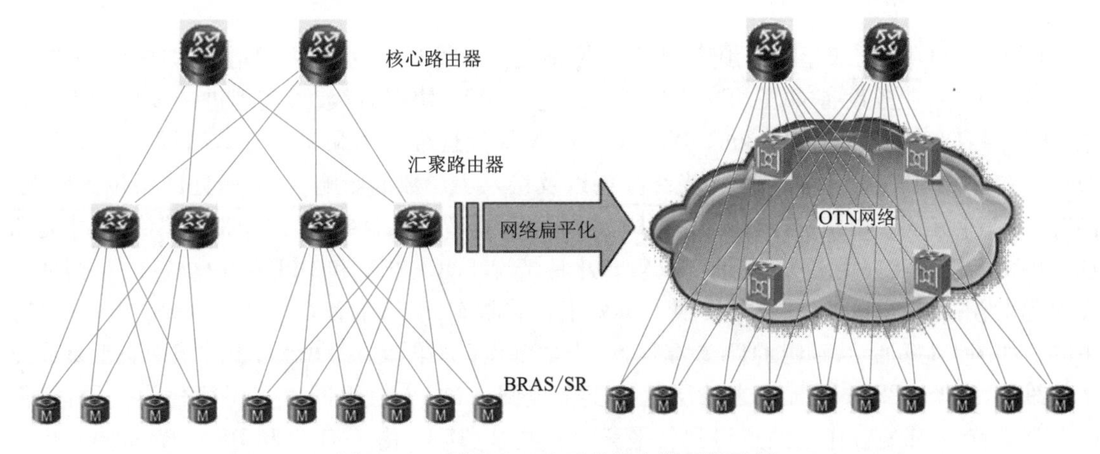

图 1-1-8　利用 OTN 扁平化路由器网络示例

面向多业务承载的 OTN 交叉设备在主干层面需考虑与 IP 融合组网;同时,在城域汇聚、接入需考虑长期存在的传统小颗粒 SDH/CE 移动回传及专线业务等。因此,全 IP 化对城域承载网络的需求包括:

(1)支持大容量的 ODU*k* 交叉功能。

(2)支持不同程度的分组交叉功能。

(3)随着城域汇聚层的带宽进一步增长,40GE/100GE 需求逐步增多,为节省建网成本,OTN 交叉设备将与 PTN 设备进一步融合为面向分组的 OTN 交叉设备,从而进一步提升 OAM 和保护能力,降低组网成本。

3. 宽带接入网络

在 PON(无源光网络)接入网络中,可以采用分散 ONU(光网络单元)网络、集中大容量 OLT(光线路终端)的思路,需要将 ONU 拉远,将 GPON(吉比特无源光网络)信号在 OTN 上进行传送。

在"光进铜退"的背景下,光纤接入技术成为主流,将逐步代替 xDSL,逐步推进光纤到户。HDTV、VOD、IPTV(交互式网络电视)、P2P(点对点技术)等高带宽应用的出现,使基于铜线技术的 DSL(数字用户线路)接入网成为带宽的瓶颈。光纤接入技术中 P2MP(点对多点技术)的 PON(passive optical network,无源光网络)技术已获得规模商用。

OLT 部署在末端端局导致节点多,投资浪费;而 OLT 设备向更大容量、更强二层能力方向发展,OLT 上移至中心机房,简化了网络结构,实现 OLT 集中部署、集中管理,是接入网络发展的必然趋势。OTN 承载网络可解决:

(1)光纤利用率数十倍乃至数百倍的提升,解决城域边缘主干光纤资源不足等问题。

(2)增加了光功率预算,解决目前 PON 系统物理传输距离受限问题(不超过 20 km,而实际部署的传送距离则不超过 8 km,无法覆盖偏远的郊区和农村等),且可以更好地适配未来 OLT 到 ONU 距离扩展 PON 业务的高效承载。

(3)解决保护问题(保护光缆路径环状结构,而保护路径很容易超过 PON 的实际传送距离 5 ~8 km,导致保护方案难实施等)。

OTN 承载 PON 业务(PON over OTN)可以很好地发挥 PON"长距离、大带宽、广覆盖"的优势,扩大 PON 的覆盖面积和接入 FTTH(光纤入户)用户数,大大地降低了投资成本和运营成本。

PON over OTN 增加光功率预算,提升组网能力:在 OLT 与 ONU 之间增加 OTN 设备,扩大 OLT 接入半径,业务设备 OLT 可集中维护。通过对 PON 协议升级,可实现进一步扩大组网距离,OLT 到 ONU 之间可达 100 km。PON over OTN 降低运维成本和建设成本:简化网络、接口、节点。在传统的 PON 组网中,由于光纤损耗以及接入用户数的影响,OLT 所处网络位置较低;同时,由于业务开展初期带宽较低,从 OLT 到 BRAS(宽带接入服务器)之间带宽不满,通常是增加二层交换组网实现距离传送、带宽收敛。此种情况下,CAPEX 和 OPEX 都比较高,且当业务发展起来、用户带宽增加后,二层交换不再处于轻载状态,网络带宽竞争严重,QoS(服务质量)下降。如图 1-1-9 所示,通过 OTN 设备组网,光功率预算不再受限,OLT 可上移至中心汇聚局点集中维护,降低 OPEX;同时省去二层交换复杂组网,二层交换组网由多层简化为一层,降低 CAPEX。首先,带宽在中心站点得到公平竞争和共享;其次,由于 OLT 和 BRAS 处于同一个站点,在带宽增长的情况下,带宽扩容很容易得到解决。利用波分天然的扩容优势,在增加 OLT 板卡的同时,配套扩容增加 PON 传送板卡(波长扩容)实现 PON 网络的平滑扩容,增加终端 ONU 的覆盖密度。

PON over OTN 承载需求包括:

(1)完成 3R(再定时、再整形、再放大)功能,实现 PON 业务透明传送。

(2)多路 GPON/EPON 映射复用到 OTN 信号。

(3)支持 WDM 技术,将多个波长复用到一根光纤。
(4)可选择支持双纤双向或者单纤双向技术进行组网。
(5)支持光纤通道的保护。WDM/OTN 层面保护倒换时间可控制在 50 ms 以内。

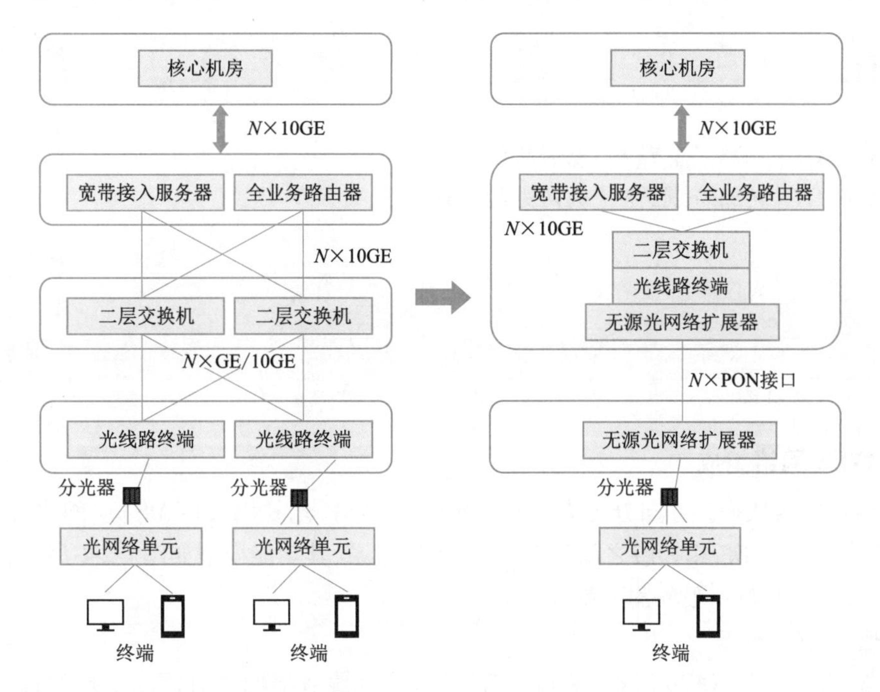

图 1-1-9　PON over OTN 简化网络结构示意图

OLT 对 ONU 的管理是通过测距完成的,即 OLT 通过 PON 内部协议将 OLT 到 ONU 的逻辑距离测试出来,并分配对应的 ID 号,完成对 ONU 的注册。当测距发生变化时,ONU 会离线,需重新注册。当 WDM 层面发生保护倒换时,光纤路径发生变化,从 OLT 到 ONU 的逻辑距离发生变化,会导致 ONU 下线,ONU 重新上线需要一定的时间,所以在 OTN 层面发生保护倒换时,实际业务倒换的时间与 OLT/ONU 的内部实现有关,依赖于 OLT 与 ONU 之间测距协议的交付时间。

任务小结

移动通信技术对传送网的需求主要分为四个方面:宽带化、分组化、扁平化、智能化。通过本任务的学习,了解了多种复用技术(主要分为 WDM、OFDM、SCM、TDM、SDM、OCDM 等),并引出 OTN 技术,着重介绍了 OTN 标准在国内外的进展,OTN 主要应用场景。

任务二　掌握 OTN 的网络架构

任务描述

与传统 WDM 设备相比,OTN 网络的光线路侧系统具有传统 WDM 系统的特性。OTN 作为网络技术提出，许多SDH传送网功能和体系都可仿效，因此在包括帧结构、功能模型、网络管理、信息模型、性能要求、物理层接口、开销安排、分层结构等方面，都同SDH有相似之处。本任务主要介绍OTN的功能架构、网络分割、帧结构以及所对应的接口。

任务目标

(1)识记：OTN网络功能结构、光通路帧结构。

(2)领会：OTN网络分割、光传送网光接口结构。

任务实施

一、OTN网络功能结构

(一)OTN网络组成

OTN传送网络从垂直方向分为光通路(OCh)层网络、光复用段(OMS)层网络和光传输段(OTS)层网络三个层次，相邻层之间是客户/服务器关系，其功能模型如图1-2-1所示，其中OTN网络相邻层之间的客户/服务器关系具体如下。

1.光通路/客户适配

光通路/客户适配(OCh/Client_A)过程涉及客户和服务器两个方面的处理过程，其中客户处理过程与具体的客户类型有关，双向的光通路/客户适配功能是由源和宿成对的OCh/客户适配过程来实现的。

(1)光通路/客户适配源(OCh/Client_A_So)在输入和输出接口之间进行的主要处理过程包括：

①产生可以调制到光载频上的连续数据流。对于数字客户，适配过程包括扰码和线路编码等处理，相应适配信息就是定义了比特率和编码机制的连续数据流。

②产生和终结相应的管理和维护信息。

(2)光通路/客户适配宿(OCh/Client_A_Sk)在输入和输出接口之间进行的主要处理过程包括：

①连续数据流中恢复客户信号。对于数字客户，适配过程包括时钟恢复、解码和解扰等。

②产生和终结相应的管理和维护信息。

2.光复用段/光通路适配

双向的OMS/OCh适配(OMS/OCh_A)功能是由源和宿成对的OMS/OCh适配过程来实现的。

(1)OMS/OCh适配源(OMS/OCh_A_So)在输入和输出接口之间进行的主要处理过程包括：

①将光通路净荷调制到光载频上，然后给光载频分配相应的功率并进行光通路复用以形成光复用段。

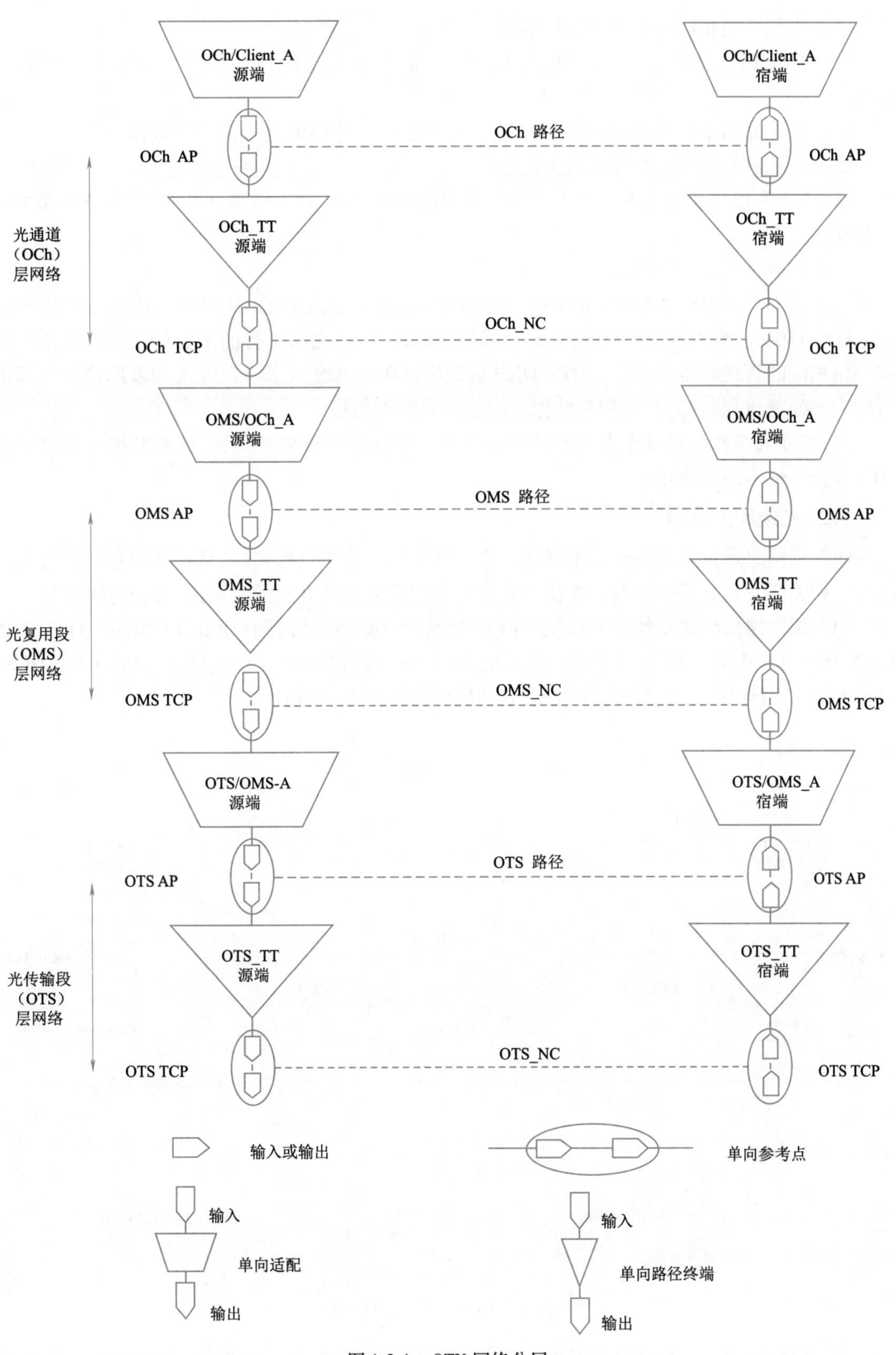

图 1-2-1　OTN 网络分层

②产生和终结相应的管理和维护信息。

(2) OMS/OCh 适配宿(OMS/OCh_A_Sk)在输入和输出接口之间进行的主要处理过程包括:

①根据光通路中心频率进行解复用并终结光载频,从中恢复光通路净荷数据。

②产生和终结相应的管理和维护信息。

注:实际处理的数据流考虑了光净荷和开销两部分数据,但开销部分在 OMS 路径终端不进行处理。

3. 光传输段/光复用段适配

双向的 OTS/OMS 适配(OTS/OMS_A)功能是由源和宿成对的 OTS/OMS 适配过程来实现的。OTS/OMS 适配源(OTS/OMS_A_So)在输入和输出接口之间进行的主要处理过程包括产生和终结相应的管理和维护信息。OTS/OMS 适配宿(OTS/OMS_A_Sk)在输入和输出接口之间进行的主要处理过程包括:产生和终结相应的管理和维护信息。

注:实际处理的数据流考虑了光净荷和光监控通路开销两部分数据,但光监控通路部分在 OTS 路径终端不进行处理。

(二)光通路层网络

OCh 层网络通过光通路路径实现接入点之间的数字客户信号传送,其特征信息包括与光通路连接相关联并定义了带宽及信噪比的光信号和实现通路外开销的数据流,均为逻辑信号。

OCh 层网络的传送功能和实体主要由 OCh 路径、OCh 路径源端(OCh_TT 源端)、OCh 路径宿端(OCh_TT 宿端)、OCh 网络连接(OCh_NC)、OCh 链路连接(OCh_LC)、OCh 子网(OCh_SN)、OCh 子网连接(OCh_SNC)等组成,其功能结构如图 1-2-2 所示。

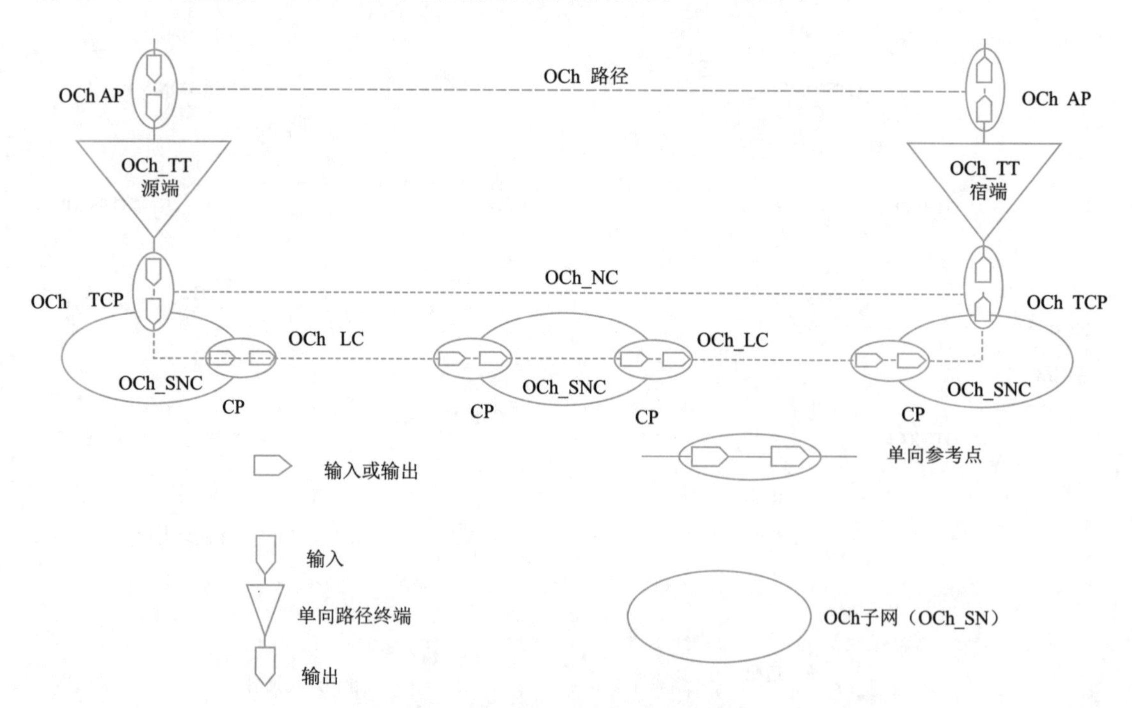

图 1-2-2　OCh 层网络功能结构

OCh 层网络的终端包括路径源端、路径宿端、双向路径终端三种方式,主要实现 OCh 连接的完整性验证、传输质量的评估、传输缺陷的指示和检测等功能。

光通路层网络在具体实现时进一步划分为三个子层网络：光通路子层网络、光通路传送单元（OTUk，k = 1，2，3，4）子层网络和光通路数据单元（ODUk，k = 0，1，2，2e，3，4）子层网络。其中后两个子层采用数字封装技术实现。相邻子层之间具有客户/服务器关系，ODUk 子层若支持复用功能，可继续递归进行子层划分。

光通路层各子层关联的功能模型如图 1-2-3 所示。

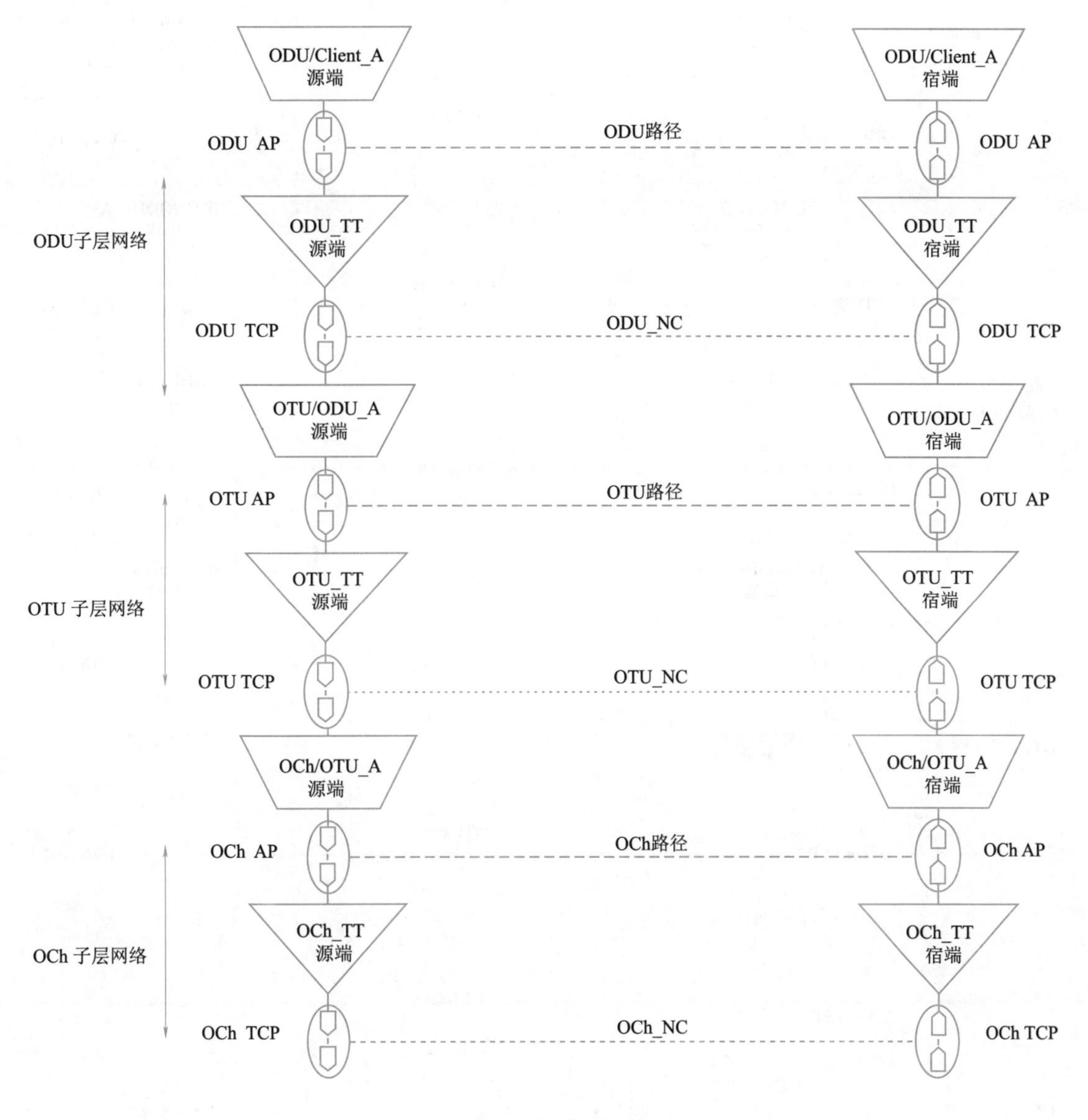

(a) ODU不支持复用功能

图 1-2-3　光通路层各子层关联的功能模型

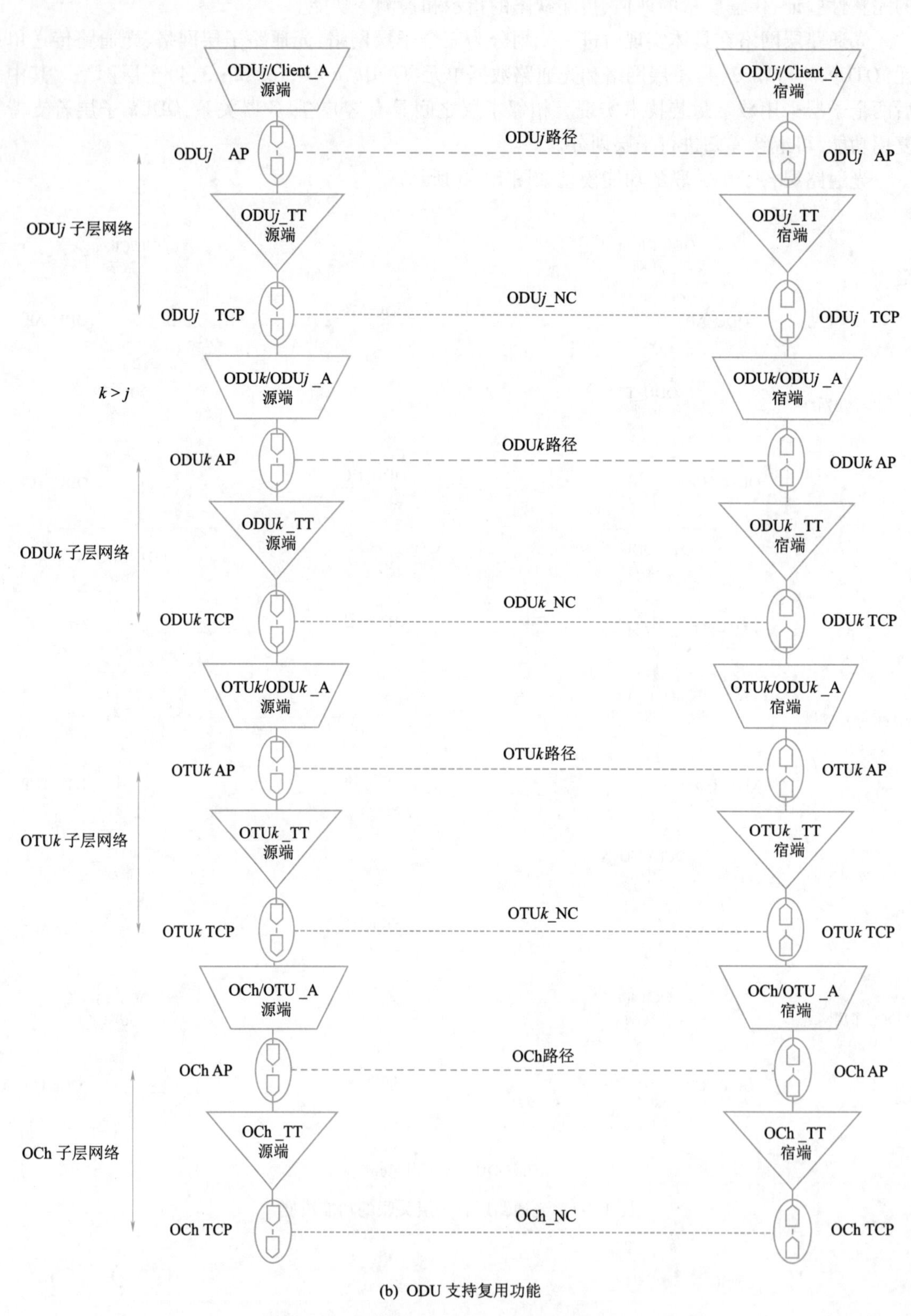

(b) ODU 支持复用功能

图 1-2-3　光通路层各子层关联的功能模型(续)

(1)光通路子层网络

OCh 子层网络通过 OCh 路径实现客户信号 OTU*k* 在 OTN 网络 3R 再生点之间的透明传送。

(2)光通路传送单元子层网络

OTU 子层网络通过 OTU*k* 路径实现客户信号 ODU*k* 在 OTN 网络 3R 再生点之间的传送。其特征信息包括传送 ODU*k* 客户信号的 OTU*k* 净荷区和传送关联开销的 OTU*k* 开销区,均为逻辑信号。

OTU 子层网络的传送功能和实体主要由 OTU 路径、OTU 路径源端(OTU_TT 源端)、OTU 路径宿端(OTU_TT 宿端)、OTU 网络连接(OTU_NC)、OTU 链路连接(OTU_LC)等组成,相应的功能结构如图 1-2-4 所示。

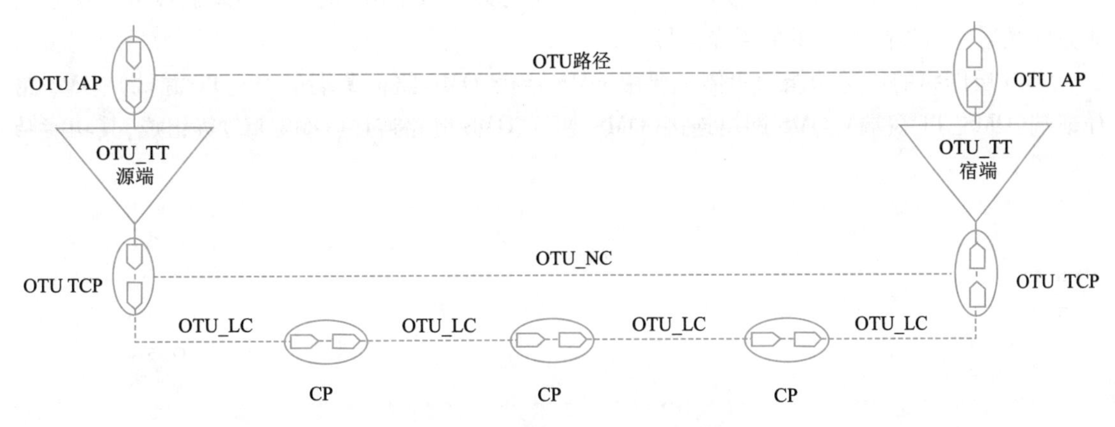

图 1-2-4　OTU 子层网络功能结构

OTU 子层网络的终端包括路径源端、路径宿端、双向路径终端三种类型,主要实现 OTU*k* 连接的完整性验证、传输质量的评估、传输缺陷的指示和检测等功能。

(3)光通路数据单元子层网络

ODU 子层网络通过 ODU*k* 路径实现数字客户信号(如 SDH、以太网等)在 OTN 网络端到端的传送。其特征信息包括传送数字客户信号的 ODU*k* 净荷区和传送关联开销的 ODU*k* 开销区,均为逻辑信号。

ODU 子层网络的传送功能和实体主要由 ODU 路径、ODU 路径源端(ODU_TT 源端)、ODU 路径宿端(ODU_TT 宿端)、ODU 网络连接(ODU_NC)、ODU 链路连接(ODU_LC)、ODU 子网(ODU_SN)和 ODU 子网连接(ODU_SNC)等组成,相应的功能结构如图 1-2-5 所示。

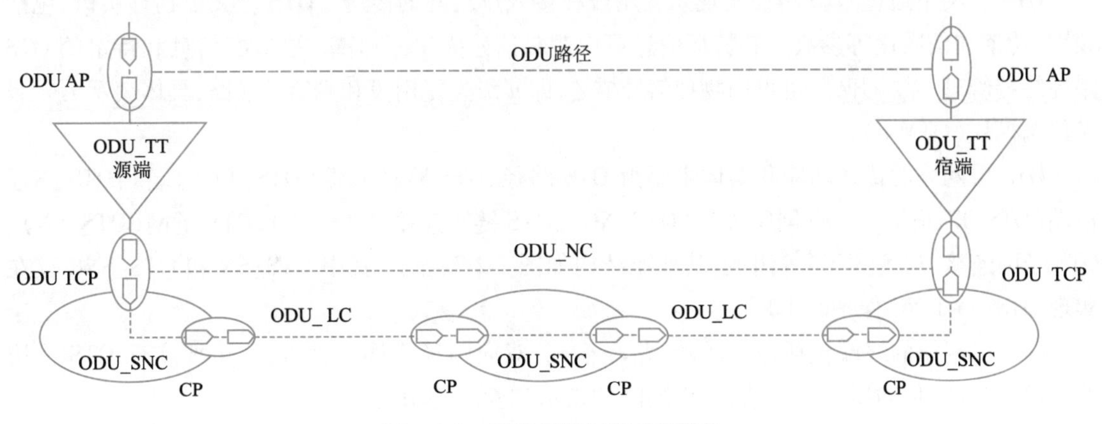

图 1-2-5　ODU 子层网络功能结构

ODU 子层网络的终端包括路径源端、路径宿端、双向路径终端三种类型，主要实现 ODUk 连接的完整性验证、传输质量的评估、传输缺陷的指示和检测等功能。

另外，根据 ODUk(k=0,1,2,2e,3,4)目前已定义的速率等级，ODU 子层网络支持 ODU 复用时，ODU 子层可进一步分层，如图 1-2-3(b)所示。

(三)光复用段层网络

OMS 层网络通过 OMS 路径实现光通路在接入点之间的传送，其特征信息包括 OCh 层适配信息的数据流和复用段路径终端开销的数据流，均为逻辑信号，采用 n 级光复用单元(OMU-n)表示，其中 n 为光通路个数。光复用段中的光通路可以承载业务，也可以不承载业务。不承载业务的光通路可以配置或不配置光信号。

OMS 层网络的传送功能和实体主要由 OMS 路径、OMS 路径源端(OMS_TT 源端)、OMS 路径宿端(OMS_TT 宿端)、OMS 网络连接(OMS_NC)、OMS 链路连接(OMS_LC)等组成，其功能结构如图 1-2-6 所示。

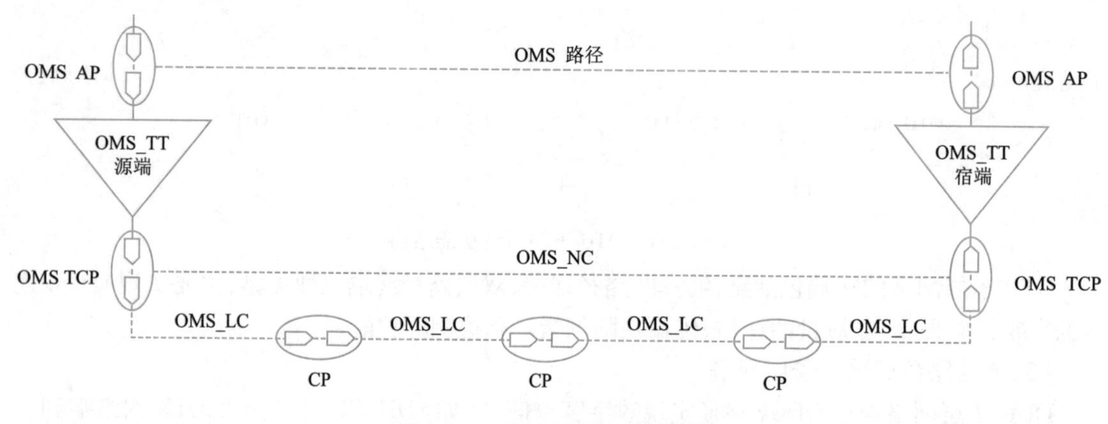

图 1-2-6 OMS 层网络功能结构

OMS 层网络的终端包括路径源端、路径宿端、双向路径终端三种方式，主要实现传输质量的评估、传输缺陷的指示和检测等功能。

(四)光传输段层网络

OTS 层网络通过 OTS 路径实现光复用段在接入点之间的传送。OTS 定义了物理接口，包括频率、功率和信噪比等参数。其特征信息可由逻辑信号描述，即 OMS 层适配信息和特定的 OTS 路径终端管理/维护开销，也可由物理信号描述，即 n 级光复用段和光监控通路，具体表示为 n 级光传输模块(OTM-n)。

OTS 层网络的传送功能和实体主要由 OTS 路径、OTS 路径源端(OTS_TT 源端)、OTS 路径宿端(OTS_TT 宿端)、OTS 网络连接(OTS_NC)、OTS 链路连接(OTS_LC)、OTS 子网(OTS_SN)、OTS 子网连接(OTS_SNC)等组成，其功能结构如图 1-2-7 所示，其中 OTS_SN 和 OTS_SNC 仅在实现 OTS 1+1 NC 保护时出现。

OTS 层网络的终端包括路径源端、路径宿端、双向路径终端三种方式，主要实现 OTS 连接的完整性验证、传输质量的评估、传输缺陷的指示和检测等功能。

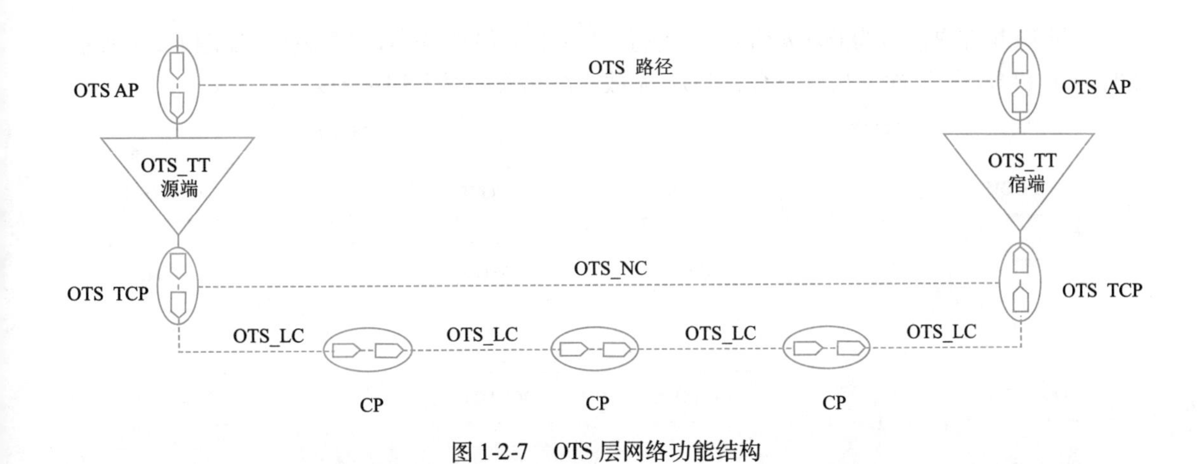

图 1-2-7　OTS 层网络功能结构

二、OTN 网络的分割

(一)OTN 网络的分域

OTN 传送网络从水平方向可分为不同的管理域,其中单个管理域可以由单个设备商 OTN 设备组成,也可由运营商的某个网络或子网组成,如图 1-2-8 所示。不同域之间物理连接称为域间接口(IrDI),域内的物理连接称为域内接口(IaDI)。

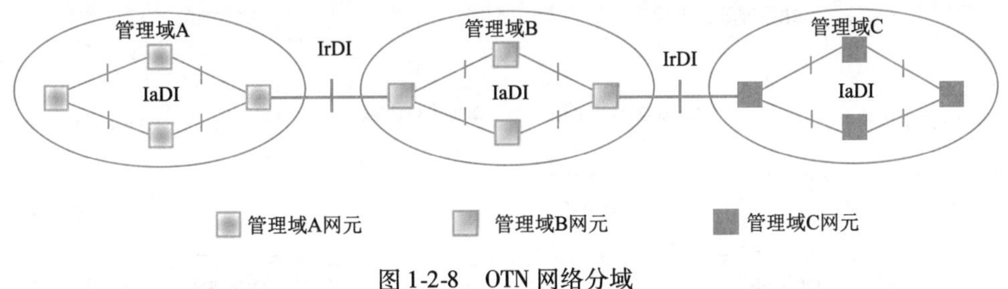

图 1-2-8　OTN 网络分域

(二)不同管理域的互联互通

IrDI 通过 3R 再生的方式,是 IrDI 实现互通唯一可行的途径,具体包括以下四种方式:

(1)非 OTN 域通过非 OTN IrDI 和 OTN 域互联。非 OTN 域(如 SDH、以太网等)通过非 OTN IrDI 接口(如 SDH 接口、以太网接口等)和 OTN 域实现互联,在非 OTN IrDI 接口的客户层实现互通。

(2)非 OTN 域通过 OTN IrDI 接口和 OTN 域实现互联,在 ODU 子层实现互通。

(3)OTN 域通过非 OTN IrDI 接口(如 SDH 接口、以太网接口等)实现互联,在非 OTN IrDI 接口的客户层实现互通。

(4)OTN 域通过 OTN IrDI 接口实现互联,在 ODU 子层实现互通。

(三)OTN 网络域内分割

由于客户数字信号通过 OTN 传送时可能需要 3R 中继,因此,单个的管理域可进一步分割为不同的 3R 中继段。通过不同的 3R 中继段时 OCh 层网络需要终结,具体的 3R 中继功能由客户数字信号到 OCh 适配的源端和宿端来实现,而客户数字信号是否需要终结取决于客户信号的类型。

如果 OCh 客户信号为 OTU*k* 信号,在进行 3R 时需要终结 OTU*k* 子层网络,如图 1-2-9 所示。此时 OCh 和 OTU*k* 层网络相互重合,即 OTU*k* 数字段构成一个 3R 中继段。

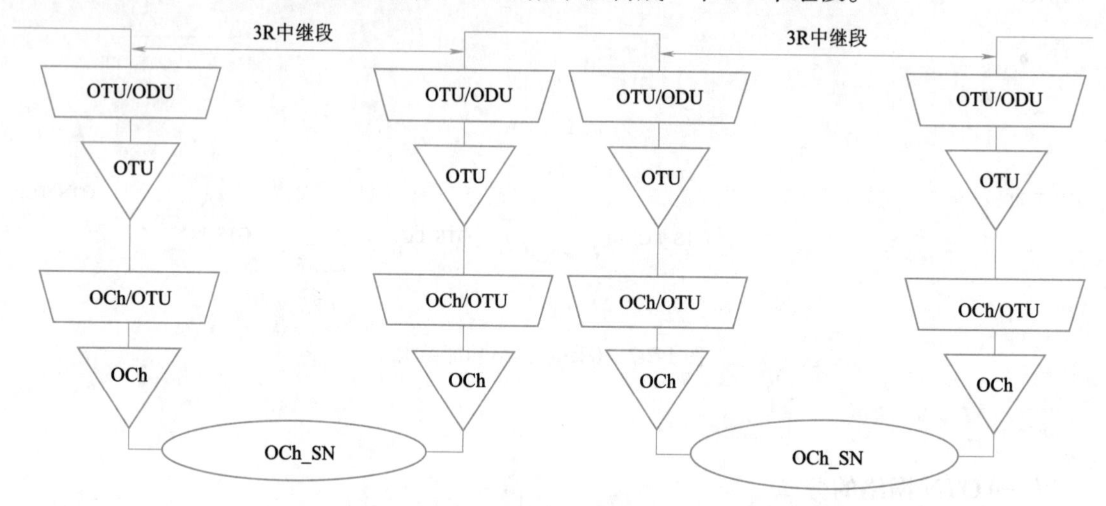

图 1-2-9　客户信号为数字 OTN 时的 3R 中继段

而对于其他 OCh 的数字客户信号(如 SDH),则在进行 3R 时不需要终结客户层网络,如图 1-2-10 所示。

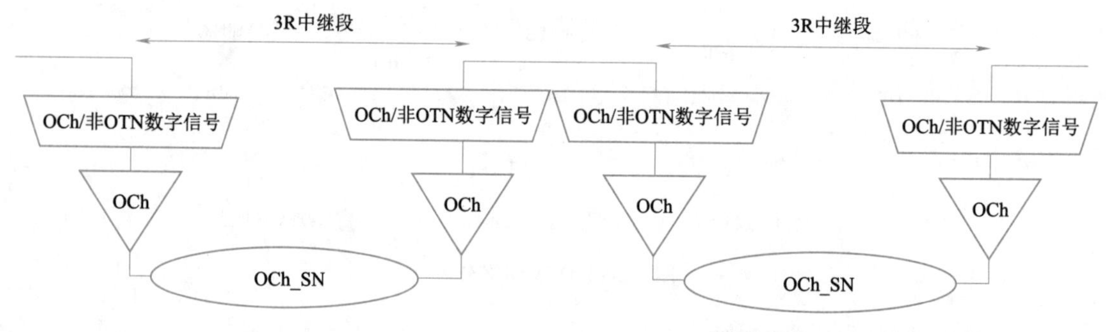

图 1-2-10　客户信号为非数字 OTN 时的 3R 中继段

对于单个 3R 中继段,实际应用有需要时可进一步分割,例如当 OCh 层提供灵活路由功能时就需要对 3R 中继段进行进一步分割,具体分割方法待研究。

三、光传送网接口结构

ITU-T G.872 规范的光传送网定义了以下两种接口:域间接口(IrDI)和域内接口(IaDI)。OTN IrDI 接口在每个接口终端应具有 3R 处理功能。光传送模块 *n*(OTM-*n*)是支持 OTN 接口的信息结构,定义了以下两种结构:

(1)全功能的 OTM 接口(OTM-*n*. *m*)。OTM-*n*. *m* 中,*n* 代表系统波长数目,*m* 代表速率级别。

(2)简化功能的 OTM 接口(OTM-0. *m*,OTM-*nr*. *m*,OTM-0. *mvn*)。简化功能 OTM 接口在每个接口终端应具有 3R 处理功能,以支持 OTN IrDI 接口。OTM-0. *m* 代表的是黑白光口,即 1 310 nm或者 1 550 nm 的单路光信号,OTM-*nr*. *m* 中的 r 表示简化功能,OTM-0. *mvn* 中的 v 表示支持虚拟多通道。

(一)OTN 网络域内分割

OTN 接口结构如图 1-2-11 所示。

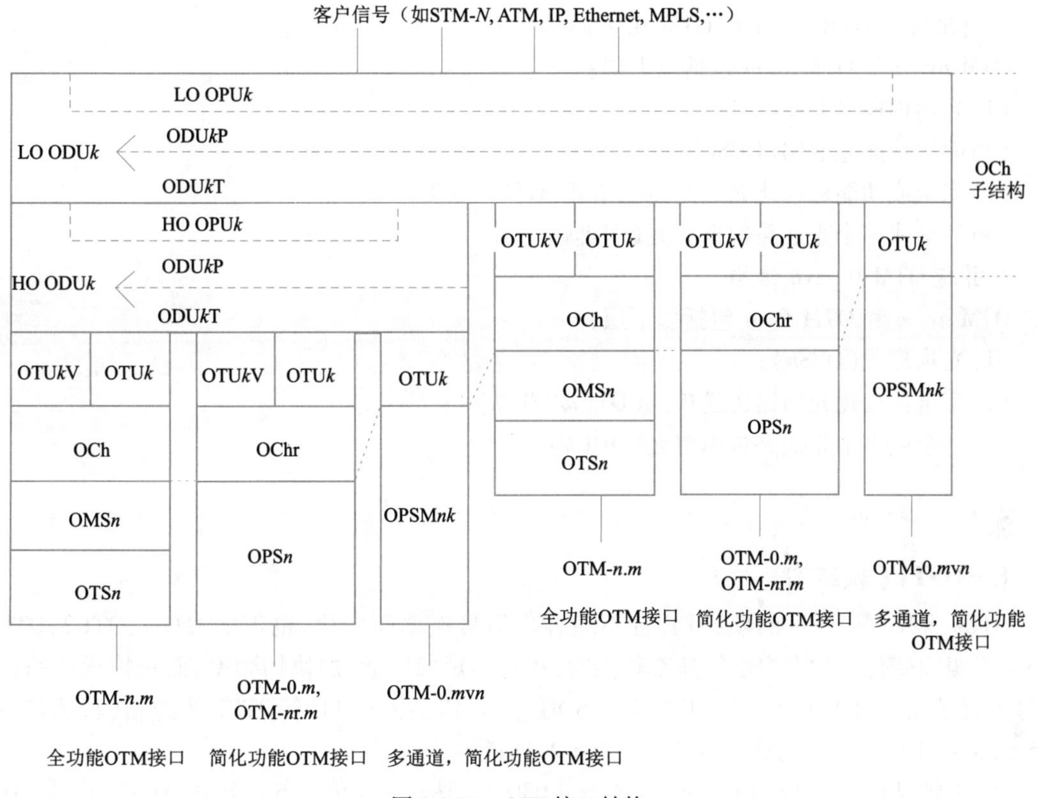

图 1-2-11　OTN 接口结构

1. OCh 结构

ITU-T G. 872 规范的光通路层结构需要进一步分层，以支持 ITU-T G. 872 定义的网络管理和监控功能。

(1)全功能(OCh)或简化功能(OChr)的光通路，在 OTN 的 3R 再生点之间应提供透明网络连接。

(2)完全或功能标准化光通路传送单元(OTU*k*/OTU*k*V)，在 OTN 的 3R 再生点之间应为信号提供监控功能，使信号适应在 3R 再生点之间进行传送。

光通路数据单元(ODU*k*)提供：

①串联连接监测(ODU*k*T)；

②端到端通道监控(ODU*k*P)；

③经由光通路净荷单元(OPU*k*)适配用户信号；

④经由光通路净荷单元适配 OTN ODU*k* 信号。

2. 全功能 OTM-*n*. *m*($n \geqslant 1$)结构

OTM-*n*. *m*($n \geqslant 1$)包括以下层：

(1)光传送段(OTS*n*)；

(2)光复用段(OMS*n*)；

(3)全功能光通路(OCh);

(4)完全或功能标准化光通路传送单元(OTU*k*/OTU*k*V);

(5)一个或多个光通路数据单元(ODU*k*)。

3. 简化功能 OTM-*nr*. *m* 和 OTM-0. *m* 结构

OTM-*nr*. *m* 和 OTM-0. *m* 包括以下层:

(1)光物理段(OPS*n*);

(2)简化功能光通路(OChr);

(3)完全或功能标准化光通路传送单元(OTU*k*/OTU*k*V);

(4)一个或多个光通路数据单元(ODU*k*)。

4. 并行 OTM-0. *mvn* 结构

OTM-*nr*. *m* 和 OTM-0. *m* 包括以下层:

(1)光物理段(OPS*n*);

(2)完全标准化光通路传送单元(OTU*k*/OTU*k*V);

(3)一个或多个光通路数据单元(ODU*k*)。

四、光通路帧结构

(一)OTU*k* 帧结构

OTU*k* 采用固定长度的帧结构,且不随客户信号速率而变化,也不随 OTU1、OTU2、OTU3、OTU4 等级而变化。当客户信号速率较高时,相对缩短帧周期,加快帧频率,而每帧承载的数据信号没有增加。对于承载一帧 10 Gbit/s SDH 信号,需要大约 11 个 OTU2 光通道帧,承载一帧 2.5 Gbit/s SDH 信号则需要大约三个 OTU1 光通道帧。

OTU*k* 帧结构如图 1-2-12 所示,为 4 行 4 080 列结构,主要由三部分组成:OTU*k* 开销、OTU*k* 净负荷、OTU*k* 前向纠错。图 1-2-12 中第 1 行的第 1 ~ 14 列为 OTU*k* 开销,第 2 ~ 4 行中的第 1 ~ 14 列为 ODU*k* 开销,第 1 ~ 4 行的 15 ~ 3 824 列为 OTU*k* 净负荷,第 1 ~ 4 行中的 3 825 ~ 4 080 列为 OTU*k* 前向纠错码。

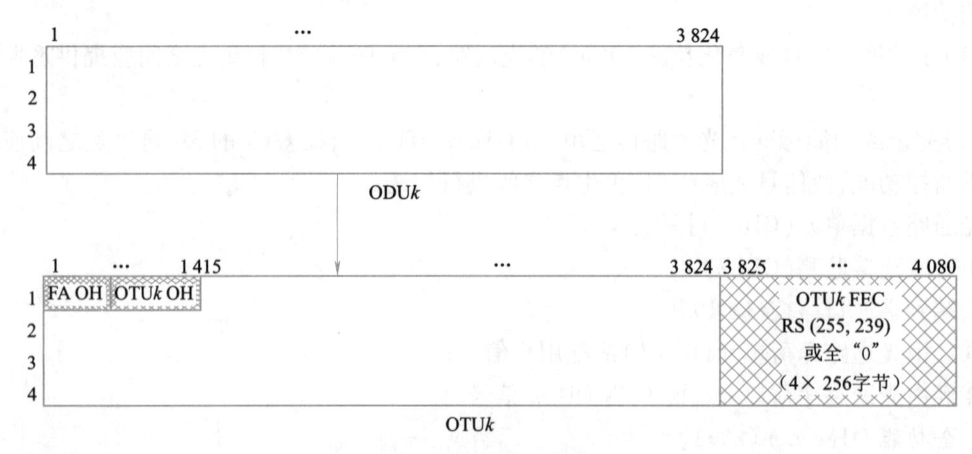

图 1-2-12　OTU*k* 帧结构

OTU*k*(k = 1,2,3,4)的帧结构与 ODU*k* 帧结构紧密相关,OTU*k* 帧结构基于 ODU*k*,另外还附加了 FEC 字段。它是以 8 比特为基本单元的块状帧结构,由 4 行 4 080 列字节数据组成。

OTUk 与 ODUk 相比，增加了 256 列 FEC 字节。另外，第 1 行的(1 ~8)列的字节被 OTUk 用作 FAS 帧定位。

OTUk 信号包括 RS(255,239)编码，如果 FEC 不使用，填充全“0”码。当支持 FEC 功能与不支持 FEC 功能的设备互通时(在 FEC 区域全部填充“0”)，FEC 功能的设备应具备关掉此功能的能力，即对 FEC 区域的字节不进行处理。OTU4 必须支持 FEC。

(二) ODUk 帧结构

ODUk(k=0,1,2,2e,3,4)的帧结构如图 1-2-13 所示，为 4 行 3 824 列结构，主要由两部分组成：ODUk 开销和 OPUk。第 1 ~14 列为 ODUk 的开销部分，但第 1 行的 1 ~14 列用来传送帧定位信号和 OTUk 开销。第 2、3、4 行的(1 ~14)列用来传送 ODUk 开销。15 ~3 824 列用来承载 OPUk。

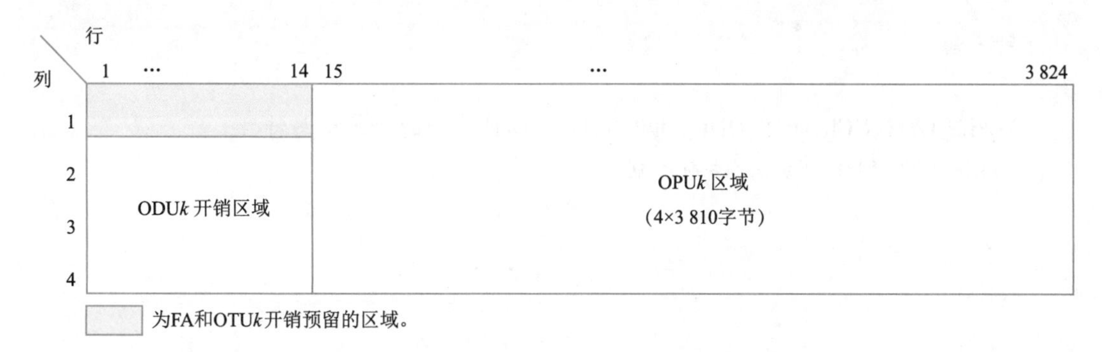

图 1-2-13　ODUk 帧结构

(三) OPUk 帧结构

OPUk(k=0,1,2,2e,3,4)的帧结构如图 1-2-14 所示，为 4 行 3 810 列结构，主要由两部分组成：OPUk 开销和 OPUk 净负荷。OPUk 的 15 ~16 列用来承载 OPUk 的开销，17 ~3 824 列用来承载 OPUk 净负荷。OPUk 的列编号来自其在 ODUk 帧中的位置。

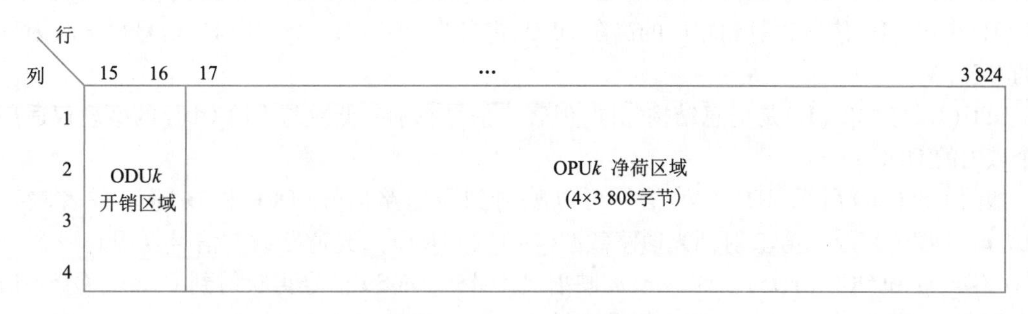

图 1-2-14　OPUk 帧结构

任务小结

本任务主要介绍了光通路层网络结构、光复用段层网络结构、光传输段层网络结构，OTN 的网络分割，OTN 接口结构以及 OTUk 帧结构、ODUk 帧结构、OPUk 帧结构。

任务三　学习 OTN 复用与映射

任务描述

复用是一种使多个低阶通道层的信号适配进高阶通道层或把多个高阶通道层信号适配进复用层的过程。映射是将一种信息结构根据特定的映射模式转换成另外一种信息结构的过程。本任务主要介绍 OTN 中的信号复用与映射方式，以及 OTN 中各种信号的帧结构。

任务目标

(1)识记：OTM、OCh、OUT、ODU*k*、OPU*k*、OOS 各种信号的帧结构与特性。

(2)领会：OTN 网络中复用/映射原则。

任务实施

一、复用/映射原则和比特速率

图 1-3-1 显示了不同信息结构元之间的关系，描述了 OTM-*n* 的复用结构和映射(包括波分复用和时分复用)。对于多域 OTN，任何 ODU*k* 复用层的组合都能在给定的 OTN NNI 上呈现。

如图 1-3-1(a)所示，客户信号(非 OTN)映射到低阶 OPU，定义为 OPU(L)。OPU(L)信号复用到对应的低阶 ODU，定义为 ODU(L)。ODU(L)或者映射到对应的 OTU[V]信号，或者映射到 ODTU。ODTU 信号复用到 ODTU 群(ODTUG)。ODTUG 再映射到高阶 OPU，定义为 OPU(H)。OPU(H)信号映射到相应的高阶 ODU，定义为 ODU(H)。ODU(H)信号再被映射到相应的 OTU[V]。

OPU(L)与 OPU(H)是信息结构相同，但客户信号有别。低阶与高阶 ODU 的概念仅适用于单个域内的 ODU。

如图 1-3-1(b)所示，OTU[V]信号可以映射到光通路信号(OCh 和 OChr)，或者映射到 OTL*k*. *n*。OCh/OChr 信号映射到光通路载波(OCC 和 OCCr)，光通路载波信号复用到一个 OCC 群(OCG-*n*. *m* 和 OCG-*nr*. *m*)。OCG-*n*. *m* 映射到 OMS*n*，OMS*n* 信号再映射到 OTS*n*。OTS*n* 信号在 OTM-*n*. *m* 接口呈现。OCG-*nr*. *m* 信号映射到 OPS*n*，OPS*n* 信号在 OTM-*nr*. *m* 接口呈现。单个 OCCr 信号映射到光传送通道载波，定义为 OTLC。OTLC 信号复用到 OTLC 群(OTLCG)，OTLCG 信号映射到 OPSM*nk*，OPSM*nk* 信号在 OTM-0. *mvn* 接口呈现。

(一)映射

用户信号或光通路数据单元支路单元群(ODTUG*k*)被映射到 OPU*k*，OPU*k* 被映射到 ODU*k*，ODU*k* 映射到 OTU*k*[V]，OTU*k*[V]映射到 OCh[r]，最后 OCh[r]被调制到 OCC[r]。OTU*k* 也可以映射到 OTL*k*. *n*，OTL*k*. *n* 被调制到 OTLC。

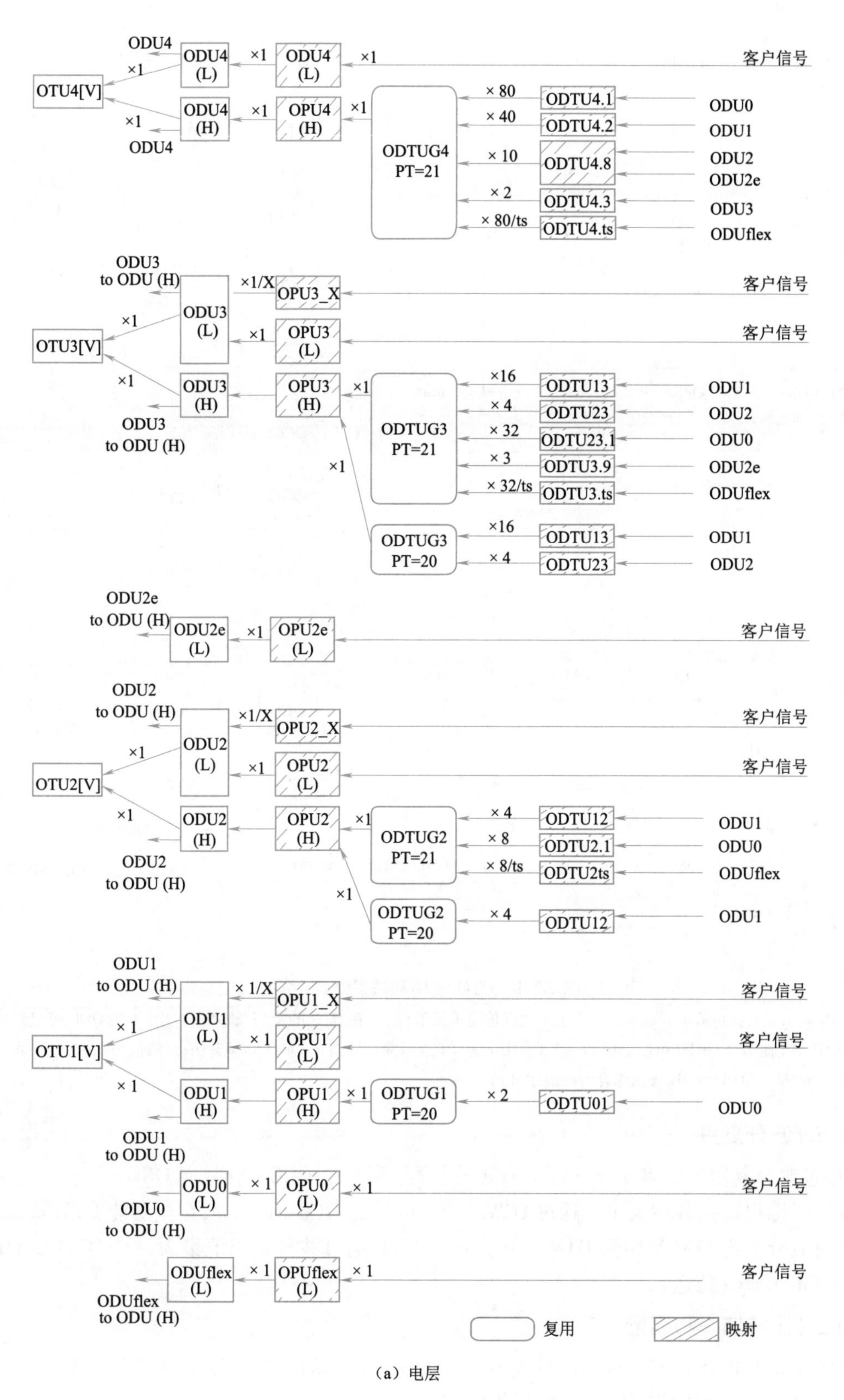

（a）电层

图 1-3-1 OTM 复用和映射结构

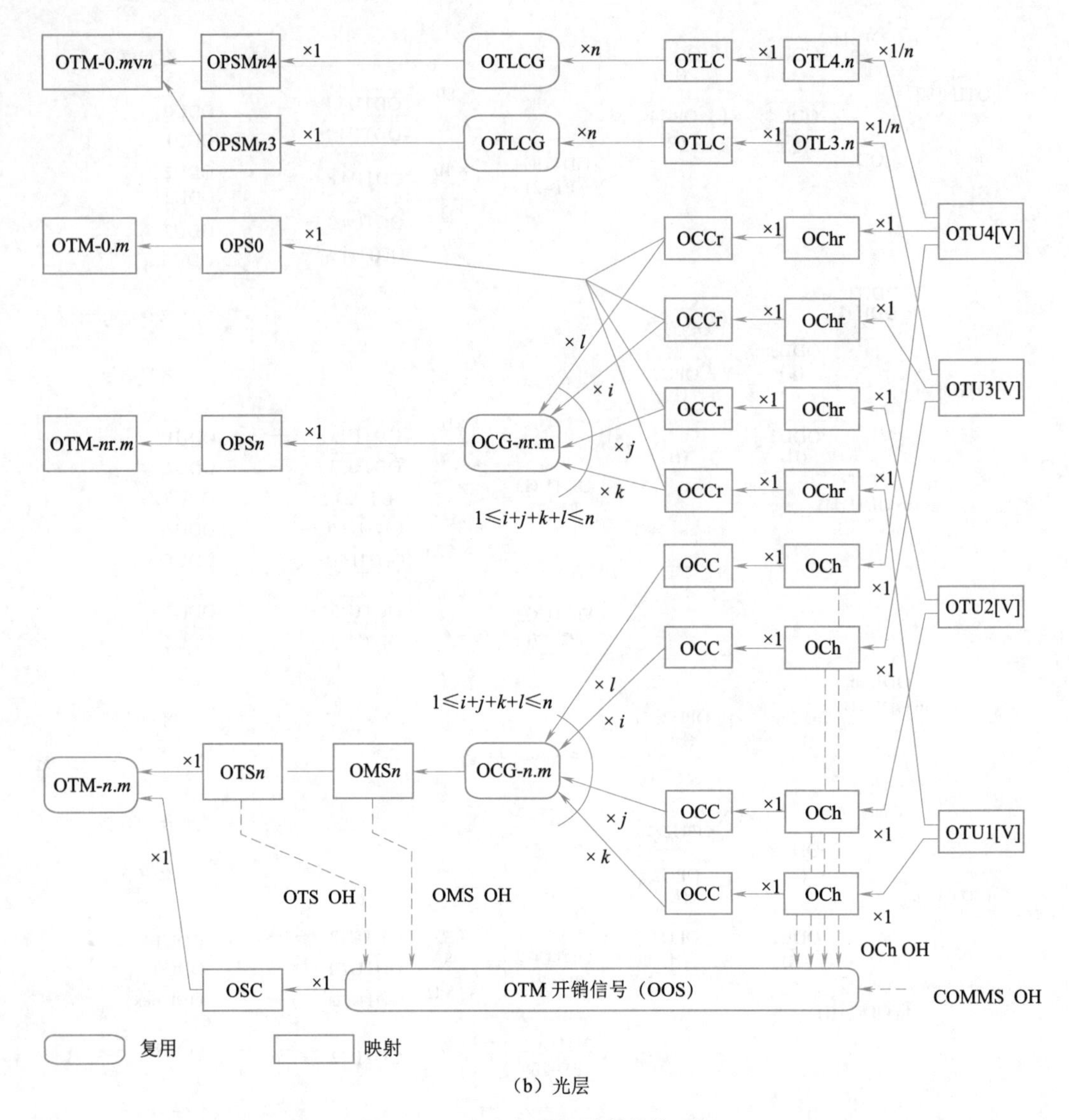

（b）光层

图 1-3-1　OTM 复用和映射结构(续)

注:ODTU 表示光数据传输单元,ODTUG 表示光数据传输单元群(组),在 OTN 的复用/映射过程中,不同 ODU 可以映射到不同的 ODTU 中,而多个 ODTU 可以复用到一个 ODTUG 中;PT 表示净荷类型,位于 OPU 帧开销中,取值为 0～255;ts 表示时间槽;OH 表示开销;COMMS OH 表示综合管理通信开销。

(二)波分复用

通过波分复用将最多 $n(n\geqslant1)$ 个 OCC[r]复用到一个 OCG-n[r]. m,OCG-n[r]. m 的 OCG-[r]支路时隙可以是各种大小。通过 OTM-n[r]. m 传送 OCG-n[r]. m,在全功能 OTM-n. m 接口上,通过波分复用 OSC 复用到 OTM-n. m。n 个 OTLC 通过波分复用汇集为一个 OTLCG,OTLCG 通过 OTM-0. mvn 传送。

(三)比特速率和容量

OTUk 信号的比特速率和容差见表 1-3-1。ODUk 信号的比特速率和容差见表 1-3-2。OPUk 和 OPUk-Xv 净荷的比特速率和容差见表 1-3-3。

表 1-3-1 OTUk 信号的比特速率和容差

OTU 类型	OTU 标称比特速率	OTU 比特速率容差
OTU1	255/238 × 2 488 320 kbit/s	$\pm 20 \times 10^{-6}$
OTU2	255/237 × 9 953 280 kbit/s	
OTU3	255/236 × 39 813 120 kbit/s	
OTU4	255/227 × 99 532 800 kbit/s	

注:标称 OTUk 速率近似为 2 666 057.143 kbit/s(OTU1),10 709 225.316 kbit/s(OTU2),43 018 413.559 kbit/s(OTU3)和 111 809 973.568 kbit/s(OTU4)。

表 1-3-2 ODUk 信号的比特速率和容差

ODU 类型	ODU 标称比特速率	ODU 比特速率容差
ODU0	1 244 160 kbit/s	$\pm 20 \times 10^{-6}$
ODU1	239/238 × 2 488 320 kbit/s	
ODU2	239/237 × 9 953 280 kbit/s	
ODU3	239/236 × 39 813 120 kbit/s	
ODU4	239/227 × 99 532 800 kbit/s	
ODU2e	239/237 × 10 312 500 kbit/s	$\pm 100 \times 10^{-6}$
适用 CBR(固定码率)客户信号的 ODUflex	239/238 × 客户信号比特速率	客户信号比特速率容差,最大为 $\pm 100 \times 10^{-6}$
适用 GFP-F 映射客户信号的 ODUflex	可配置比特速率	$\pm 20 \times 10^{-6}$

注:标称 ODUk 速率近似为 2 498 775.126 kbit/s(ODU1),10 037 273.924 kbit/s(ODU2),40 319 218.983 kbit/s(ODU3),104 794 445.815 kbit/s(ODU4)和 10 399 525.316 kbit/s(ODU2e)。

表 1-3-3 OPUk 和 OPUk-Xv 净荷的比特速率和容差

OPU 类型	OPU 净荷标称比特速率	OPU 净荷比特速率容差
OPU0	238/239 × 1 244 160 kbit/s	$\pm 20 \times 10^{-6}$
OPU1	2 488 320 kbit/s	
OPU2	238/237 × 9 953 280 kbit/s	
OPU3	238/236 × 39 813 120 kbit/s	
OPU4	238/227 × 99 532 800 kbit/s	
OPU2e	238/237 × 10 312 500 kbit/s	$\pm 100 \times 10^{-6}$
OPUflex(CBR 客户信号)	客户信号比特速率	客户信号比特速率容差,最大 $\pm 100 \times 10^{-6}$
OPUflex(GFP 封装客户信号)	238/239 × ODUflex 信号速率	$\pm 20 \times 10^{-6}$
OPU1-Xv	X × 2 488 320 kbit/s	$\pm 20 \times 10^{-6}$
OPU2-Xv	X × 238/237 × 9 953 280 kbit/s	
OPU3-Xv	X × 238/236 × 39 813 120 kbit/s	

注:OPUk-Xv 中,X = 1 ~ 256,即最多支持 256 个 OPUk 的虚级联。标称 OPUk 净荷速率近似为 1 238 954.310 kbit/s(OPU0 净荷),2 488 320.000 kbit/s(OPU1 净荷),9 995 276.962 kbit/s(OPU2 净荷),40 150 519.322 kbit/s(OPU3 净荷),104 355 975.330 kbit/s(OPU4 净荷)和 10 356 012.658 kbit/s(OPU2e 净荷)。标称 OPUk-Xv 净荷速率近似为 X × 2 488 320.000 kbit/s(OPU1-Xv 净荷),X × 9 995 276.962 kbit/s(OPU2-Xv 净荷)和 X × 40 150 519.322 kbit/s(OPU3-Xv 净荷)。

二、光传送模块(OTM-$n.m$,OTM-$nr.m$,OTM-0.m)

光传送模块有全功能和简化功能两种 OTM 结构。目前,只为 IrDI 定义了简化功能的 OTM

接口。表 1-3-4 概括了 OTM 结构下的 OTU、OTU FEC、OCh/OChr、OPS、OPSM 和 OMS/OTS。

表 1-3-4　OTM 结构概况

OTM 类型	OTU*k* 帧	OTU*k*V 帧	OTU*k*V FEC	OTU*k*V FEC	OChr	OCh	OPS	OPSM	OMS OTS	IaDI	IrDI
OTM-*n*. *m*	支持		支持			支持			支持	支持	
OTM-*n*. *m*	支持			支持		支持			支持	支持	
OTM-*n*. *m*		支持		支持		支持			支持	支持	
OTM-16/32r. *m*	支持		支持		支持		支持			支持	支持
OTM-16/32r. *m*	支持			支持	支持		支持			支持	
OTM-16/32r. *m*		支持		支持	支持		支持			支持	
OTM-0. *m*	支持		支持		支持		支持			支持	支持
OTM-0. *m*	支持			支持	支持		支持			支持	
OTM-0. *mvn*	支持		支持					支持		支持	支持

（一）简化功能的 OTM

在一个端点具有再生和终结功能的单跨段的光通路上的 OTU*k*[V]，OTM-*n* 支持单个光区段的 *n* 个光通路，在每一端具有 3R 再生和终结功能。在 OTM-0. *m*、OTM *n*r. *m* 和 OTM-0. *mvn* 接口的两边执行 3R 再生功能，并将 OTM-0. *m* 接口接入到 OTU*k*[V]开销，通过这个开销可以对该接口进行维护和监控。OTM-0. *m*、OTM-*n*r. *m* 和 OTM-0. *mvn* 接口不需要支持 OTN 开销，也不需要 OSC/OOS。

定义了三种简化功能的 OTM 接口，OTM 0. *m*、OTM *n*r. *m* 和 OTM-0. *mvn*。

1. OTM-0. *m*

在一个端点具有再生和终结功能的单跨段的光通路上，OTM-0. *m* 支持单波长光通路。定义了四种 OTM-0. *m* 接口信号，如图 1-3-2 所示，每种承载一个包含 OTU*k*[V]信号的单波长光通路，OTM-0. 1（承载 OTU1[V]）、OTM-0. 2（承载 OTU2[V]）、OTM-0. 3（承载 OTU3[V]）、OTM-0. 4（承载 OTU4[V]）统称为 OTM-0. *m*。图 1-3-2 显示了不同信息结构之间的关系，以及 OTM-0. *m* 的映射方式。OTM-0. *m* 信号结构中不需要 OSC 和 OOS。

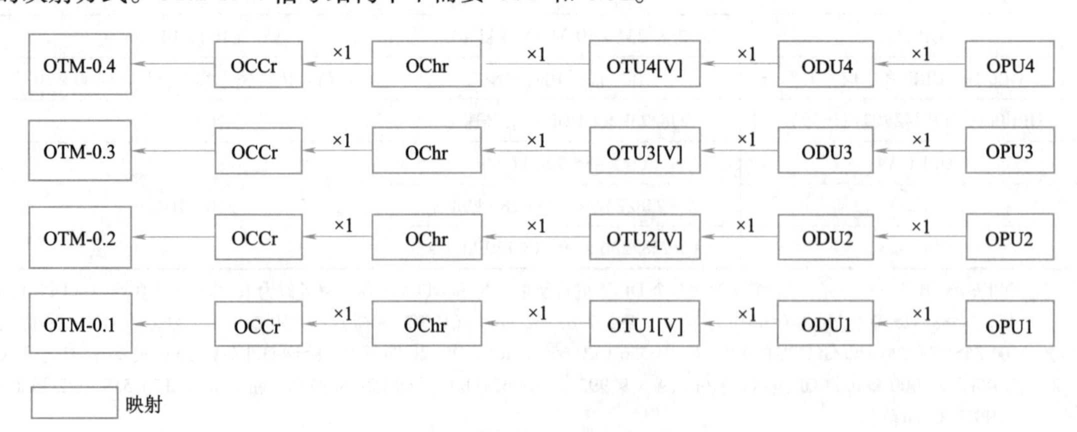

图 1-3-2　OTM-0. *m* 结构

2. OTM-*n*r. *m*

（1）OTM-16r. *m*。一个端点具有再生和终结功能的单跨段的光通路上，OTM-16r. *m* 支持 16 个光通路。定义了九种 OTM-16r 接口信号，统称为 OTM-16r. m。具体如下：

①OTM-16r. 1［承载 $i(i\leqslant16)$ OTU1［V］信号］；

②OTM-16r. 2［承载 $j(j\leqslant16)$ OTU2［V］信号］；

③OTM-16r. 3［承载 $k(k\leqslant16)$ OTU3［V］信号］；

④OTM-16r. 4［承载 $l(l\leqslant16)$ OTU4［V］信号］；

⑤OTM-16r. 1234［承载 $i(i\leqslant16)$ OTU1［V］，$j(j\leqslant16)$ OTU2［V］，$k(k\leqslant16)$ OTU3［V］和 $l(l\leqslant16)$ OTU4［V］信号，其中 $i+j+k+l\leqslant16$］；

⑥OTM-16r. 123［承载 $i(i\leqslant16)$ OTU1［V］，$j(j\leqslant16)$ OTU2［V］和 $k(k\leqslant16)$ OTU3［V］信号，其中 $i+j+k\leqslant16$］；

⑦OTM-16r. 12［承载 $i(i\leqslant16)$ OTU1［V］和 $j(j\leqslant16)$ OTU2［V］信号，其中 $i+j\leqslant16$］；

⑧OTM-16r. 23［承载 $j(j\leqslant16)$ OTU2［V］和 $k(k\leqslant16)$ OTU3［V］信号，其中 $j+k\leqslant16$］；

⑨OTM-16r. 34［承载 $k(k\leqslant16)$ OTU3［V］和 $l(l\leqslant16)$ OTU4［V］信号，其中 $k+l\leqslant16$］。

OTM-16r. m 信号是具有 16 个光通路载波的 OTM-nr. m 信号，编号从 OCCr #0 到 OCCr #15。OTM-16r. m 信号结构中不需要 OSC 和 OOS。

在正常操作和传送 OTUk［V］期间，至少有一个 OCCr 启用。在 OCCr 启用时，不预先定义顺序。图 1-3-3 显示了几种定义的 OTM-16r. m 接口信号和 OTM-16r. m 复用结构示例。

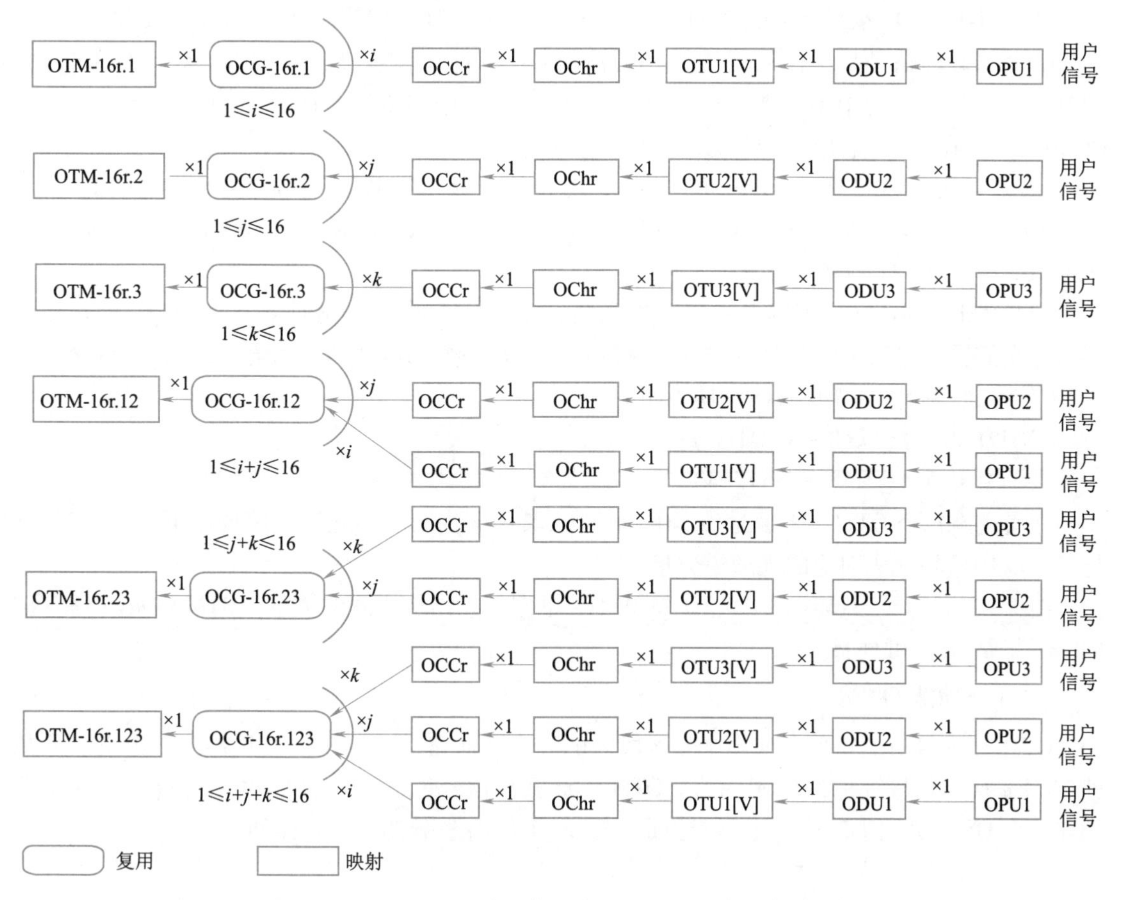

图 1-3-3　OTM-16r. m 接口信号和 OTM-16r. m 复用结构示例

注：未定义 OTM-16r. m OPS 开销，在多波长接口位置 OTM-16r. m 接口使用 OTUk[V] SMOH 进行监控和管理。通过故障管理中故障关联的方法，上报单个 OTUk[V]，以此计算 OTM-16r. m 连接(TIM)的故障。

(2) OTM-32r. m。一个端点具有再生和终结功能的单跨段的光通路上，OTM-32r. m 支持 32 个光通路。

定义了九种 OTM-32r 接口信号，统称为 OTM-32r. m。具体如下：

①OTM-32r. 1[承载 $i(i \leqslant 32)$ OTU1[V]信号]；

②OTM-32r. 2[承载 $j(j \leqslant 32)$ OTU2[V]信号]；

③OTM-32r. 3[承载 $k(k \leqslant 32)$ OTU3[V]信号]；

④OTM-32r. 4[承载 $l(l \leqslant 32)$ OTU4[V]信号]；

⑤OTM-32r. 1234[承载 $i(i \leqslant 32)$ OTU1[V]，$j(j \leqslant 32)$ OTU2[V]，$k(k \leqslant 32)$ OTU3[V]和 $l(l \leqslant 32)$ OTU4[V]信号，其中 $i+j+k+l \leqslant 32$]；

⑥OTM-16r. 123[承载 $i(i \leqslant 32)$ OTU1[V]，$j(j \leqslant 32)$ OTU2[V]和 $k(k \leqslant 32)$ OTU3[V]信号，其中 $i+j+k \leqslant 32$]；

⑦OTM-16r. 12[承载 $i(i \leqslant 32)$ OTU1[V]和 $j(j \leqslant 32)$ OTU2[V]信号，其中 $i+j \leqslant 32$]；

⑧OTM-16r. 23[承载 $j(j \leqslant 32)$ OTU2[V]和 $k(k \leqslant 32)$ OTU3[V]信号，其中 $j+k \leqslant 32$]；

⑨OTM-16r. 34[承载 $k(k \leqslant 32)$ OTU3[V]和 $l(l \leqslant 32)$ OTU4[V]信号，其中 $k+l \leqslant 32$]。

OTM-32r. m 信号是具有 32 个光通路载波的 OTM-nr. m 信号，编号从 OCCr #0 到 OCCr #31。OTM-32r. m 信号结构中不需要 OSC 和 OOS。在正常操作和传送 OTUk[V]期间，至少有一个 OCCr 启用。在 OCCr 启用时，不预先定义顺序。

注：未定义 OTM-32r. m OPS 开销，在多波长接口位置 OTM-32r. m 接口使用 OTUk[V] SMOH 进行监控和管理。通过故障管理中故障关联的方法，上报单个 OTUk[V]，以此计算 OTM-16r. m 连接(TIM)的故障。

(3) OTM-0. mvn。一个端点具有再生和终结功能的单跨段的光通路上，OTM-0. mvn 支持多通道光信号。定义了两个 OTM-0. mvn 接口信号，每一个都承载四个通道的光信号，包含一个 OTUk 信号，统称为 OTM-0. mvn。具体如下：

①OTM-0. 3v4(承载一个 OTU3)；

②OTM-0. 4v4(承载一个 OTU4)。

光通道由每个 OTLCx 来编号($x=0 \sim n-1$)，其中 x 代表了多通道应用场合下，与 G. 959. 1 与 G. 695 中应用代码对应的光通道数量。

图 1-3-4 显示了 OTM-0. 3v4 与 OTM-0. 4v4 不同信息结构之间的关系。OTM-0. mvn 信号结构中不需要 OSC 和 OOS。

(二)全功能 OTM

OTM-n. m 接口支持单个或多个光区段内的 n 个光通路，接口不要求 3R 再生。定义以下几种 OTM-n 接口信号统称为 OTM-n. m。OTM-n. m 接口信号包含 n 个 OCC，其中有 m 个低速率信号和一个 OSC(见图 1-3-5)。也可能会是少于 m 个的高速率 OCC。具体如下：

①OTM-n. 1[承载 $i(i \leqslant n)$ OTU1[V]信号]；

②OTM-n. 2[承载 $j(j \leqslant n)$ OTU2[V]信号]；

③OTM-n. 3[承载 $k(k \leqslant n)$ OTU3[V]信号]；

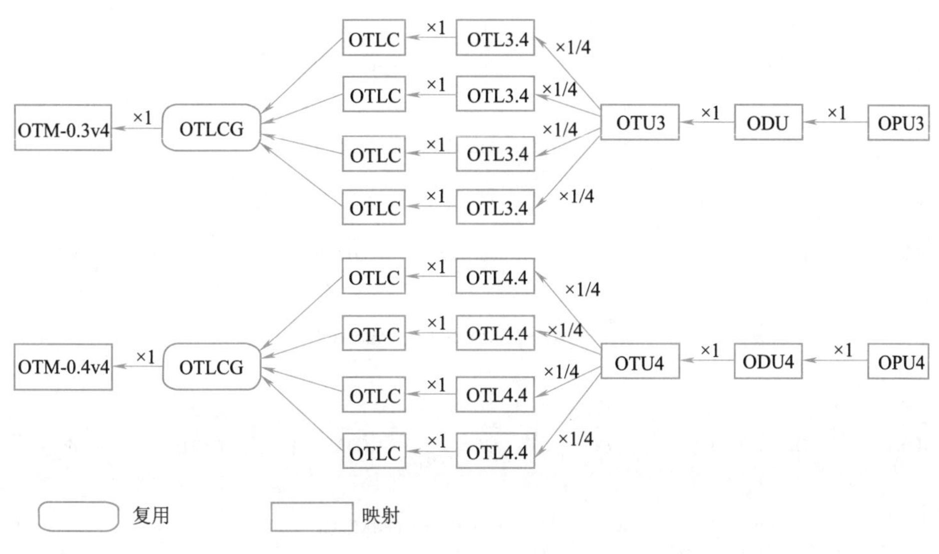

图 1-3-4　OTM-0.3v4 和 OTM-0.4v4 结构

④OTM-n.4[承载 $l(l\leqslant n)$ OTU4[V]信号];

⑤OTM-n.1234[承载 $i(i\leqslant n)$ OTU1[V],$j(j\leqslant n)$ OTU2[V],$k(k\leqslant n)$ OTU3[V]和 $l(l\leqslant n)$ OTU4[V]信号,其中 $i+j+k+l\leqslant n$];

⑥OTM-n.123[承载 $i(i\leqslant n)$ OTU1[V],$j(j\leqslant n)$ OTU2[V]和 $k(k\leqslant n)$ OTU3[V]信号,其中 $i+j+k\leqslant n$];

⑦OTM-n.12[承载 $i(i\leqslant n)$ OTU1[V]和 $j(j\leqslant n)$ OTU2[V]信号,其中 $i+j\leqslant n$];

⑧OTM-n.23[承载 $j(j\leqslant n)$ OTU2[V]和 $k(k\leqslant n)$ OTU3[V]信号,其中 $j+k\leqslant n$];

⑨OTM-n.34[承载 $k(k\leqslant n)$ OTU3[V]和 $l(l\leqslant n)$ OTU4[V]信号,其中 $k+l\leqslant n$]。

三、光通路(OCh)

OCh 在 3R 再生点之间传送数字客户信号。

(一)全功能 OCh(OCh)

全功能光通路(OCh)包括 OCh 开销和 OCh 净荷两部分。

(二)简化功能 Och(OChr)

简化功能光通路(OChr)只包括 OChr 净荷。

四、光通路传送单元(OTU)

OTU 帧结构常用的有两种,一种是 OTUk 帧结构,包括 OTUk FEC,是完全标准化的;另一种是 OTUk[V]帧结构,包括 OTUk[V] FEC,仅仅是功能标准化(仅指定了必需的功能)。

(一)OTUk 帧结构

OTUk(k=1,2,3,4)帧结构基于 ODUk 帧结构而来,并且采用前向纠错(FEC)扩展了该结构(见图 1-2-12)。在 ODUk 帧上添加了 256 列用于 FEC,并且把 ODUk 开销第 1 行的第 8 列到第 14 列用于 OTUk 的特定开销,这样形成了基于字节的块帧结构,共有 4 行,4 080 列。在每个字节中第 1 位(比特)是 MSB,第 8 位(比特)是 LSB。

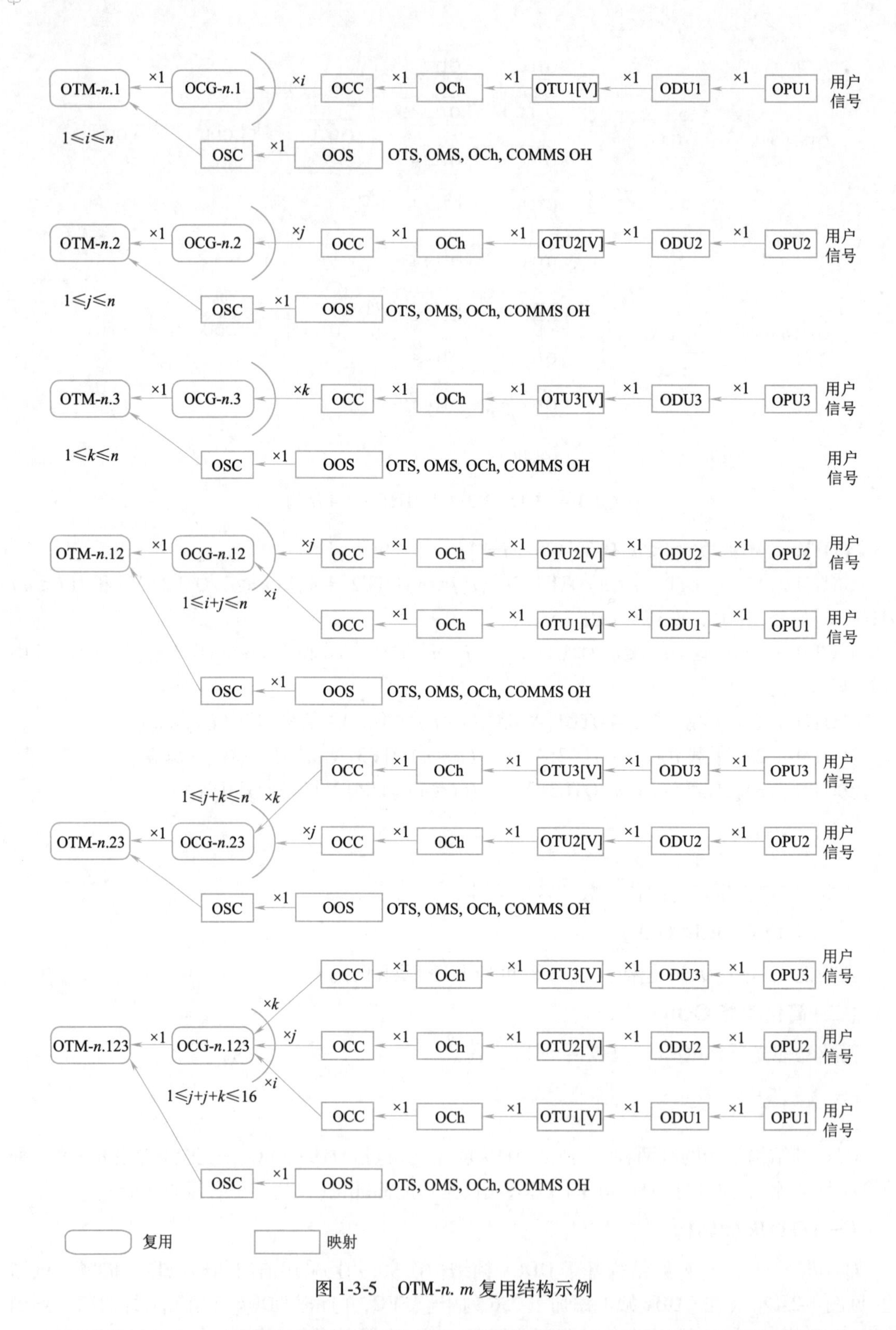

图 1-3-5　OTM-*n*. *m* 复用结构示例

OTU*k*(*k* = 1,2,3,4)前向纠错(FEC)包含 Reed-Solomon RS(255,239)FEC 编码。OTU*k* FEC 传输对于 *k* = 4 为强制,对于 *k* = 1,2,3 则为可选。若没有使用 FEC,则使用固定填充字节

（全“0”模式）。

为了支持 FEC 和不支持 FEC 功能的设备之间的互通，对于不支持 FEC 功能的设备，可以在 OTUk(k=1,2,3) FEC 中插入固定的全 0 来填充；对于支持 FEC 功能的设备，可以不启动 FEC 解码过程［忽略 OTUk(k=1,2,3) FEC 的内容］。

在 OTUk 帧中比特传输的顺序是从左到右，从上到下，从 MSB 到 LSB，如图 1-3-6 所示。

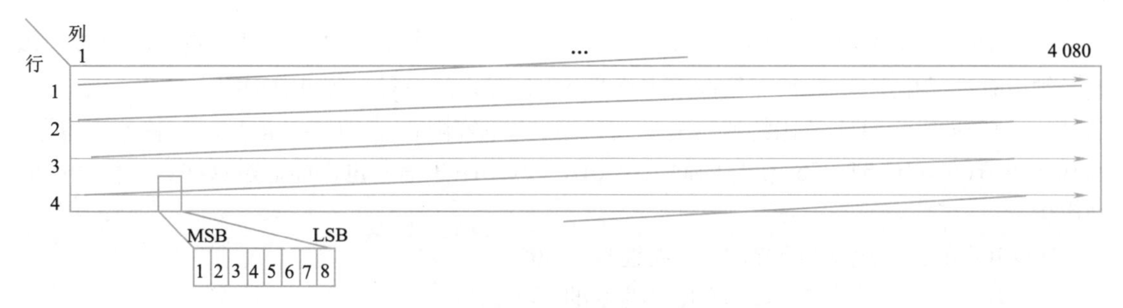

图 1-3-6　OTUk 帧比特的传输顺序

（二）扰码

OTUk 信号在 ONNI 处必须具有足够的比特定时信息。采用扰码器提供合适的比特模式来防止长序列“1”或“0”的出现。功能上等同于工作于 OTUk 速率且序列长度为 65 535 的帧同步扰码器的操作。生成的多项式应该为 $1+x+x^3+x^{12}+x^{16}$。图 1-3-7 是帧同步扰码器的功能框图。

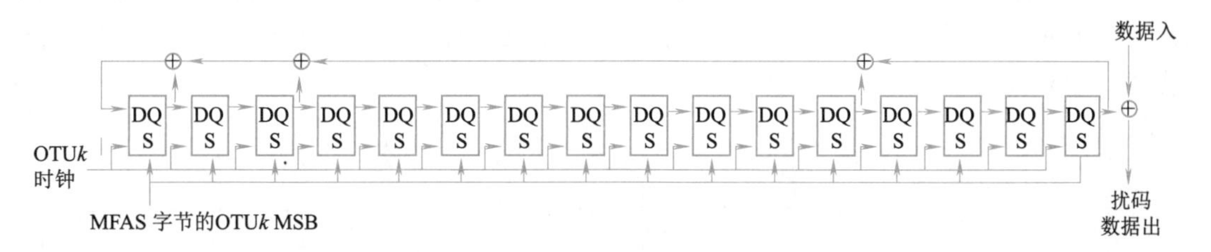

图 1-3-7　帧同步扰码器的功能框图

对于 OTUk 帧中最后帧成帧字节之后的字节的最高位，也就是，MFAS 字节的 MSB，扰码器应该设置为“FFFF(HEX)”。该比特及其随后所有被扰码的比特应增加以 2 为模的计算到扰码器 x16 位置的输出。扰码器应连续在整个 OTUk 帧中进行扰码。OTUk 开销中的成帧字节(FAS)不被扰码。在 FEC 计算以后进行扰码，然后把扰码结构插入 OTUk 信号中。

五、光通路数据单元(ODUk)

（一）ODUk 帧结构

ODUk(k=0,1,2,2e,3,4,flex)帧结构（见图 1-2-13）。该帧结构基于字节块，共由 4 行和 3 824 列组成。ODUk 帧包含 ODUk 开销区域和 OPUk 区域两个主要区域。ODUk 的第 1 ~ 14 列用于 ODUk 开销区域。

（二）ODUk 比特速率和比特速率容差

ODUk 信号可以由本地时钟或者客户信号的恢复时钟产生。第一种情况，ODUk 的频率和频率容差与本地时钟的频率和频率容差锁定。第二种情况，ODU*k* 的频率和频率容差与客户信号的频率以及频率容差锁定。对于 OTN，本地时钟的频率容差规范为 $\pm 20 \times 10^{-6}$。

ODU*k* 维护信号（ODU*k* AIS、OCI、LCK）通过本地时钟产生。很多情况下，该本地时钟可能是高阶信号的时钟，ODU*k* 信号通过该高阶信号在设备与设备之间或者透过设备传送（经由一个或多个支路时隙）。在此情况下，为符合 ODU*k* 的比特速率容差规范，需要应用标称调整系数。

（1）ODU0、ODU1、ODU2、ODU3、ODU4。产生 ODU0、ODU1、ODU2、ODU3、ODU4 信号的本地时钟由时钟晶振产生，时钟晶振也用来产生 SDH STM-*N* 信号。因此，ODU*k*（$k=0,1,2,3,4$）信号的比特速率与 STM-*N* 比特速率有关，其比特速率容限正是 STM-*N* 信号的比特速率容限。承载 STM-*N*（$N=16$、64、256）信号的 ODU1、ODU2 与 ODU3 信号也可能通过这些客户信号的时钟产生。

①ODU0 的比特速率是 STM-16 比特速率的 50%。

②ODU1 的比特速率是 STM-16 比特速率的 239/238。

③ODU2 的比特速率是 STM-16 比特速率 4 倍的 239/237。

④ODU3 的比特速率是 STM-16 比特速率 16 倍的 239/236。

⑤ODU4 的比特速率是 STM-16 比特速率 40 倍的 239/227。

（2）ODU2e：

①ODU2e 信号通过其客户信号的时钟产生。

②ODU2e 的比特速率为 10GBASE-R 客户信号速率的 239/237 倍。

（3）CBR 客户信号的 ODUflex。ODUflex（CBR）信号由其客户信号的时钟产生，如图 1-3-8 所示。ODUflex 的比特速率为其 CBR 客户信号速率的 239/238 倍。客户信号的比特速率容差最大为 $\pm 100 \times 10^{-6}$。

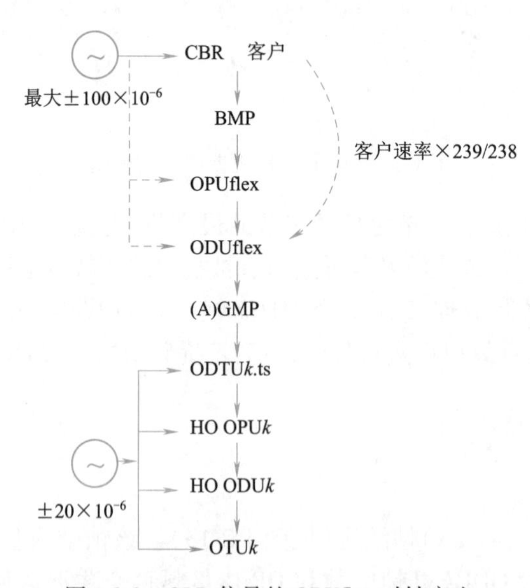

图 1-3-8　CBR 信号的 ODUflex 时钟产生

（4）PRBS 和空测试信号的 ODUflex。需要使用 PRBS 或者空测试信号代替 CBR 客户信号对 ODUflex（CBR）连接进行测试。此时，需要产生 ODUflex（PRBS）或者 ODUflex（NULL）信号，并使频率在 ODUflex(CBR)信号的容差之内。

如果有 CBR 客户时钟,则可由其产生 ODUflex(PRBS)或者 ODUflex(NULL)信号;否则,需要本地时钟产生 ODUflex(PRBS)或者 ODUflex(NULL)信号。

(5)GFP-F 封装分组客户信号的 ODUflex。ODUflex(GFP)信号通过本地时钟产生。该时钟可能是本地 HO ODUk(或 OTUk)的时钟,或者是设备的内部时钟,ODUflex 依赖该时钟承载,如图 1-3-9 所示。

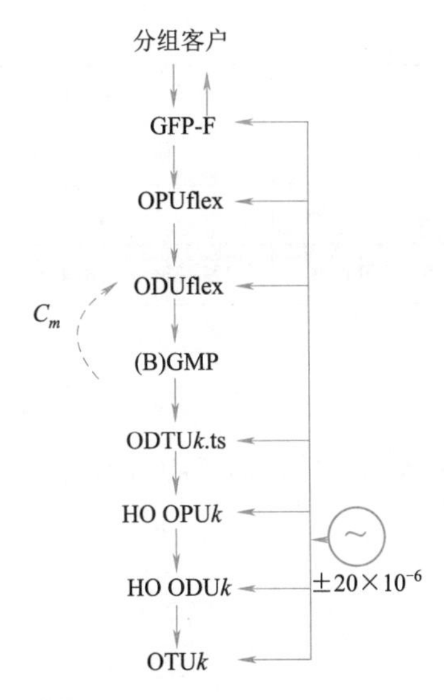

图 1-3-9 GFP-F 封装分组客户信号的 ODUflex 时钟产生

对于 ODUflex(GFP),任意比特速率的信号都可以。为了效率最大化,建议 ODUflex(GFP)占用固定数量的 ODTUk.ts 净荷字节(在发端 ODTUk.ts)。

注:ODUflex(GFP)可能在不止一个 HO ODUk 路径上传送。C_m的值仅在第一个 HO ODUk 路径固定,其余 HO ODUk 路径则不作限制。

每个 ODTUk.ts 的固定字节数由 C_m决定。C_m的值应该使得 ODUflex 信号在最坏情况下(即最大 ODUflex 比特速率和最小 HO OPUk 速率)能够通过 n 个 OPUk 支路时隙传送。ODUflex 信号可能通过一系列的 HO ODUk 路径传送,比如 HO ODU2、HO ODU2-ODU3、HO ODU2-ODU4、HO ODU2-ODU3-ODU4、HO ODU3、HO ODU3-ODU4、HO ODU4。

ODUflex(GFP)的比特速率容差为 20×10^{-6}。该容差要求对于 ODTU2.ts 和 ODTU3.ts,C_m 最大为 15 230;对于 ODTU4.ts,C_m最大为 15 198。

如果 ODUflex(GFP)信号由 HO ODUk 的时钟产生,并且信号也经由 HO ODUj($j<k$)传送,C_m值需减小,具体的换算系数见表 1-3-5。需要说明的是,该换算系数适用于更高阶 C_m值。

表 1-3-5 C_m 换算系数

类型	穿过 HO ODU2,3 和 4	穿过 HO ODU3,4	穿过 HO ODU4
ODUflex(ODU2 基时钟)	—	N/A	N/A
ODUflex(ODU3 基时钟)	236/237≈0.995 78 适用于 15 165≤C_m≤15 230	—	N/A

续表

类型	穿过 HO ODU2,3 和 4	穿过 HO ODU3,4	穿过 HO ODU4
ODUflex(ODU4 基时钟)	227/237≈0.957 81 适用于 14 587≤C_m≤15 198	227/236≈0.961 86 适用于 14 649≤C_m≤15 198	—

注:N/A 表示不适用。

表 1-3-6 OPU*k* 支路时隙净荷带宽系数

类型	OPU2. ts	OPU3. ts	OPU4. ts
OPU2. ts	—	237/236≈1.004 2	237/227×475/476≈1.041 9
OPU3. ts	236/237≈0.995 8	—	236/227×475/476≈1.037 5
OPU4. ts	227/237×476/475≈0.959 8	227/236×476/475≈0.963 9	—

六、光通路净荷单元(OPU*k*)

OPU*k*(k=0,1,2,2e,3,4,flex)帧结构如图 1-3-10 所示。其为基于字节的块帧结构,共 4 行和 3 810 列。

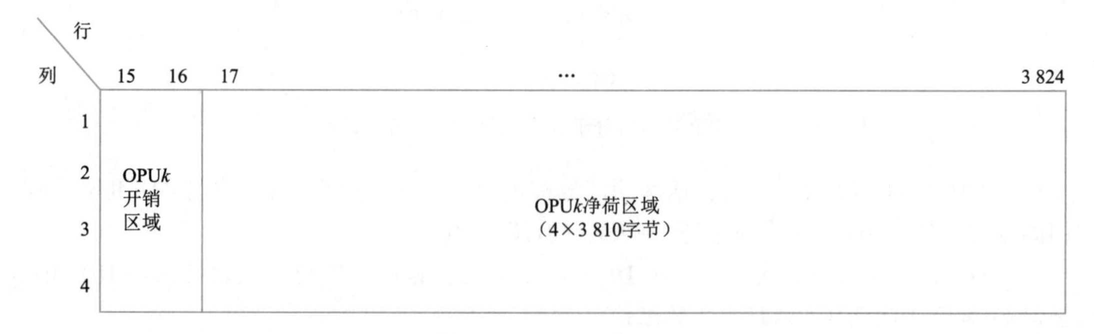

图 1-3-10 OPU*k* 帧结构

OPU*k* 帧的两个主要区域为 OPU*k* 开销区域和 OPU*k* 净荷区域。OPU*k* 的 15～16 列用于 OPU*k* 的开销区域,OPU*k* 的 17～3 824 列用于 OPU*k* 净荷区域。

注:OPU*k* 列编号来源于 ODU*k* 帧中的 OPU*k* 列编号。

七、OTM 开销信号(OOS)

OTM 开销信号(OOS)由 OTS、OMS 和 OCh 开销组成。OOS 通过 OSC 来传送。综合管理通信与运营商逻辑管理的设计有关,它可在 OOS 中进行传送,也可以在一些已经被使用的 OOS 上传送。综合管理通信可包括信令、语音通信、软件下载和运营商指定通信等。

任务小结

本任务介绍了 OTN 网络中各种信号的复用与映射方式,通过学习 OTM、OCh、OUT、ODU*k*、OPU*k*、OOS 各种功能单元,掌握主要功能单元的结构与作用。

任务四 熟悉 OTN 业务映射方式

任务描述

OTN 的主要作用是实现多种业务的接入。本任务围绕业务接入流程，主要介绍 OTN 的多种信号映射、信号间的级联，着重举例介绍 ODU*k* 到 ODTU、ODTU 到高阶 OPU*k* 的映射。

任务目标

(1)识记：OTN 的链路容量调整协议。

(2)领会：客户信号映射。

(3)应用：ODU*k* 到 ODTU 信号以及 ODTU 到高阶 OPU*k* 支路时隙的映射。

任务实施

一、客户信号映射方式

对于客户信号的映射，主要包含以下方式：

使用非同步映射或比特同步映射规程(AMP,BMP)将 STM-16、STM-64 和 STM-256 恒定比特率客户信号映射到 OPU*k*。

使用比特同步映射规程(BMP)将 10GBASE-R 恒定比特率客户信号映射到 OPU2e。

使用比特同步映射规程将经过定时透明 50B/51B 压缩编码转换的 FC-1200 恒定比特率客户信号映射到 OPU2e。

使用对客户信号透明的通用映射规程(GMP)将 1.238 Gbit/s 及以下的恒定比特率客户信号映射到 OPU0，将 2.488 Gbit/s 及以下的恒定比特率客户信号映射到 OPU1。映射之前可能会进行定时透明的编码转换(TTT)以压缩信号比特速率，使其与 OPU*k* 净荷容量匹配。

使用对客户信号透明的通用映射规程分别将 2.5 Gbit/s、10.0 Gbit/s、40.1 Gbit/s 或 104.3 Gbit/s恒定比特率客户信号映射到 OPU1、OPU2、OPU3 或 OPU4。映射之前可能会进行定时透明的编码转换以压缩信号的比特速率，使其与 OPU*k* 净荷容量匹配。

使用对客户信号透明的比特同步映射规程将其他恒定比特率客户信号映射到 OPUflex。

将 ATM 信号映射到 OPU*k*。使用通用成帧规程(GFP-F)将数据分组流(如以太网、MPLS、IP)映射到 OPU*k*。

将测试信号映射到 OPU*k*。使用异步映射规程(AMP)将连续模式下的 GPON 恒定比特率客户信号映射到 OPU*k*。

OTN 多业务各种映射方式具体应用见表 1-4-1。

表 1-4-1　OTN 多业务各种映射方式具体应用

映射方式	应　用
异步映射规程(AMP)	SDH 客户信号映射到 OTN; 复用 LO ODU 信号到 2.5 Gbit/s 支路时隙; ODU0 复用到 ODU1
比特同步映射规程(BMP)	SDH 客户信号映射到 OTN 可选方式; CBR 客户信号映射到 ODUflex(CBR)
GFP 帧或 ATM 信号映射到 OPU 净荷容器	采用 GFP 封装映射分组客户信号到 OTN; 映射 ATM 信元到 OTN
通用映射规程(GMP)	映射 non-SDHCBR 客户信号到 OPU*k*(*k*=0,1,2,3,4) 复用到 1.25 Gbit/s 支路时隙(除了 ODU0 映射到 ODU1)

注:2.5 Gbit/s 和 1.25 Gbit/s 是支路时隙的近似速率,实际的 HO ODU 信号的支路时隙速率存在细微的差别。

二、客户信号映射过程

OTN 设备的接口适配功能实现客户业务接入,经过 ODU*k* 接口适配功能模块映射复用处理后产生 ODU*k*(*k*=0,1,2,2e,flex,3,3e1,3e2,4)通道信号。

业务接口支持以下业务:

(1)SDH 业务:STM-1/4/16/64/256 SDH 业务。

(2)OTU*k* 业务:OTU1/2/2e/3/3e1/3e2/4 OTU 业务。

(3)以太网业务:FE/GE/10GE 及 40GE/100GE 以太网业务。

(4)FC 业务:FC-100/200/400/800/1 200、FICON/FICON EXPRESS。

(5)CPRI 业务:CPRI Option 1/2/3/4/5/6。

(6)其他业务:PON 等客户业务接入。

(一)OPU*k* 客户信号故障(CSF)

为支持本地管理系统,定义一个单比特 OPU*k* 客户信号故障指示,携带映射到低阶 OPU*k* 的 CBR 信号和以太网专线客户信号从 OTN 入口到出口的故障状态。

OPU*k*CSF 位于净荷结构指示符(PSI)字节的第 1 个比特。PSI 字节的第 2 ~ 第 8 比特为将来国际标准化预留。OPU*k*CSF 比特设置为“1”,用于指示客户信号故障,其他情况设置为“0”。

(二)ATM 信元流到 OPU*k*(*k*=0,1,2,3)的映射

固定比特速率的 ATM 信元流,其容量等于 OPU*k*(*k*=0,1,2,3)净荷区域,通过复用一系列 ATM VP 信号信元得到。速率适配作为此信元流创建处理的一部分,通过插入空闲信元或丢弃信元来实现。ATM 信元流映射入 OPU*k* 净荷区域,并且 ATM 信元字节结构与 OPU*k* 结构对齐(见图 1-4-1),ATM 信元边界与 OPU*k* 净荷字节边界对齐。由于 OPU*k* 净荷容量不是 53 个信元字节的整数倍,会有 ATM 信元超越 OPU*k* 的帧边界。

ATM 信元信息域(48 字节)在映射入 OPU*k* 之前进行扰码,在相反方向,在终结 OPU*k*-*X*v 信号后,ATM 信元信息域被解扰码后传送到 ATM 层,自同步扰码器产生 $x^{43}+1$ 多项式。扰码器在信元信息域进行工作,在 5 字节开销区域,扰码器操作停止工作,扰码器的状态保持。第一个传送的信元将被破坏,因为接收端解扰码器没有同步到发送机扰码器,信元信息领域

的扰码可以对假的信元定界有防范措施,信元信息领域重新复制 OTUk 和 ODUk 的帧定位信号。

在 ODUk 终结后,从 ODUk 净荷区域解出 ATM 信元时,ATM 信元必须被恢复。ATM 信元头包括头误码控制(HEC)区域,可以采用与帧定位类似的方法来获得帧定界。HEC 方法采用由 HEC 保护的头比特(32 bit)同 HEC 在信元头中引入的控制比特(8 bit)之间的相关性实现,通过计算截短的循环码,其产生多项式为 $g(x)=x^8+x^2+x+1$。

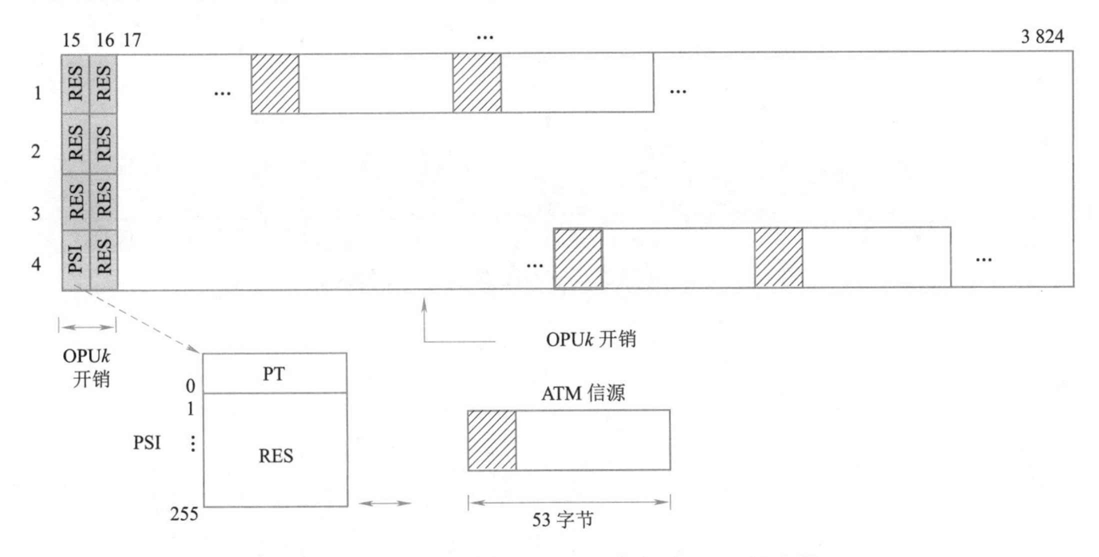

图 1-4-1 OPUk 帧结构和 ATM 信元到 OPUk 的映射

注:RES 表示帧结构中的空白字段。

为了提高信元定界性能,多项式的余数与固定图案"01010101"相加,这种方法类似于传统的帧定位恢复,但定位信号不是固定的,每个信元都不同。

ATM 映射的 OPUk 开销由一个净荷结构指示符(PSI)构成,包括净荷类型(PT),255 字节为将来的标准预留。ATM 映射的 OPUk 净荷包括 4×3 808 字节。

(三)GFP 帧到 OPUk 的映射

通用成帧规程(GFP)帧的映射通过把每个 GFP 帧的字节结构与 OPUk 净荷的字节结构进行校准实现(见图 1-4-2)。由于 GFP 帧是长度可变的(映射并不限定最大帧的长度),GFP 帧可能穿越 OPUk 帧的边界。

由于在 GFP 封装阶段插入了空闲帧,GFP 帧作为连续的比特流到达,其带宽同 OPUk 净荷区域一致。GFP 帧在封装过程中进行扰码。

注:在映射阶段不需要速率适配或者扰码机制,由 GFP 的封装处理实现。

GFP 映射的 OPUk 开销由一个净荷结构指示符(PSI)构成,包括净荷类型(PT)、客户信号故障(CSF)指示和为将来标准使用的 254 字节及 7 bit 的预留,以及 7 字节为将来的标准使用。CSF 指示符仅用于以太网专线类型 1 的业务,其他数据客户信号 CSF 比特固定为 0。GFP 映射的 OPUk 净荷包括 4×3 808 字节。

通用成帧规程帧的映射通过把每个 GFP 帧的字节结构与扩展的 OPU2 净荷的字节结构进行校准实现(见图 1-4-3)。由于 GFP 帧是长度可变的,映射并不限定最大帧的长度,GFP 帧可能穿越 OPUk 帧的边界。

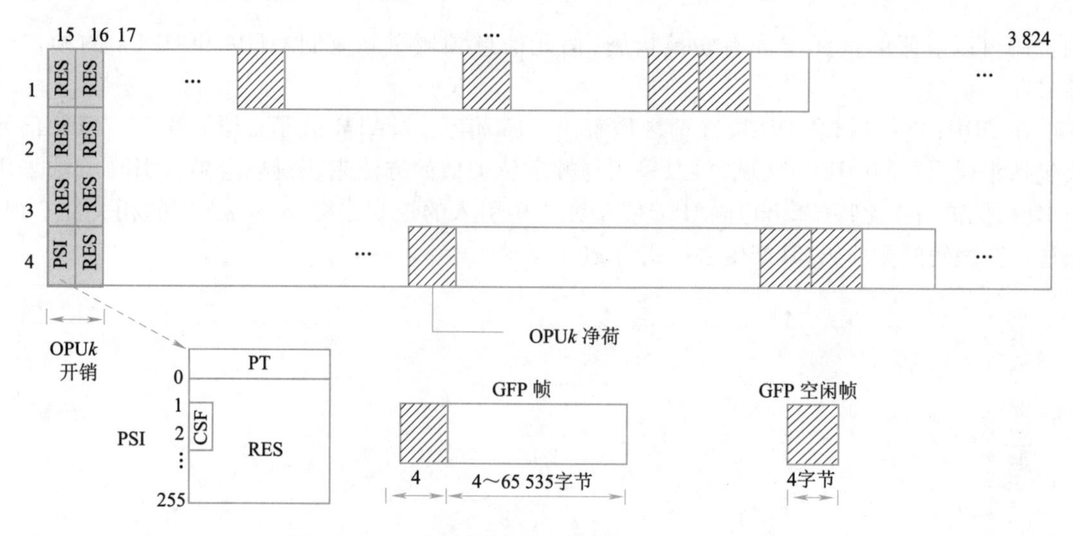

图 1-4-2　OPU*k* 帧结构和 GFP 帧到 OPU*k* 的映射

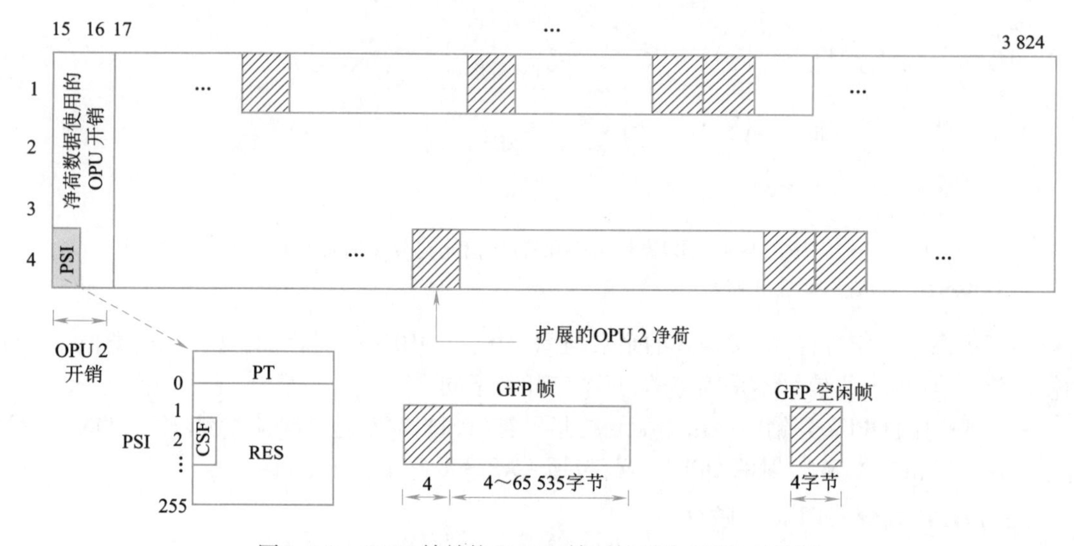

图 1-4-3　OPU2 帧结构和 GFP 帧到扩展的 OPU2 的映射

由于在 GFP 封装阶段插入了空闲帧，GFP 帧作为连续的比特流到达，其带宽同 OPU2 净荷区域一致。GFP 帧在封装过程中进行扰码。

注：在映射阶段不需要速率适配或者扰码机制，这由 GFP 的封装处理实现。

GFP 映射的 OPU2 开销由一个净荷结构指示符（PSI）构成，包括净荷类型（PT）、客户信号故障（CSF）指示和为将来标准使用的 254 字节及 7 bit 的预留。GFP 映射的扩展的 OPU2 净荷包括 OPU2 净荷中的 4 × 3 808 字节以及 OPU2 开销中的 7 字节。

任务小结

本任务主要介绍了 OTN 中各种客户信号映射，由浅入深，由客户信号映射方式作为引入，着重描述了客户信号映射的过程以及信号映射过程中常见的故障。

任务五　了解 OTN 交叉连接技术

任务描述

OTN 技术最突出的特点是具有交叉连接功能,可以实现 WDM 系统业务和线路接口的分离,保护网络建设投资,提高业务提供的灵活性,同时可以实现基于 ODU*k* 的 SNCP 保护,可用于提供大颗粒专线业务。具备交叉连接功能的 OTN 设备可以实现真正的组网功能。本任务首先介绍电交叉连接的各种技术,再介绍光交叉连接的实现方式,最后简要介绍通用交叉连接技术的发展。

任务目标

(1)识记:OTN 交叉连接设备与 OTN 通用交叉连接技术。

(2)领会:OTN 电交叉连接技术与 OTN 光交叉连接技术。

任务实施

一、OTN 交叉连接设备

OTN 交叉连接功能是 OTN 网络实现灵活调度和保护的关键功能,为 OTN 网络提供灵活的电路调度和保护能力。从交叉类型上,OTN 交叉有 ODU*k* 电交叉、波长交叉,还有通用交叉,以实现不同等级业务的适配和调度。从实现方式上,OTN 交叉有空分交叉和时隙交叉。交叉连接矩阵的冗余保护对于设备和整个系统非常重要。目前实现方式有 1+1 和 $M:N$ 两种实现方式,以提高 OTN 设备的可靠性。

OTN 交叉连接设备还可同时具备 ODU*k* 交叉和 OCh 交叉模块,提供 ODU*k* 电层和 OCh 光层调度能力,波长级别的业务可以直接通过 OCh 交叉,多业务统一调度和汇聚可先通过 ODU*k* 集中交叉调度,再通过线路接口处理模块汇聚到 ODU*k* 高阶容器,最后波分复用到主光通道。两者配合可以优势互补,又同时规避各自的劣势。

因受色散、OSNR、非线性等物理层性能的限制,以及出于避免波长冲突的考虑,以波长交叉为主的 ROADM 和 OXC 设备在组建大型端到端的复杂波长网络时有一定困难。同时,对于核心节点,目前光交叉连接矩阵无法实现冗余保护。对于这些问题,可适当引入电层调度来加以解决。总而言之,纯粹的波长交叉连接设备适合用在距离相对较短、容量大、波长级业务调度为主的网络。但随着相干调制技术,以及电域色散补偿技术的成熟,受色散、OSNR、非线性等物理层性能限制的外部因素将被突破,届时伴随着带宽需求的真正膨胀,纯粹的波长交叉连接设备将会得到广泛的应用。

基于 ODU*k* 电交叉连接的大容量 OTN 设备,已经成熟并通过测试,在实际网络也得到规模应用。目前最大可以实现12.8 T的无阻塞交叉连接能力。从理论分析上，通过扩展芯片总数（单芯片容量可以达到1 T）、并行处理的方式，OTN设备的电交叉能力可以超过25 T，这种超高容量的OTN设备定位在省际核心节点。

OTN设备具有不同的产品形态，ROADM/OXC和电交叉OTN设备各有优势，都具备一定的应用场景，单一的ROADM/OXC设备还难以方便地组建大网，而电交叉OTN设备还需要进一步提高交叉能力，二者混合组网既可以解决超大容量，又能满足多种业务接入、灵活调度和长距离组网的需求。

二、OTN电交叉连接技术

OTN电交叉连接技术以ODU*k*为颗粒进行映射、复用和交叉，这和传统SDH设备VC交叉比较类似。SDH设备具有VC12低阶交叉能力和VC4的高阶交叉能力，与此相对应，OTN电交叉设备也引入了高阶/低阶光通道数据单元（HO/LO ODU）。HO/LO如同SDH中的高阶/低阶容器的概念，LO ODU相当于业务层，用于适配不同速率和不同格式的业务；HO ODU相当于隧道层，用于提供一定带宽的传送能力，该层次化的结构支持业务板卡与线路板卡分离，使得网络部署更加灵活和经济。

传统OTN的复用体系速率等级为2.5 Gbit/s、10 Gbit/s和40 Gbit/s，对应ODU1、ODU2和ODU3。CBR的业务采用异步映射（AMP）或者比特同步映射（BMP）方式映射到相应的ODU*k*，分组业务采用GFP方式映射到ODU*k*，这些ODU*k*再映射到相应的OTU*k*中。当然，低速率等级的ODU也可复用到高速率等级的ODU中。

随着多业务OTN标准化，OTN交叉在支持一个或者多个级别ODU*k*（$k=1,2,3$）交叉的基础上，增加了ODU0（适配GE业务）和ODU2e（适配10GE业务），极大地增加了OTN网络对IP网络适配的灵活性。

（1）OTN引入了速率为1.244 Gbit/s的新的光通道数据单元ODU0。ODU0可以独立进行交叉连接，也可映射到高阶ODU中（如ODU1、ODU2、ODU3和ODU4）。

（2）采用BMP方式将10GE信号映射到ODU2e；通过GFP-F映射10GE帧和控制码字到ODU2。10G FC信号可通过码字变换方式映射到ODU2e。

（3）在40 Gbit/s速率上，引入了两种类型的ODU，其中ODU3e1仅用于传送4路ODU2e信号，速率为$255/236\times4\times10.3125$ Gbit/s，映射方式为AMP；而ODU3e2是可承载多业务的ODU，可传送32个ODU0或者16个ODU1或者4个OUD2/ODU2e或者1个ODU3，其速率为$243/217\times16\times2.488320$ Gbit/s，映射方式为GMP。

（4）为了适应100GE业务的传送，引入了ODU4，速率为104.355 Gbit/s。LO ODU复用到ODU1/2/3时均采用AMP，而复用到ODU4时采用GMP。

目前OTN交叉设备为网络传输提供大带宽和灵活调度的功能。随着移动3G业务和IP化发展，全业务城域网必须要支持大量GE接口和业务灵活调度发放。因此，ODU0交叉能力将成为OTN组网能力的关键指标。OTN交叉在向任意颗粒无阻塞全交叉发展。

（一）电交叉连接技术基本原理

电交叉连接设备的核心器件是交叉连接矩阵，用以实现*N*条输入信号中一定等级的各个支路之间任意的交叉连接。

理解电交叉首先要了解时隙的概念，对于 OTN，就好像一个传送带，把一个个大车厢从一个地方传送到另一个地方。大车厢里根据需要装了很多小箱子，小箱子里又装了很多更小的箱子。最小的箱子就可能是 64 kbit，往上依次是 2 Mbit、155 Mbit、622 Mbit、ODU*k*、光波长等。各种箱子都要标明目的地，当箱子到了目的地后就要卸下来，再把同样规格的其他箱子装入到卸下来箱子的位置，接着往下送。

程控交换和计算机技术的使用使得数字通信信号的处理以字节（8 bit 组）为单位进行，通话信号被 PCM 化，形成一组计算机可处理的字节。在复用的过程中，2 Mbit 信号的每个特定字节代表了同一话路信号，这个字节就是时隙。电交叉的实质就是将信号分割为一个个时隙，然后打散，再重新分配，最后重新组合。

交叉连接设备其核心是交叉连接功能，如图 1-5-1 所示。参与交叉连接的速率一般低于或等于接入速率。交叉连接速率与接入速率之间的转换需要由复接和分接功能完成。首先，每个输入信号被分接成 m 个并行的交叉连接信号，进入内部交叉连接矩阵，按照预先存放的交叉连接关系或动态计算的交叉连接关系对这些交叉连接通道进行重新安排，预先存放或动态计算的过程由网管指令完成，也可以基于 ASON 控制平面。最后再利用复接功能将这些重新安排后的信号复接成高速信号输出。整个交叉连接过程由连接至 OTN 设备的本地操作维护终端（LCT）或网元/子网管理系统控制和维护。对于 OTN 设备，由于特定的 ODU*k* 总是处于净负荷帧中的特定列数，因而对 ODU*k* 实施交叉连接只需要对特定的列进行交换即可。因而 OTN 设备实际是一种列交换机，利用外部编程命令即可实现交叉连接功能。

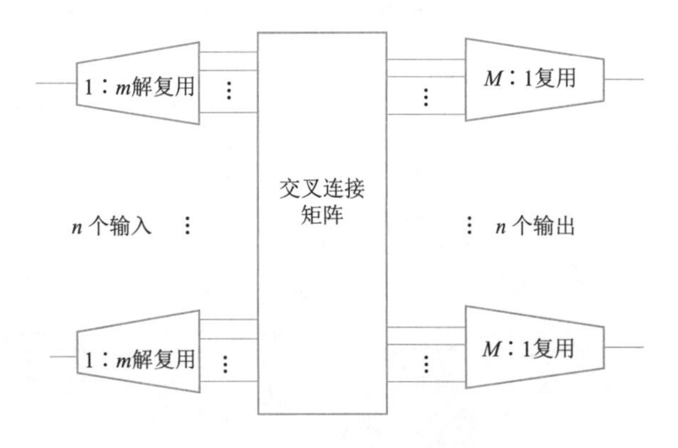

图 1-5-1　交叉连接功能示意图

（二）矩阵结构

交叉矩阵目前有两种常用的结构，即平方矩阵和 CLOS 矩阵。

1. 平方矩阵

单级交换矩阵又称平方矩阵，如图 1-5-2（a）所示。有 N 个输入端、N 个输出端。在某一连接建立期间，每横排与每纵列只能有一个交叉接点动作。单级交换矩阵，无阻塞，但所需交叉接点多，$N \times N$ 矩阵，交叉接点数为 $N \times N$，例如 $N = 64$，则交叉接点总数为 $64 \times 64 = 4\ 096$。从 N 个等效交叉时隙扩展至 $2N$ 个等效交叉时隙，所需交叉矩阵单元会增加到 $2^2 = 4$ 倍，依次类推，矩阵规模呈现二次方增加，如图 1-5-2（b）所示。

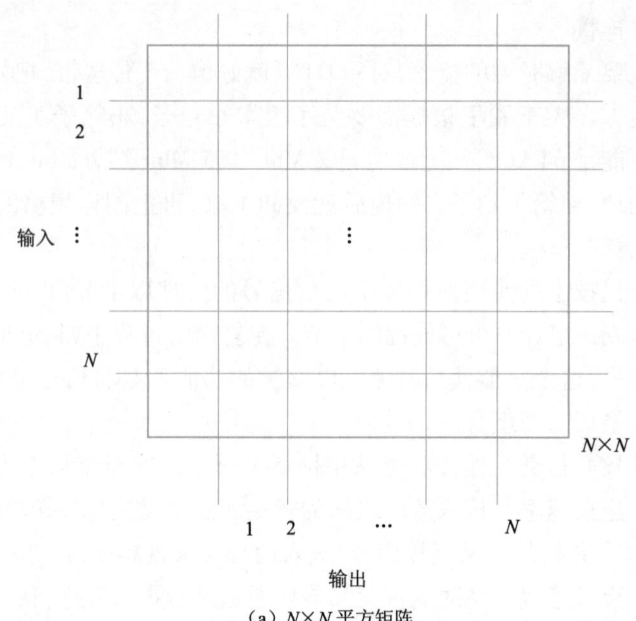

（a）N×N 平方矩阵

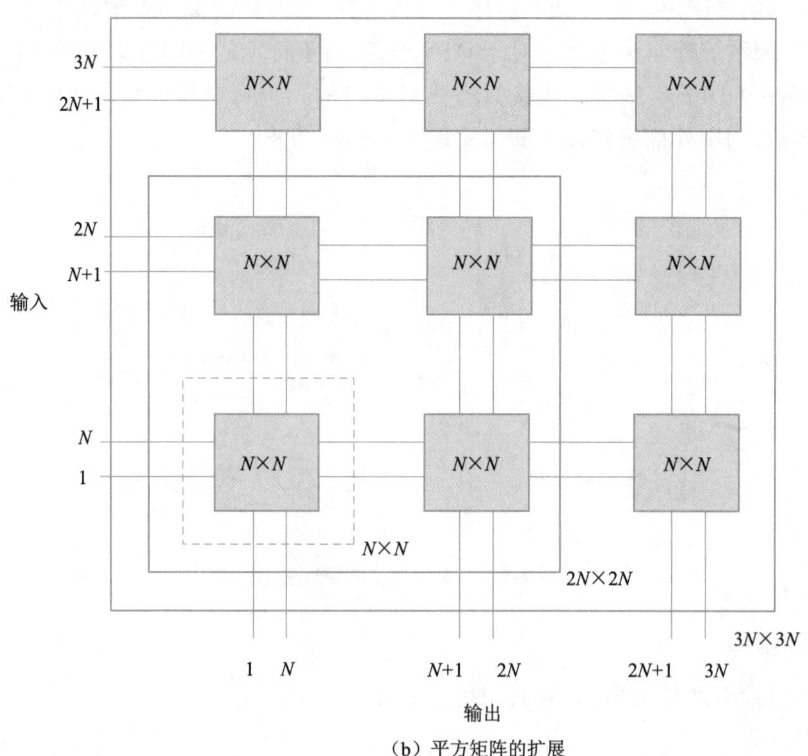

（b）平方矩阵的扩展

图 1-5-2　平方矩阵

在平方矩阵的基础上，为了减少交叉接点，引入了二级交换网，如图 1-5-3 所示。假设每个交换单元(SE)为 8 × 8 交换单元。每个交换单元有 8 个输入端口（端口号 0 ~ 7），8 个输出端口（端口号 0 ~ 7）。每一级有 8 个交换单元（编号 0 ~ 7）。连线一端的交换单元号应和另一端所连的端口号相同。例如第一级 0 单元的 7 输出端口，应和第二级的 7 单元的 0 输入端口相连。这样，所示的二级交换网络也有 64 入线和 64 出线。但交叉接点数仅需 $(8\times8)\times8\times2=1\ 024$。交叉点数少了，但带来了阻塞。因为第一级的每个单元和第二级的每个单元之间只有一条通路。也就是第一级 0 单元所接的用户只能有一个可和第二级的某一单元（例如 7 单元）的用户连通。如果有第二个用户也要和 7 单元中的用户通话，就没有通路可用，从而造成阻塞。

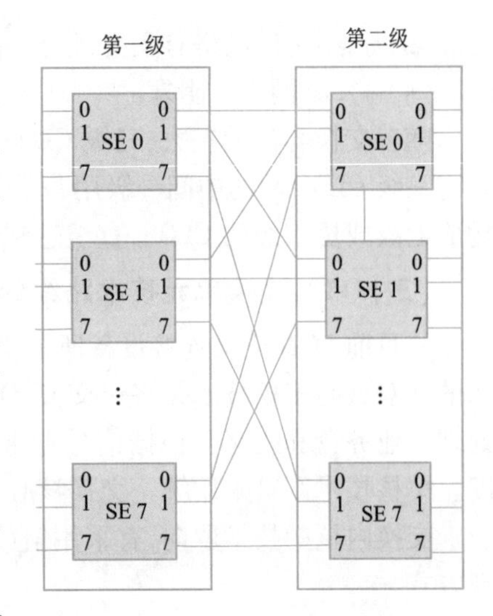

图 1-5-3　二级交换网

2. 三级 CLOS 网

1954 年由克洛斯（CLOS）首先提出了无阻塞条件。以三级 CLOS 网络为例，由输入级、中心级和输出级组成，如图 1-5-4 所示。输入级和输出级实施空分（S）和时分（T）交换，而中心级只做空分交换，矩阵的典型配置形式为（TS-S-ST）。中心级的容量按规划设计的最大矩阵容量配置，扩容时只需增加输入级和输出级的矩阵容量即可。与平方矩阵相比，三级 CLOS 矩阵需要控制的交叉点数量大幅减少，适合于大容量交叉连接矩阵的实现。当广播业务不能超过 25% 时，这种矩阵对于单向和双向连接是无阻塞的。

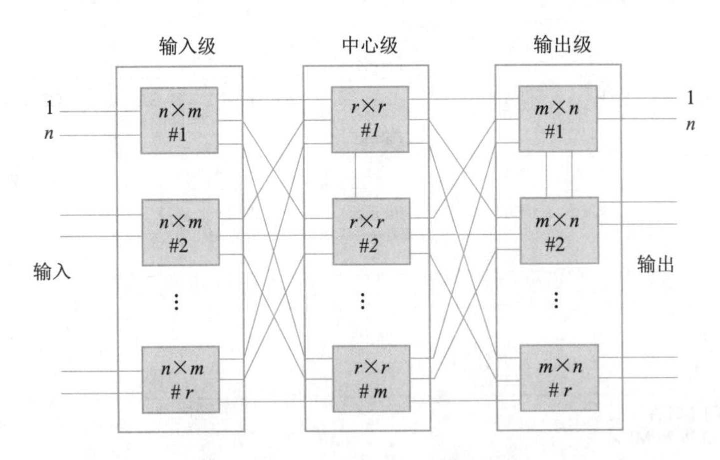

图 1-5-4　三级 CLOS 矩阵配置图

假如输入级的第一个矩阵单元的 $(n-1)$ 条入线和输出级的最后一个矩阵单元的 $(n-1)$ 条出线都已占用，而且考虑到最不利的情况，这些占用都是通过中心级的不同的矩阵单元完成的，也就是已经有 $2(n-1)$ 个中间级的矩阵单元已被占用。这时如果输入级的第一个矩阵单元的另一条入线和输出级最后一个矩阵单元的剩下的一条出线相连，为了确保无阻塞，至少还应存在一条空闲的链路，即中间级的矩阵单元至少应有 $2(n-1)+1=2n-1$ 个。也就是说，严格的无阻塞条件为 $m\geqslant 2n-1$。

按照 CLOS 矩阵的原理，网络的阻塞条件总结如下：

（1）$m>2n-1$，网络无阻塞；

（2）$m>n$，网络有阻塞，但允许重新安排；

(3)$m>n+1$,网络有阻塞,但允许作无损伤重新安排;

(4)$m<n$,网络有阻塞。

随着交换容量的扩大,三级CLOS网不够经济,可利用五级、七级CLOS网。具体方法是只要将三级CLOS网的中间一级用一个三级CLOS网代替就可构成五级CLOS网,依次类推,可以构成七级或更多级的CLOS,直至达到合理规模为止。

(三)OTN交换单元技术路线分析

从目前OTN交叉连接设备所采用的实现方式看,有采用双核或者多核技术,有采用单核技术的。双核与多核技术是将包交换、ODUk交换与VC交换分别以各自的交换盘(或芯片)进行处理。业务盘和线路盘根据信号业务的分类分别调度到不同的交换盘(或芯片)进行交换调度。单核技术则是采用统一交换核心处理包交换、ODUk交换和VC交换。

交换内核的技术取向,有采用信元交换的,也有采用VC交叉的。有以下三种交换技术实现方式。

1. 信元与包交换技术

信元与包交换是将OTN业务分割成信元,利用包交换芯片进行调度,然后再恢复装载成OTN业务,如图1-5-5所示。数据分组业务可以直接用包交换芯片进行处理。交换芯片有两类。

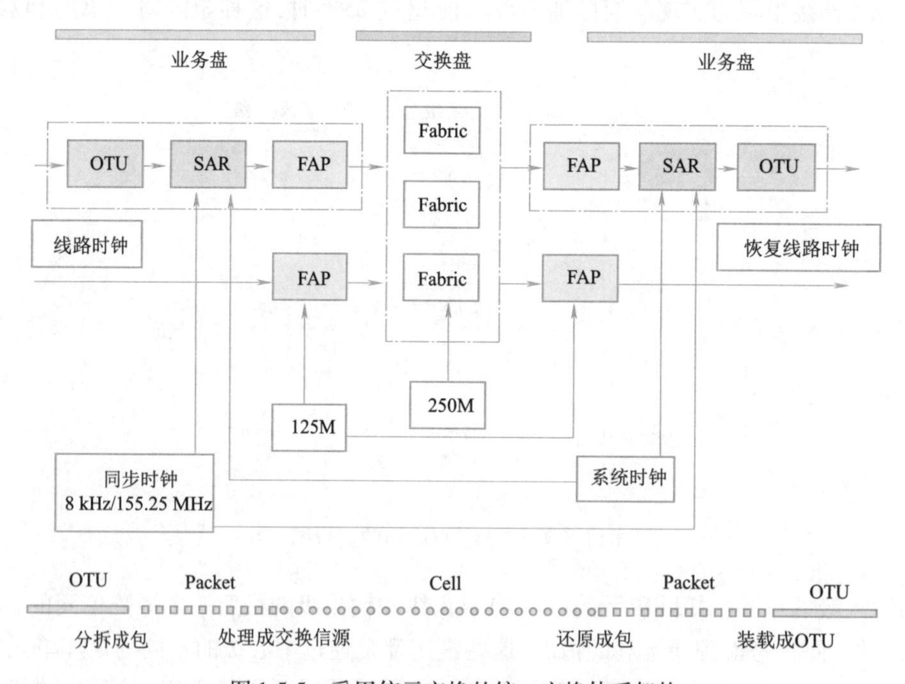

图1-5-5　采用信元交换的统一交换体系架构

注:SAR表示分割和重新组装;FAP表示快速行动程序;Packet此处表示数据包;Cell此处表示信元;Fabric此处表示交换盘结构中的某一个结构单元。

方案一:通用以太网交换芯片,其优势在于成本低、各芯片接口均为标准接口,但其高速率业务处理可能有问题,且扩容困难。

方案二:采用基于信元交换的方式。其最大的优势在于扩容方便,支持OTU4。

2. 空分交叉技术

空分交叉可以解决大部分的 TDM 业务交叉，但对包交换无能为力。在空分交换网络内，对各个接续，有一个独立的物理路由。供不同的连接用的路由没有公共点，并且在每个连接建立期间均保持这一路由。一条路由是由一组内部链路组成的，是通过按矩阵配置的交叉接点来相互连接的。交叉接点有两个稳定状态：开断状态和闭合状态。空分矩阵实际上是一种空间接线器，通常以电的形式将输入和输出在空间的某一点（或某几点）上实现物理连接，因而接续时间极短。

其最大的优点在于业务无关性，其最大的问题在于容量的限制。

3. 时分交叉技术

时分交换网络向用户提供的路由只是一个时隙，即仅在给定的时隙内，这条路由是指定给某一用户使用的。在别的时间内则可能分配给别的用户使用。时分矩阵实际是一种时隙交换器，常用随机存储器来实现。通过将输入信号存储在不同的空间位置，利用读出控制电路控制在不同时隙中的时间读出不同列的内容，从而实现不同输入信号之间的时隙交换。这种矩阵的延时较大，远大于空分矩阵。

当前的交叉芯片的实现技术主要有两种：一种是采用时分-空分-时分（TST）结构的交叉技术来实现，采用该技术，芯片电路规模小一点，但交叉连接的实现算法比较复杂，交叉连接的实现速度、重构性等方面有些不足；另一种结构是一种基于比特切割的实现方法，可以实现任意端口任意时隙之间的交叉，实现算法简单，容易级联与扩展，交叉连接的速度快，重构性强。

国外设备制造商偏重于 ODU*k* 与 VC 交换，国内市场则更重视 ODU*k* 与包交换。从技术的发展来看，相对于 SDH 交换而言，包交换应给予更多的重视与容量分配。从器件供应商以及 OIF 标准发展来看，OTN 支持分组功能则很可能是今后一段时间的发展方向。

（四）OTN 交叉连接限制的解决方案

如同 SDH 设备一样，OTN 设备也会存在阻塞现象，业务一般经过 ODU*k* 封装后，通过背板总线进入交叉矩阵单元，如果业务自身颗粒度较大，例如 ODU2，总线带宽就不会浪费，但是业务颗粒较小时，例如 ODU1 或 ODU0，单独承载一个业务的这条总线的带宽不会用满，业务数量较多，总线被用尽，其他业务就无法实现交叉功能。

传统的 OTN 设备处理流程是异步处理流程，业务信号经 ODU 映射，进入交叉矩阵，再经过 ODU 成帧器，成为 OTU*k* 彩光（多个波长同时传输）口，反之亦然。这种实现方式首先是难以超大容量的 ODU*k* 交叉，对于所有粒度的 ODU*k* 难以实现无阻交叉。

以图 1-5-6 所示结构的交叉矩阵为例，图 1-5-6（a）虚线框表示一个四光口的 OTN 业务单板，四个实线圆角框对应四个光口，每光口的四个 ODU1 端口固定分配交叉总线，总线编号为 X00 ~ X15，共计 16 条。X 对应该设备上单板所插槽位，假设共计 32 个槽位，取值为 1 ~ 32，槽位单板分配总线为 100 ~ 115；20 槽位单板分配总线为 2000 ~ 2015。

图 1-5-6（b）虚线框为集中交叉单盘：五个实线圆角框对应五个交叉芯片，芯片 1 ~ 芯片 4 各固定分配 OTU 槽位 16 条交叉总线中的 4 条。其中：

（1）X00 ~ X12 指：X00、X04、X08、X12 等 4 条总线号；

（2）X01 ~ X13 指：X01、X05、X09、X13 等 4 条总线号；

（3）X02 ~ X14 指：X02、X06、X10、X14 等 4 条总线号；

（4）X03 ~ X15 指：X03、X07、X11、X15 等 4 条总线号。

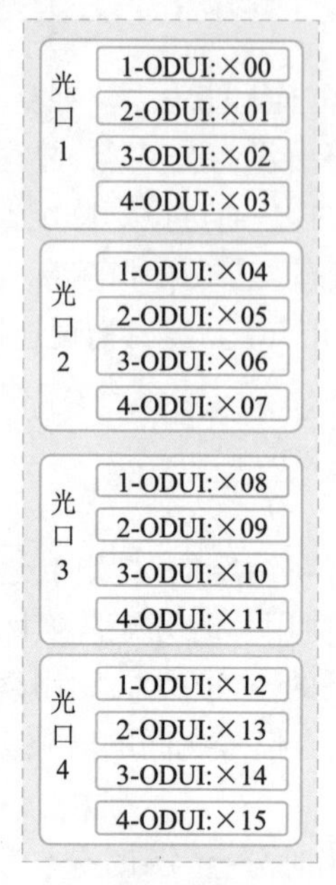

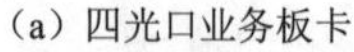

（a）四光口业务板卡

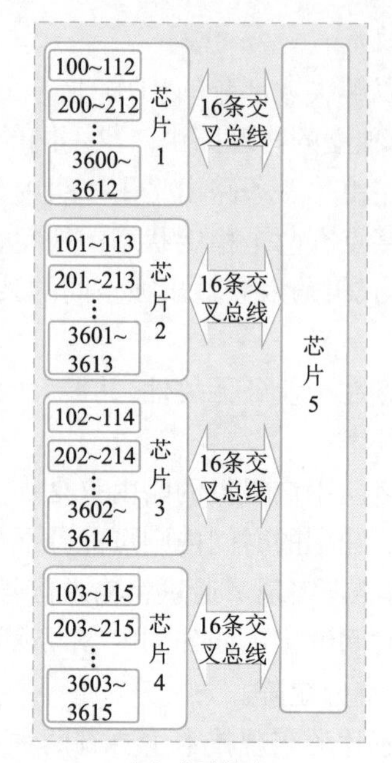

（b）交叉单盘

图 1-5-6　OTN 交叉矩阵总线配置

芯片 1 ~ 芯片 4 与芯片 5 间各有 16 条交叉总线。芯片 1 ~ 芯片 4 完成芯片内总线间交叉，第五个芯片完成前四个芯片间的总线间交叉。

如图 1-5-7 所示，实线业务总线表示第一个槽位的第一个光口的第一个 ODU1（1-1-1）业务经交叉矩阵交叉至第十个槽位的第一个光口的第一个接口（10-1-1）。在槽位 1，业务占用 100 号交叉总线；在槽位 10，业务占用 1000 号交叉总线，两总线均在芯片 1 内部，故由芯片 1 完成交叉动作。图 1-5-7 所示虚线业务总线表示业务由 1-1-2 交叉至 10-3-2。在槽位 1，业务占用 101 号交叉总线；在槽位 10，业务占用 1009 号交叉总线，两总线均在芯片 2 内部，故由芯片 2 完成交叉动作。上述两条业务均不占用芯片 5 与其他各芯片间总线资源。

如图 1-5-8 所示，实线业务总线表示业务由 1-1-1 交叉至 10-1-3。在槽位 1，业务占用 100 号交叉总线；在槽位 10，业务占用 1002 号交叉总线，两总线分别位于芯片 1 与芯片 3，故由芯片 5 完成交叉动作。图 1-5-8 所示虚线业务总线表示业务由 1-1-2 交叉至 10-3-3。在槽位 1，业务占用 101 号交叉总线；在槽位 10，业务占用 1010 号交叉总线，两总线分别位于芯片 2 与芯片 3，故由芯片 5 完成交叉动作。上述两条业务均占用芯片 5 与其他各芯片间总线资源。

由于当交叉业务的宿端口号与源端口号不一致时，需占用交叉板芯片 5 与其他各芯片间的交叉总线资源，且芯片间总共仅有 16 ×4 条交叉总线，故对于上述业务，单个设备配置的条数最大不超过 16 ×4 条。而当设备上安插较多数量业务单板时，16 ×4 条交叉总线远远无法满足业务调度需求。当总线不足时，业务便无法配置成功。

如何化解 OTN 交叉的阻塞，也是业界一直重点解决的问题。OTN 交叉在向任意颗粒无阻塞全交叉发展过程中，考虑引入同步转置处理的理念。业务信号经 ODU 映射，先经过转置矩阵的同步处理，进入交叉矩阵，此时的交叉矩阵是基于时隙交叉，或者比特交叉，再经过解同步，然后经过 ODU 成帧器，成为 OTUk 彩光口，反之亦然。这种结构可以实现任意粒度的大容量 ODUk 无阻交叉。

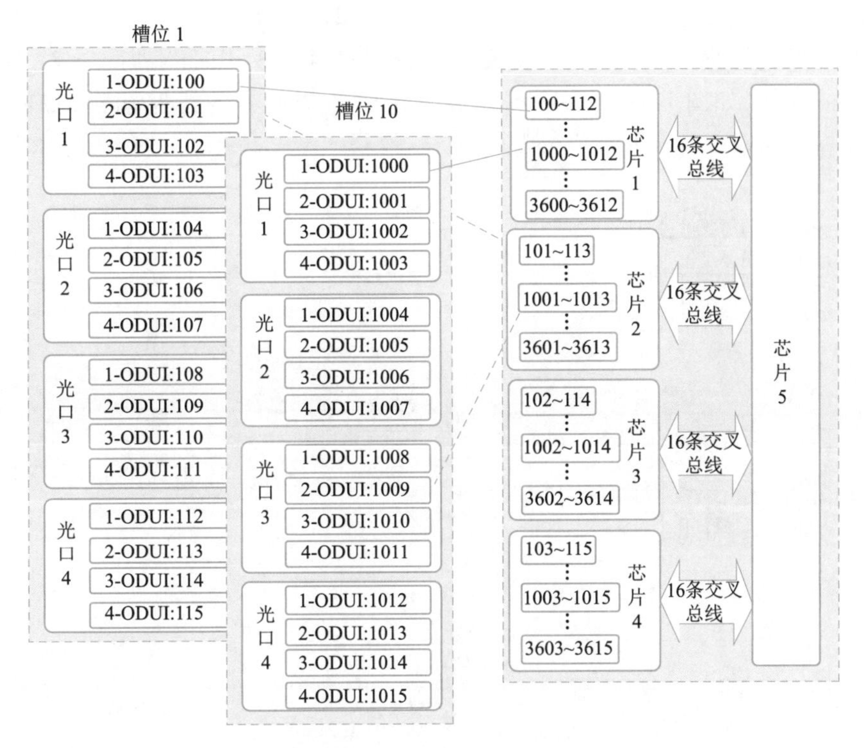

图 1-5-7　交叉资源占用分析(无阻塞情况)

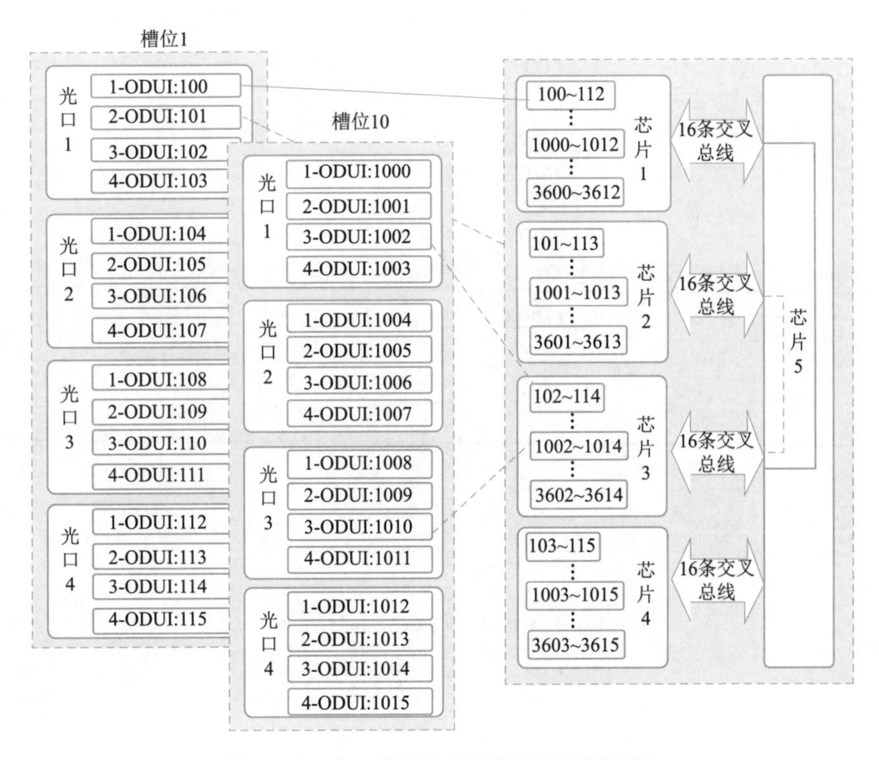

图 1-5-8　交叉资源占用分析(有阻塞情况)

如图 1-5-9(a)所示,先把每个映射为 ODU*k* 的业务划分成四个时隙,再经过转置处理,将每个 ODU*k* 的四个时隙均匀分配到四个交叉单元,如图 1-5-9(b)所示。1#交叉单元对所有业务的第 1 时隙进行交叉,2#、3#、4#交叉单元分别对第 2、3、4 时隙进行交叉,所有交叉单元的交叉是一样的,如图 1-5-9(c)所示。最后完成各个信号的线路输出,如图 1-5-9(d)所示。

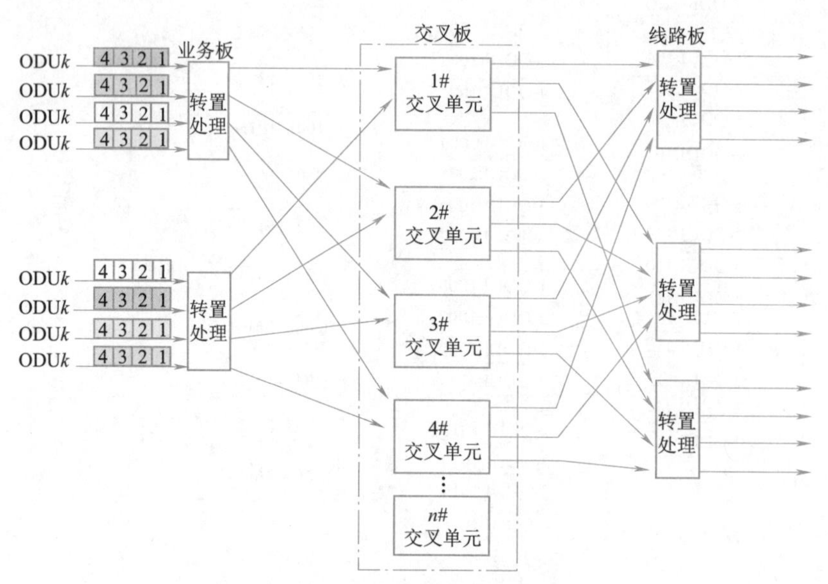

(a) ODU*k* 业务划分成四个时隙

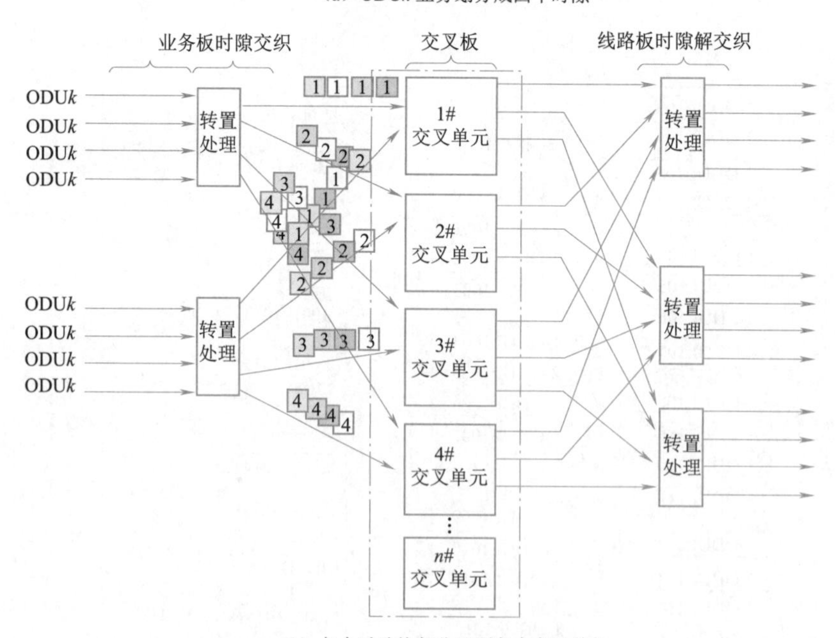

(b) 各个时隙均匀分配到各个交叉单位

图 1-5-9　切片分割实现无阻交叉

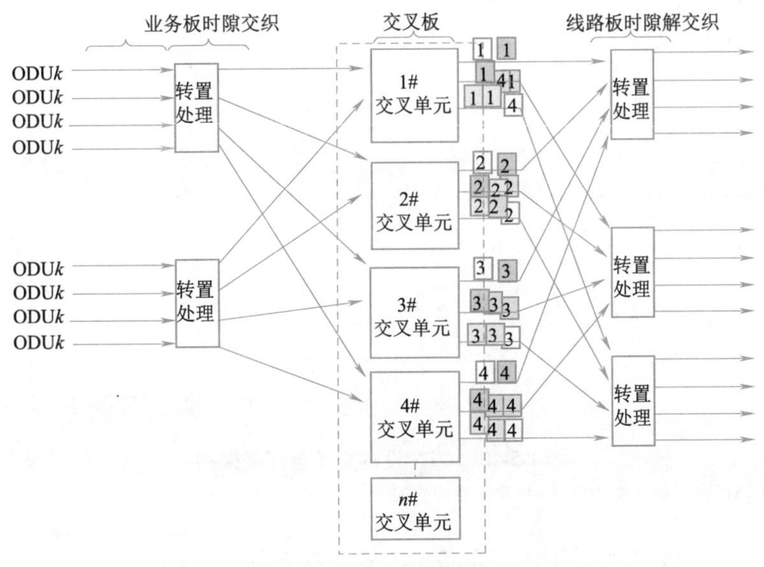

（c）交叉单元分别对各个时隙进行交叉

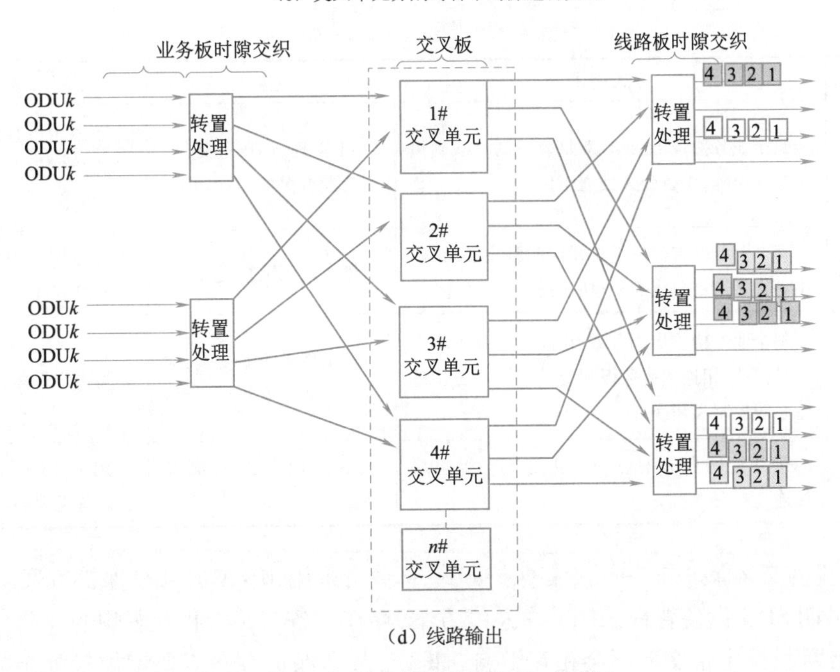

（d）线路输出

图 1-5-9　切片分割实现无阻交叉（续）

(五) OTN 交换单元的保护

处于核心节点的 OTN 设备，如同大容量 SDH 设备一样，交叉连接矩阵的冗余保护非常重要，目前存在多种方式实现冗余备份，提高 OTN 设备的可靠性。为防止交叉板失效导致业务全部中断，从产品设计之初，OTN 采用了双总线、双交叉平面，确保工作、保护交叉盘彻底解耦，主备交叉板完全独立工作，无绝对的主备之分。每个业务槽位提供两组总线分别与两块交叉板相连，以双发选收模式独立工作。同时提供实时的备用总线状态检测和告警上报机制，提前预防主备同时失效，如图 1-5-10 所示。

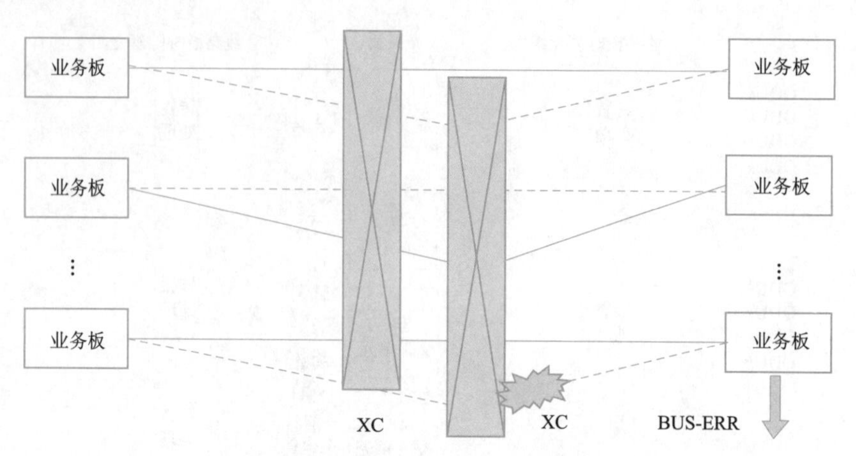

图 1-5-10　OTN 设备交叉盘冗余架构

注：XC 表示交叉盘；BUS-ERR 表示总线错误。

目前 OTN 设备交叉盘所采用的冗余备份方式包括四种，见表 1-5-1。

表 1-5-1　OTN 设备交叉盘冗余备份方式

方式	方式描述	优势	劣势
1+1 双总线	每个业务槽位出两组、双倍容量的总线到集中交叉矩阵，主备交叉独立工作	可实现无阻塞交叉。交叉专有保护，简单可靠	需占用单独的交叉槽位，对芯片容量要求高，系统设计难度大
1+1 共享总线	每个业务槽位出一组总线同时到主备交叉，主备交叉通过总线控制/切换技术实现保护	可实现无阻塞交叉	需占用单独的交叉槽位，交叉可靠性一般
$M:N$ 共享保护	每个业务槽位出 $M+N$ 组总线到 $M+N$ 个交叉槽位，相连的业务板和交叉板统一协调进行总线控制和切换	可实现无阻塞交叉，对芯片容量要求低	需占用很多交叉位
分布式交叉	需相连的业务槽位间直接通过一组总线相连	不占用单独的交叉槽位	无法实现无阻塞交叉，交叉矩阵无保护

现在主流的交叉保护是 1+1 专有保护方式，部分有采用 $M:N$ 的共享保护方案。对于 1+1 保护方案，早期 SDH 设备背板采用共享总线方案，存在主备交叉板相互影响的风险。目前 OTN 均采用双总线设计，主备交叉不会相互影响。$M:N$ 共享保护方案需要增加较复杂的控制总线切换的逻辑模块，也可能导致不同总线/交叉板间相互影响，当交叉盘数量较多时，$M:N$ 系统允许同时损坏两块交叉板。

三、OTN 光交叉连接技术

光网络传输速率在过去 10 年中大约提高了 100 倍，预计未来 10 年，系统速率将再提高 100 倍左右。在超高速率网络中，若继续采用原有的电交叉设备，节点设备将变得十分庞大复杂且实现难度越来越大。在这种情况下，唯一的方向是走向全光网。在这种解决方案中，将设置更高的通道等级——光通道层，进行光路的交叉连接（OXC），把交叉连接和分插复用的等级从电信号上升到直接以光信号的形式进行。OXC 是构成全光网络的关键技术，而现在不断发展的超大容量光传输技术,是迈向“全光网络”时代的第一步,也是重要一步。

全光交换的 OXC,不需要在中间节点将光信号转换为电信号。使用全光交换的优势很明显,它可以解决网络中电交换的瓶颈问题,大幅度降低网络的建设和运营成本,使得运营商在网络上可以更加灵活地拓展新的业务,应用新的技术。

(一)光开关技术性能指标

由于电交叉的处理能力有限,随着单波传输速率从 40 Gbit/s 向 100 Gbit/s、400 Gbit/s 发展,基于电层处理的交叉连接功能从长远看不能充分满足带宽的需求。全光交换的目标是减少网络中不必要的光-电-光转换,降低成本,支持更大容量、更高速率的传输。

光开关是新一代光网络的关键器件,主要用来实现全光层次的路由选择、波长选择、光交叉连接、自愈保护等功能。依据不同的光开关原理,光开关可分为:机械光开关、热光开关、电光开关和声光开关。依据光开关的交换介质来分,光开关可分为:自由空间交换光开关和波导交换光开关。

机械式光开关发展已比较成熟,传统的机械式光开关插入损耗较低(≤2 dB)、隔离度高(>45 dB)、不受偏振和波长的影响。其缺陷在于开关时间较长,一般为毫秒量级,有时还存在回跳抖动和重复性较差的问题。另外,其体积较大,不易做成大型的光开关矩阵。因此,传统的机械光开关难以适应高速、大容量光传送网发展的需求。而新型的以微机电系统(micro-electro-mechanical system,MEMS)为基础的光开关既具有传统机械光开关的接入损耗低、隔离度高等优点,同时具有体积小、易于集成等优点,成为大容量交换光网络开关发展的主流方向。热光、电光、声光效应光开关通过改变交换介质的波导折射率,实现交换目的。

衡量光开关的主要性能指标有以下六种。

1. 矩阵规模

光开关矩阵的大小是反映光节点处理能力的重要指标。WDM 的引入使得光网络节点需要对成百上千个波长进行交换。网络运营倾向于先采用小型的光交换设备,然后通过不断的扩容满足网络的需要。目前制造商的重点在开发小型的光交换设备,如 8、16、32、64 个端口,这种规模的设备在城域网中应用较多。

2. 扩展能力

光交换设备容量应当随着业务的增长而不断扩展,有一些交换矩阵做到 8×8、32×32 的规模时,性能非常好,但是不能扩展到上百甚至上千个端口。这类交换矩阵可以在城域网中应用,但不适合于主干网应用。

3. 交换颗粒

光交换设备将光纤中的波长经过解复用、交换,复用到另外一根光纤中,某个波长从一根光纤中转移到另外一根光纤中,可能会出现波长冲突,需要采用波长转换技术,将该波长分离出来,进行光-电-光变换。

4. 交换速率

交换速率有两种等级:如果在几毫秒内将光信号从一个光路转换到其他光路,就可以恢复任何类型的业务故障,对上层业务不会造成任何太大的影响;如果能够在几纳秒内完成交换,就可以有时间对信号进行处理,支持将不同的信号发送到不同的目的地,这是未来光路由器的发展目标。

交换动作的频率也影响着交换设备的内部结构,专门用于保护倒换的交换设备,有可能很少发挥作用,稳定性是它的主要指标;而对于光路由器而言,1 s 内完成数以万计的交换,则要求交换速率做得很高。

5. 损耗

当光信号通过光开关时,将伴随着光功率的损耗。损耗和干扰将影响到功率预算。光开关损耗产生的原因主要有两个:光纤和光开关端口耦合时的损耗和光开关自身材料对光信号产生的损耗。自由空间交换的光开关的损耗低于波导交换的光开关。液晶光开关和 MEMS 光开关的损耗较低,为 1 ~2 dB。而铌酸锂和固体光开关的损耗较大,大约 4 dB。损耗特性影响到了光开关的级联,限制了光开关的扩容能力。

6. 端到端重复性

端到端重复性是指经过交换矩阵的通道长度是否相同。如果不同,将直接导致不同通道损耗的差异,从而造成 WDM 系统各信号功率平坦性变差。

很多因素会影响光开关的性能,如光开关之间的串扰、隔离度、消光比等都是影响网络性能的重要因素。当光开关进行级联时,这些参数将影响网络性能。光开关要求对速率和业务类型保持透明。

(二)光开关分类

目前光开关所应用的技术主要有六种:

MEMS 技术:微机电系统技术,主要是由可倾斜微镜阵列组成。

液晶技术:光线通过有电流的液晶时,传输方向发生改变。

气泡技术:气泡的表面起到微镜的作用,将光线反射到不同的方向。

热光效应技术:通过加热无源光分离器,改变光折射率,从而改变各个分离波长的走向。

全息技术:通过晶体内部波长可选微镜的开合,将光线反射回去或者直通。

液体光栅技术:基于液晶和全息技术相结合的一种开关技术。

详细介绍如下。

1. MEMS 技术

MEMS 是由半导体材料构成的微机械结构,它是由成百上千个微镜组成的矩阵,将电、机械和光集成为一块芯片,能透明地传送不同速率、不同协议的波长业务。MEMS 器件的基本原理就是通过静电的作用使微镜面发生转动,从而改变输入光的传播方向。MEMS 既有机械光开关的低损耗、低串扰、低偏振敏感性和高消光比的优点,又有波导开关的高开关速度、小体积、易于大规模集成等优点。基于 MEMS 光开关交换技术的解决方案已广泛应用于主干网或大型交换网。

二维 MEMS 只是简单地将矩阵中的微镜放平或竖起:放平,光线直通;竖起,光线被反射到另外的端口。而三维 MEMS 中的微镜可以做任意角度的倾斜,一个端口的光信号可以到达任何一个其他端口。微镜阵列通常成对放置,两个微镜阵列相对成 90°。输入光首先到达第一个阵列的一个微镜,然后将被反射到第二个阵列中预先设定好的一个微镜,最后再被反射到一个预定的输出端口。这些微镜的位置必须非常精密地进行控制,偏移量达到百万分之一度。

MEMS 开关一般采用静电力驱动微镜,一是因为空间小,二是因为能耗小。在节点掉电的情况下,这些微镜还能够保持现有的位置,不会对现有业务造成影响。为了降低损耗,微镜必须非常平整,反射率可以达到 98%。对于大的微镜阵列,每个微镜镜面尺寸为几平方毫米,整个阵列与一个信用卡相当。有实验数据显示,光线进入阵列后,光纤到光纤的损耗可以降到0.7 dB,

微镜无故障动作可超过 600 亿次。

基于镜面的 MEMS 二维器件由一种受静电控制的二维微小镜面阵列组成，并安装在机械底座上。典型的尺寸是 10 cm。准直光束和旋转微镜构成多端口光开关。其原理如图 1-5-11 所示。而对于光网络业务的交换和恢复，基于旋转铰接微镜的光开关是一种最好的选择，因为对于这样的应用，光开关不需要经常变换（甚至一个微镜处于一个状态可能一年多也不会发生变化）。而且，亚毫秒的开关时间也能很好地适应于全光网的业务提供和恢复。

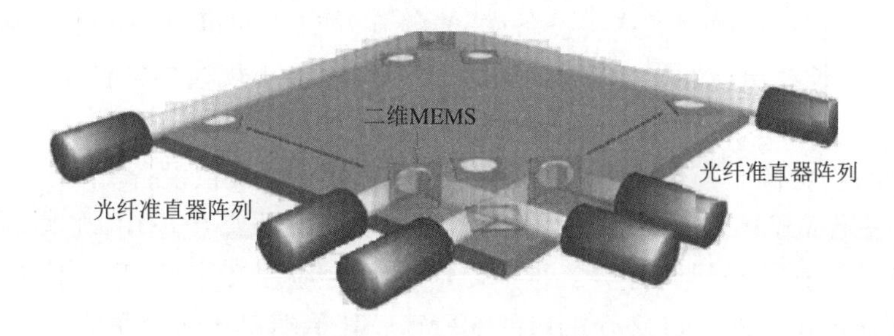

图 1-5-11　二维 MEMS 器件原理

二维 MEMS 的空间微调旋转镜通过表面微机械制造技术单片集成在硅基底上，准直光通过微镜的适当旋转被接到适当的输出端。微铰链把微镜铰接在硅基底上，微镜两边有两个推杆，推杆一端连接微镜铰接点，另一端连接平移盘铰接点。转换状态通过 SDA（scratch drive actuator，刮板式驱动执行器）调节平移盘使微镜发生转动，当微镜为水平时，可使光束通过该微镜；当微镜旋转到与硅基底垂直时，它将反射入射到它表面的光束，从而使该光束从该微镜对应的输出端口输出。

二维 MEMS 需要 $N\times2$ 个微镜来完成 $N\times2$ 个自由空间的光交叉连接，其控制电路较简单，由 TTL 驱动器和电压变换器来提供微镜所需的电压。开关矩阵的规模可以扩展到上千个端口。

三维 MEMS 的镜面能向任何方向偏转，这些阵列通常是成对出现，输入光线到达第一个阵列镜面上被反射到第二个阵列的镜面上，然后光线被反射到输出端口。镜面的位置要控制得非常精确，达到百万分之一度。三维 MEMS 阵列可能是大型交叉连接的正确选择，特别是当波长带同时从一根光纤交换到另一根光纤上，如图 1-5-12 所示。

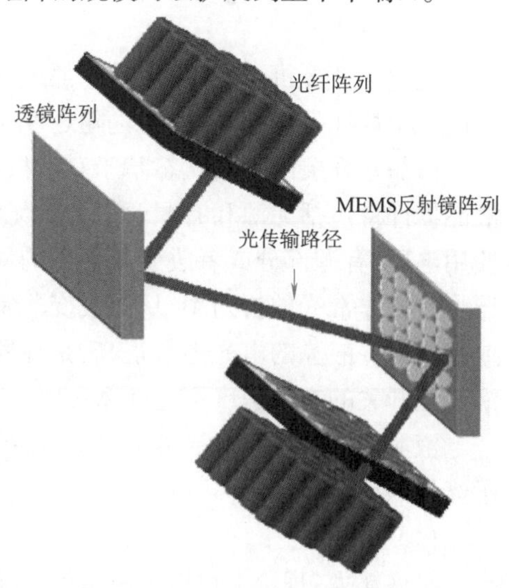

图 1-5-12　三维 MEMS 器件原理

三维 MEMS 是将硅加工成三维结构，其封装和触点便于安装和装配，用这种技术制作的传感器具有极好的精度、极小的尺寸和极低的功耗。这种传感器仅由一小片硅就能制作出来，并能测量三个互相垂直方向的加速度。由于 MEMS 光开关是靠镜面转动来实现交换的，所以任何机械摩擦、磨损或震动都可能损坏光开关。

（1）主要性能：

扩展能力：二维 MEMS 一般做到 32×32 个端口；多个模块级联，可以做到 512×512 个端口。三维 MEMS 理论上可以做到上千个端口。

交换速率:根据实验数据,4×4 和 8×8 的光开关将光信号从一个光路转换到其他光路的时间在 10 ms 以内,16×16 的开关达到 20 ms。

可靠性:由于有可移动的部件,因此可能受到粘贴工艺、磨损,以及震荡等外界因素的影响,所以 MEMS 对工作环境的要求非常严格。

损耗:现有 4×4 模块的损耗达到 3 dB,16×16 模块的损耗达到了 7 dB,多模块级联时损耗会成线性增长。

端到端重复性:在大规模交叉连接设备中,光线在端口之间可以经由不同路线,在 16×16 的器件中,同一个波长在出口的光功率会有 3 dB 差异;而在小规模的器件中,这种差异会小于 0.5 dB。

功耗:难以定量,会高于其他类型的光开关,但远远低于电交换设备。

(2)应用。三维 MEMS 阵列适合在大规模的光交叉连接设备中应用,尤其是多个波长为一组从一根光纤交换到另外一根光纤。二维 MEMS 阵列会应用在小型、第一代的全光交换设备中。前朗讯公司研制出 1 296×1 296 端口的 MEMS。其单端口传送容量为 1.6 Tbit/s(单纤复用 40 个信道,每路信道传送 40 Gbit/s 信号),总传送容量达到 2.07 Pbit/s。具有严格无阻塞特性,插入损耗为 5.1 dB,串扰(最坏情况)为 -38 dB。使光开关的交换总容量达到新的数量级。OMM 公司制造的 4×4 和 8×8 光开关,将光信号从一个光路转换到其他光路的时间小于 10 ms。16×16 端口的交换时间增加到 20 ms。其 4×4 光开关的损耗为 3 dB,而 16×16 光开关的损耗为 7 dB,16×16 设备可重复性达到 3 dB,而更小的只有 0.5 dB。目前,OMM 正在积极开发三维光开关,实现更大的交叉连接。Iolon 利用 MEMS 实现光开关的大量自动化生产。该结构开关时间小于 5 ms。Xeros 基于 MEMS 微镜技术,设计了能升级到 1 152×1 152 的光交叉连接设备,对速率和协议透明,允许高带宽数据流透明交换,无须光电转换。交换时间小于 50 ms,其微镜的控制精度达到百万分之五度。

2. 液晶技术

笔记本计算机、手机的显示屏都采用液晶技术,通过电压,使得液晶中的分子重新定位,材料的光学特性发生变化,像素也随之发生变化。

液晶光开关的工作状态基于对偏振的控制:一路偏振光被反射,另一路可以通过。典型的液晶器件将包括无源和有源两部分。无源部分,如分路器将入射光分为两路偏振光。根据是否使用电压,有源部分或者改变入射光的偏振态或者不加改变。由于电光效应,在液晶上施加电压将改变非常光的折射率,从而改变非常光的偏振状态,本来平行光经过在液晶中的传输会变成垂直光。液晶的电光系数很高,是铌酸锂的几百万倍,使液晶成为最有效的光电材料。电控液晶光开关的交换速度可达亚微秒级,未来将可以达到纳秒级。

液晶光开关由极化光分光器和液晶(LC)单元组成,通过在液晶单元上施加电源与否,决定了光线的反射和通透。

(1)主要性能:

扩展能力:理论上可以不断扩展,实际上,制造商目前研制出最多 80 个波长的交换矩阵。

交换速率:较慢,通过加热晶体可以减少黏性以改善交换速率。

可靠性:较好,不存在活动的部件。

损耗:较大。

端到端重复性:从端口 1 到端口 16 的信号光,与端口 2 到端口 15 的信号光,在性能上(损耗)应当一致,实际上当信号在进入液晶前被分为极性不同的光线,通过液晶后又合并在一起,路线长度稍有差异,就会导致不同的损耗。

功耗:对于处于“双稳态”的液晶而言,功耗相当低,只需要加上合适的电压,液晶就能从一个稳态进入到另一个稳态,只要电压稳定,这种稳态就能保持下去,比 MEMS 功耗还低。加热晶体以改善交换速率也会增加功耗。

(2)应用。制造商开始采用液晶技术主要制造可调光衰耗器而不是光开关,因为光线通过液晶时,会有一定的衰耗,而不仅仅是使光线发生偏移。应用在交换设备中,比较适合中等规模的波长可选交换设备。SpectraSwitch 公司的 WaveWalker 产品是一个固态产品,其 1×2 和 2×2 的产品介入损耗小于 1 dB,极化损耗为 0.2 dB,交换时间为 4 ms 左右,交换波长的范围为 C 波段。液晶光开关没有移动部分,所以提高了系统的稳定性。Chorumtech 公司的 PolarShift 液晶光开关能达到毫秒量级的交换速度,具有高消光比、低介入和极化损耗、低串扰等特点。

3. 气泡技术

这种技术的原理来自喷墨打印技术,是由 Agilent 公司首先提出的。器件的结构分为两层:底层由二氧化硅组成,光信号可以通过,上层由硅元素组成。底层有 32 个非常精细的凹槽被蚀刻在二氧化硅上,并且各个凹槽以一定的角度相交。上下之间抽真空密封,内充特定的折射率匹配液,每一个小沟道都对应一个微型电阻,通过电阻加热匹配液形成气泡,对通过的光产生全反射。在芯片与光纤的耦合上采用带状光缆,通过硅 V 型槽与对接端的接触解决。当有入射光照入并需要交换时,一个热敏硅片会在液体中产生一个小泡,小泡将光从入射波导中的光信号全反射至输出波导。惠普的喷墨打印技术的引入主要反映在对气泡(微电阻)产生的精密控制上。喷墨打印要在指定的地方产生墨点,这里要在指定的地方产生气泡。但气泡光开关同喷墨技术又不相同,气泡要维持很长一段时间。安捷伦公司称气泡由封闭的系统控制,因此不会溢出,通过控制蒸气压,保持液、气体能共存的温度和压力。喷墨气泡光开关交换时间为 10 ms。由于没有可移动部分,可靠性较好。32×32 子系统损耗为 4.5 dB,由于使用已有的技术,故其成本不高。同时具有较好的扩展性,如图 1-5-13 所示。

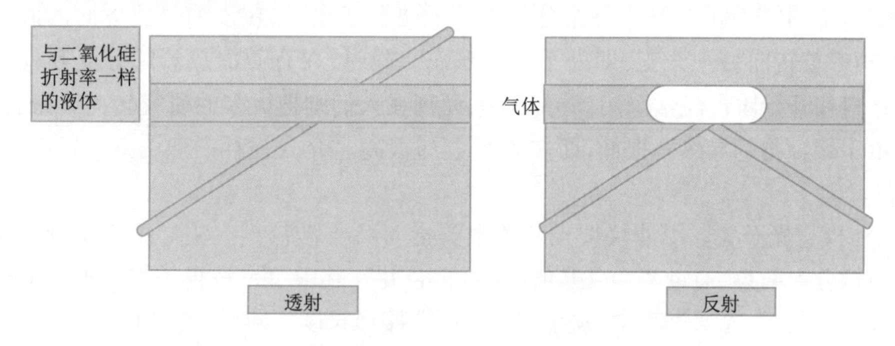

图 1-5-13　气泡技术工作原理

喷墨气泡光开关有两个重要因素要考虑,一是如何很好地控制光开关的状态,如光开关频繁动作或长期维持气泡状态;二是喷墨气泡光开关封装后,其内部材料和液体的生存时间问题(如典型的 20 年)。

(1)主要性能:

扩展能力:已经制造出 32×32 端口的器件,可以通过级联生成更大规模的交换矩阵。

交换速率:光开关将光信号从一个光路转换到其他光路的时间为 10 ms。

可靠性:可能比较好,因为没有活动的部件,并且制造大规模喷墨笔的工艺已经经过验证。但是如何保证这些气泡稳定地保持相当长的一段时间是一个问题。

损耗:32×32 的系统为 4.5 dB。

端到端重复性:未知。

成本:较低。

功耗:未知。

(2)应用。分插复用器:这种器件可以做到 128 个接口,32 个进口,32 个出口,其余可以用于分插复用任何波长。也可以用于可扩展的 OXC(光交叉连接器)。安捷伦喷墨气泡光开关将光信号从一个光路转换到其他光路的时间为毫秒级,具有偏振不敏感性,因此具有小的极化损耗,能对速率和业务协议透明。具有低损耗、低串扰和小于 -50 dB 的高消光比。

4. 热光效应技术

热光技术一般用于制作小型光开关。典型的如 1×1、1×2、2×2 等,更大的光开关可由1×2 光开关元件在同一晶片上集成。

热光开关主要有两种基本类型:数字型光开关(digital optical switch,DOS)和干涉仪型光开关(interferometric switch)。干涉型光开关具有结构紧凑的优点,缺点是对波长敏感。因此,通常需要进行温度控制。它们都是在介质材料,如玻璃或硅基片上,先做上波导结构,然后,在波导上蒸镀金属薄膜加热器,金属薄膜通电发热,导致其下面的波导的折射率发生变化,从而实现光的开关动作。

(1)数字型光开关。当加热器加热到一定温度,开关将保持固定状态。最简单的设备 1×2 光开关,称为 Y 型分支热光开关。当对 Y 型的一个臂加热时,改变折射率,阻断了光线通过此臂。DOS 可由硅或聚合物制造。后者比前者具有更低的功耗和更高的光损耗。

Y 型分支热光开关结构是在硅基底或 SiO_2 基底上生成矩形波导,微加热器由 Ti 或 Cr 在波导分支表面沉积而成,金属层一般采用光刻法或湿式化学刻蚀。为减小在水平方向的热传播,电极旁的 SiO_2 层非常薄。当其中一个分支上的加热器通电时,在该加热器下面的波导的折射率减小,光功率被转向另一分支,即处于开的状态。同时,在有源加热器的分支则处于关的状态。波导材料在开始阶段经常采用 Si 或 SiO_2,而现在人们则把更多的研究转向了聚合物波导,这主要是由于聚合物的导热率很低,而热光系数却很高。介入损耗一般为 3~4 dB,消光比为 20 dB 左右。

(2)干涉仪型光开关。干涉仪型光开关主要指 M-Z 干涉仪型。主导思想是利用光相位特性。输入光被分为两束,通过两个分开的波导,再合并。其中一个波导被加热改变其光程。当两条路径长度相同时,光通过其中一个出口;当两条路径长度不同时,光线通过另一个出口。由于 Si 的导热系数较大,加热器的距离至少要 100 μm,这样才不会影响到相邻的开关。MZI 型光开关结构包括一个 MZI(马赫-曾德尔干涉仪)和两个 3 dB 耦合器,两个波导臂具有相同的长度。在 MZI 的干涉臂上,镀上金属薄膜加热器形成相位延时器,波导一般生成在硅基底上,硅基底还可看作一个散热器。波导上的热量通过它来散发出去。当加热器未加热时,输入信号经过两个 3 dB 耦合器在交叉输出端口发生相干相长而输出,在直通的输出端口发生相干相消,如果加热器开始工作而使光信号发生了大小为 π 的相移,则输入信号将在直通端口发生相干相长而输出,而在交叉端口发生干涉相消。从而通过控制加热器实现开关的动作。

以 1×2 和 2×2 光开关单元为基础,其他 4×4、8×8、16×16 等光开关矩阵可通过这两种光开关单元集成而得到。光开关矩阵的集成有多种组网方式,其中,CLOS 多级网络是最常用的一种,对 $N \times N$ 的开关矩阵,需要 $2N$-1 级的开关单元级联而成。如 8×8 的矩阵开关,一般都采用 15 级开关单元结构,其中,48 个周边光开关用作衰减平衡器,始终处于交叉状态,而中间组成菱形的 64 个光开关构成 8×8 光开关的核心,每一级的光开关单元数目分别为 7 个和 8 个交叉排列。从而构成严格无阻塞的 8×8 光开关矩阵,NTT 公司采用双 MZI 串联的开关单元代替传统的单 MZI 型开关单元,仅用 8 级开关单元就构成了严格无阻塞的 8×8 开关矩阵,NTT 公司制造的 8×8 光开关有效地减小了波导长度,降低了开关损耗,提高了消光比,降低了串扰水平。工作带宽覆盖了整个 EDFA 增益谱。

(3)主要性能:

扩展能力:16×16 端口的设备包含 500 多个开关单元,不仅光衰耗限制了器件的规模,功耗也是相当大。

交换速率:取决于材料加热的快慢,聚合材料做成的,将光信号从一个光路转换到其他光路的时间在几毫秒以内;二氧化硅材料的在 6~8 ms。

可靠性:无活动部件,但反复加热、冷却会缩短其寿命。

损耗:二氧化硅的损耗较低,聚合材料较高,但是采取一些处理之后,损耗可以降低到1 dB 以下。

端到端重复性:好。

成本:采取大规模生产的方式,可以降到很低的水平。

功耗:聚合材料制成的光开关功耗很低,约为 5 mW;二氧化硅制品大约 500 mW 以上。

(4)应用。适合进行集成,阵列波导光栅(AWG)可以集成在热敏光开关中制成分插复用器件。NTT 公司 16×16 热光开关已经商用,它是在一个硅晶片上集成 500 个以上的开关元件,其交换速率依赖于对材料的加热时间。聚合材料光开关将光信号从一个光路转换到其他光路的时间大约是几毫秒,硅材料光开关通常更慢,大约 6~8 ms。Lynxpn 公司的 8×8 光开关是由 128 个 1×2 热光开关构成的,具有严格无阻塞特性,能支持广播功能,将光信号从一个光路转换到其他光路的时间小于 2 ms,极化损耗小于 0.4 dB,介入损耗小于 1 dB。由于热光开关的操作是通过重复加热和冷却波导进行的,因此将减少光开关的寿命。硅材料光开关具有非常低的损耗,聚合材料光开关损耗更高。聚合材料光开关需要较低的功率,典型的是 5 mW,硅材料光开关功率是聚合材料光开关的 100 倍。

5. 全息技术

全息光开关是利用激光的全息技术,将光纤光栅全息图写入 KLTN(钽铌酸钾锂)晶体内部,利用光纤光栅选定波长的光开关。电激发的光纤布拉格光栅的全息图被写入 KLTN 晶体内部后,当不加电压时,晶体是全透明,此时光线直通晶体。当有电压时,光纤光栅的全息图产生,其对特定波长光反射,将光反射到输出端。晶体的行和列对光进行选路。KLTN 晶体尺寸大约为 2 mm×2 mm×1.5 mm,组成一个矩阵,构成光开关的核心。行对应于不同的光纤,列同交换的波长有关。全息图对照明不敏感,所以通常不会擦除存储的全息图。但光全息图能被擦除并重新写入。同时,多个全息光栅能高效地存储到同一晶体内部。它具有低损耗特性,交换速度达到纳秒量级。全息光开关可以在线动态监测每一路波长,因为当全息光栅被激活时,大约有

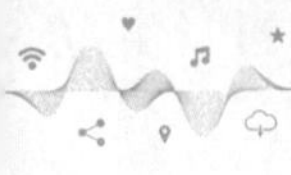

95% 被反射,剩余 5% 直通。这 5% 的信号可以用来监测,这对于网络管理具有非常重要的意义。

(1)主要性能:

扩展能力:较高,适合于端口达到上千的交换矩阵。

交换速率:在几纳秒内将光信号从一个光路转换到其他光路。

可靠性:较好,无活动部件。

损耗:低,对于 240×240 的交换矩阵,损耗在 4 dB 以内。

端到端重复性:好,光线传输的路线与交换结构无关。

功耗:一般,240×240 端口的交换设备功耗为 300 mW。

(2)应用。与三维 MEMS 相比,扩展能力上稍逊,但适合单个波长的交换。纳秒级的交换速率使其可以应用到光路由器中,进行光分组交换。对晶体结构部分区域加电,将光线的部分能量反射出去,可以均衡各个光通路之间的功率,而未反射的光线透射出去,可用于网络性能监测。利用这种技术可以很容易地组成上千个端口的光交换系统,并且它的开关速度非常快,只需几纳秒就可以把一个波长交换到另一个波长。由于没有可移动部件,它的可靠性较高。掌握这种技术的 Trellis Photonics 公司声称,240×240 端口的交换系统的介入损耗低于 4 dB,端到端的重复性也比较好,但是它的功耗比较大(240×240 功耗小于 300 W),并且需要高压供电。这种技术可以跟三维 MEMS 技术竞争,但它更适合于单个波长的交换。纳秒量级的交换速度可以用在未来的基于分组交换的光路由器中。

6. 液体光栅技术

液体光栅技术结合了液晶技术和电全息技术,加入布拉格光栅技术,称为电可开关型布拉格光栅(ESBG 或 S-Bugs)。在不同的电压下,这些光栅可以浮现发挥作用,又可以消失掉。在二氧化硅波导的顶部,悬浮在聚合材料内部的液晶微粒在电压作用下可以排列组合,不加电时,布拉格光栅正常工作,将光线反射出去;加电后,布拉格光栅消失,光线可以直接通过波导。实际上,S-Bugs 完成的是两个过程:将波长分离出来并将它交换出去。

(1)主要性能:

扩展能力:目前这种器件的规模还比较小。

交换速率:将光信号从一个光路转换到其他光路的时间为 100 μs,比热敏光开关快 10 倍,是气泡技术或 MEMS 的 100 倍,也只有全息技术快于液晶技术。

可靠性:较好,无活动部件。

损耗:非常低,总的衰耗在 1 dB 以下。

端到端重复性:未知。

成本:由于同时能够完成两种功能,成本相对较低。

功耗:50 mW 左右。

(2)应用。具有分插复用功能,一次动作就能够将某个波长从群路信号中分离、交换出来,它对于波长交换具有灵活性,因为它能从波长群中选择需要的波长,可作为 OADM(光分插复用器)核心;在将一组波长从一根光纤交换到另外一根光纤中,不及 MEMS。DigiLens 公司声称液体光栅开关的光损耗小于 1 dB。其典型功耗大约 50 mW。

以上介绍了六种光开关技术,其性能比较见表 1-5-2。

表 1-5-2　光开关技术的比较

性能	技术					
	MEMS 技术	液晶技术	气泡技术	热光效应技术	全息技术	液体光栅技术
扩展能力（目前）	二维做到 512×512，三维做到上千个	80×80	32×32	16×16	适于端口达到上千交换矩阵	规模较小
光路转换时间	20 ms 以内	较慢	10 ms	8 ms 以内	几纳秒内	100 μs
可靠性	对工作环境的要求非常严格	较好，不存在活动的部件	待验证	无活动部件，反复加热、冷却会缩短寿命	较好，无活动部件	较好，无活动部件
损耗	7 dB	较大	32×32 的系统损耗为 4.5 dB	1 dB 以下	较低	1 dB 以下
端口一致性	会有 3 dB 差异	较大	待验证	较好	较好	待验证
功耗	高于其他类型的光开关	较大	待验证	聚合材料约为 5 mW，二氧化硅材料 500 mW	240×240 端口功耗为 300 mW	50 mW 左右
应用	适合大规模的光交叉设备	适合中等规模的光交叉设备	适合分插复用器	适合分插复用器	应用于光路由器	适合分插复用器

（三）光开关技术的主要应用

光开关在光网络中起着十分重要的作用，不仅构成波分复用光网络中关键设备（如 OADM/OXC）的交换核心，本身也是光网络中的关键器件。其应用范围主要有以下几个方面。

1. 保护倒换功能

光开关通常用于网络的故障恢复。当光纤断裂或其他传输故障发生时，利用光开关实现信号迂回路由，从主路由切换到备用路由上。这种保护通常只需要最简单的 1×2 光开关。

2. 网络监视功能

使用简单的 $1\times N$ 光开关可以将多纤联系起来。当需要监视网络时，只需在远端监测点将多纤经光开关连接到网络监视仪器上（如 OTDR），通过光开关的动作，可以实现网络在线监测。

3. 光器件的测试

可以将多个待测光器件通过光纤连接，通过 $1\times N$ 光开关，可以通过监测光开关的每个通道信号来测试器件。

4. 构建 OADM 设备核心

OADM 是光网络关键设备之一，通常用于城域网和骨干网。实现 OADM 光信号上下路的具体方式有很多，但大多数情况下都应用了光开关，主要是 2×2 光开关，用于实现对密集波分复用光网络中光信号的上下路功能。由于光开关的使用，使 OADM 能动态配置业务，增强了 OADM 节点的灵活性，同时，使得 OADM 节点能支持保护倒换，当网络出现故障时，节点将故障业务切换到备用路由中，增强了网络的生存能力和网络的保护和恢复能力。

5. 构建 OXC 设备的交换核心

OXC 主要应用于主干网，对不同子网的业务进行汇聚和交换。因此，需要对不同端口的业务交换，同时，光开关的使用使 OXC 具有动态配置交换业务和支持保护倒换功能，在光层支持波长路由的配置和动态选路。由于 OXC 主要用于高速大容量密集波分复用光主干网上，要求光开关具有透明性、高速、大容量和多粒度交换的特点。

随着光传送网技术的发展,新型的光开关技术不断出现。同时,原有的光开关技术性能不断地改进。随着光传送网向超高速、超大容量的方向发展,网络的生存能力、网络的保护倒换和恢复问题成为关键问题,而光开关在光层的保护倒换对业务的保护和恢复起到了更为重要的作用。未来的光传送网是能支持多业务的透明光传送平台,要求对各种速率业务能透明地传送;同时,随着业务需求的急剧增长,主干网业务交换容量也急剧增长。因此,光开关的交换矩阵的大小也要不断提高。同时由于IP业务的急剧增长,要求未来的光传送网能支持光分组交换业务,未来的核心路由器能在光层交换。这样,对光开关的交换速度提出了更高的要求(纳秒数量级)。总之,大容量、高速交换、透明、低损耗的光开关将在光网络发展中起到更为重要的作用。

(四)光交叉连接设备

全光OXC不对光信号进行光/电、电/光处理,所以它的工作与光信号的内容无关,即对信息的调制方式、传送模式和传输速率透明。OXC为各种传送方式提供了一个透明的光平台,从而可以统一监测和实施恢复等网管能力,降低了网络运行成本。OXC能够使WDM网络更加灵活可靠和易于管理,以适应未来业务发展和大容量WDM网络的需求,是实现WDM光传送网的关键。

光交叉连接的两个基本应用包括物理网络的管理和波长管理。物理网络的管理主要是指故障路由的恢复和灵活的选路。它是OMS层光交换的一种应用,具有光信号自动被不同的光纤保护和控制网络中业务负载平衡的能力。物理网管特别适用于网状网的结构,因为在网状网中有多种可用的通路选择,并且可以设计保护方案来优化网络的利用率。另外,它也适用于环形网络和环网互联,用以保证电信运营商使用简单的终端设备在环网中进行线性的信号传输。

波长管理是光交叉连接的第二个主要应用。波长管理主要就是进行波长选路。一个理想的波长选路的光交叉连接包括:波长交换、波长转换、波长复用和解复用、波长信号的监测。

虽然成本昂贵,但抛开价格因素,目前将OCh层交换、波长转发器和波分复用结合起来已经可以实现波长选路。WDM先将多波长信号解复用成独立的波长,然后通过OCh层交叉连接、独立交换,最后由波长收发器转换到其他波长。另外,指配和疏导功能也是光交叉连接的应用之一。为建立新业务而重组网络、改变业务模式、增加业务量都可以在OCh层通过相关网元管理系统来实现。

(五)OXC设备特性要求

OXC的性能大体上可分为两类:一类与OXC的具体结构有关,如阻塞性能、模块性能、广播发送能力和升级能力等;另一类涉及光器件的物理性质,主要是指节点的各种传输性能指标。通常利用以下几个指标衡量一个OXC设备的性能。

1. 波长通道(wavelength path)交叉类型

一个信号在光网络中传送时,需要为它选一条路由并分配波长。根据OXC能否提供波长转换功能,光通道可以分为波长通道和虚波长通道。波长通道是指OXC没有波长转换功能,光通道在不同的光纤中必须使用同一波长。为了建立一条波长通道,光网络必须找到一条路由,在这条路由的所有光纤中,有一个相同的波长自始至终都是可用的,如果找不到这样一条路由,就会发生波长阻塞。虚波长通道是指OXC具有波长转换功能,光通道在不同的光纤中可以占用不同的波长,从而提高了波长的利用率,降低了阻塞概率。

2. 阻塞特性

交换网络的阻塞特性可分为绝对无阻塞型、可重构无阻塞型和阻塞型三种。由于光通道的传输容量很大,阻塞对系统性能的影响非常严重,因此 OXC 结构最好为绝对无阻塞型。但当节点需要交换的光通道数量比较大时,交叉连接结构变得十分复杂。当不同输入链路中同一波长的信号要连接到同一输出链路时,只支持波长通道的 OXC 结构会发生阻塞,但这种阻塞可以通过选路算法来预防。而可重构无阻塞是指如果没有经过合理优化配置就会发生堵塞。如果允许存在适当的阻塞概率,将可能降低 OXC 结构的复杂度,简化节点的实现。

3. 链路模块化

考虑到通信业务量的增长和建设 OXC 的成本,OXC 结构应该具备模块化。当业务量比较小时,OXC 只需很小的成本就能提供充分的连接性;而当业务量增加时,在不中断、改动现有连接的情况下就可实现节点吞吐量的扩容。如果除了增加新模块外,不需改动现有 OXC 结构,就能增加节点的输入/输出链路数,则称这种结构具有链路模块化,可以很方便地通过增加节点数来进行网络扩容。

4. 波长模块化

如果除了增加新模块外,不需改动现有 OXC 结构,就能增加每条链路中复用的波长数,则称这种结构具有波长模块化。这样就可以很方便地通过增加每条链路的容量来进行网络扩容。模块性能反映了 OXC 结构的空间扩展能力。节点结构是否具有链路模块化或波长模块化,主要由空间多端口器件的连接关系决定。在基于空间交换的 OXC 结构类型中用到的多端口器件有星型耦合器、波分复用器和解复用器、空间光开关矩阵、分送耦合开关模块等,其中最关键的是实现空间光交叉连接功能的后两种器件。

5. 广播发送能力

通信传送业务包括两种基本形式,一种是点到点的通信方式,另一种是点到多点的广播型通信方式。未来的光传送网应当能够同时支持这两种类型的业务。如果输入光通道中的信号经过 OXC 节点后,可以被广播发送到多个输出的光通道中,称这种结构具有广播发送能力。

6. 成本

成本是将来哪种结构占主要地位的关键因素之一。在节点的输入/输出光通道数一定时,所需的器件越少,越便宜,则成本越低。

7. 配置、保护倒换和恢复时间

对于 OXC 节点来说,它处理信息的颗粒都比较大(2.5 Gbit/s、10 Gbit/s、40 Gbit/s,甚至 100 Gbit/s),因此波长配置、保护和恢复操作都需要尽量提高速度,减小交叉连接矩阵的倒换时间,从而能够减小受影响的业务量。

根据 OXC 应用场合的差异需要它们具有不同的功能,这就影响了 OXC 的体系结构,因此不同的场合对应不同的功能,而不同的功能又会导致不同的体系结构。例如在城域光网络和干线光网络中,OXC 的应用是不同的,需要为它们分别设计特有的体系结构以实现特有的功能。

(六)OXC 设备结构

如图 1-5-14 所示,OXC 设备主要由光交叉连接矩阵、输入接口、输出接口和管理控制单元等模块组成。为增加 OXC 的可靠性,主要模块都应当具有主用和备用的冗余结构,OXC 自动进行主备倒换,但目前产业界还没有实现。输入接口、输出接口直接与光纤链路相连,分别对输入信号和输出信号进行适配、放大。管理控制单元对光交叉连接矩阵、输入接口和输出接口模块进行监测和控制。监测内容包括:输入/输出信号的丢失、输出信号的劣化、激光器的恶化、激光器失效、OXC 内部运行状态等。控制内容包括:交叉连接控制、主备保护倒换等。交叉连接矩阵是 OXC 的核心,要求无阻塞、低时延、宽带和高可靠,并且要具有单向、双向和广播形式的连接功能。

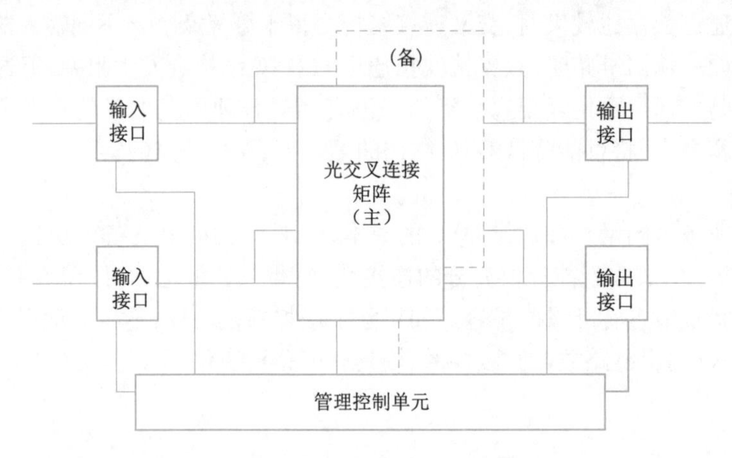

图 1-5-14　OXC 设备的一般结构

OXC 采用两种基本交换机制:空间交换和波长交换。实现空间交换的器件主要有各种类型的光开关,在空间域上完成入端到出端的交换功能。波长交换器件有各种类型的波长转换器,可以将信号从一个波长转换到另一个波长,实现波长域上的交换。

1. 基于空间交换的 OXC 结构

(1)基于空间光开关矩阵和波分复用/解复用器的 OXC 结构,如图 1-5-15 所示。这种 OXC 结构利用波分解复用器将链路中 WDM 信号在空间上分开,然后利用空间开关矩阵在空间上实现交换。图 1-5-15 所示为无波长转换器,完成空间交换后各个波长信号直接经波分复用器复用到输出链路。

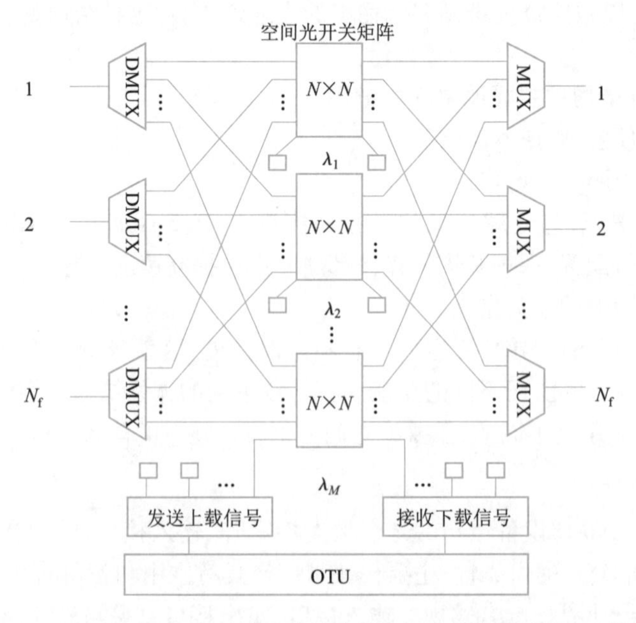

图 1-5-15　基于空间光开关矩阵和波分复用/解复用器的 OXC 结构

图 1-5-15 中节点有 N_f 个输出输入链路，每根光纤复用一组波长(数目为 M 个)。空间交换矩阵的容量是 $N \times N(N > N_f)$。每个光开关矩阵有 $N - N_f$ 个端口用于本地上下业务功能，与 OTU 等电层的设备相连，这样的空间矩阵共有 M 个。由于使用的是波分复用/解复用器对，一个输入的光信号只能唯一地被交叉连接到一条输出光通道中，不能被广播发送到多条输出光通道中，不具备广播发送能力。随着业务量的增加，波长数目增加时，只需要增加相应数量的开关矩阵，这种 OXC 具有波长模块性。

图 1-5-16 所示为一种具有固定开关矩阵的 OXC 结构。

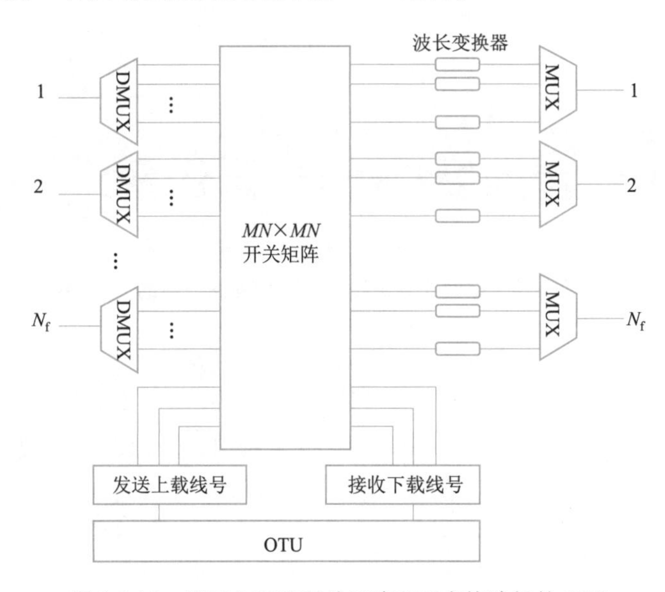

图 1-5-16　基于空间光开关矩阵和可变换波长的 OXC

图 1-5-16 所示的结构在 M 和 N 确定后，$MN \times MN$ 这个开关矩阵确定下来，即使业务量较小，开关矩阵也不能减小，因此不具备链路模块性和波长模块性。开关矩阵每个波长信号经波长转换器实现波长交换后，再复用到输出链路中。

(2)基于空间光开关矩阵和可调谐滤波器的 OXC 结构，如图 1-5-17 所示。图 1-5-17 中节点有 N_f 个输出输入光纤，每个链路复用同一组 M 波长。空间交换矩阵的容量是 $N \times N(N > N_f)$。这种 OXC 采用耦合器 + 可调谐滤波器，输入端的星形耦合器将输入信号分为 M 路功率相同的信号，再由可调谐滤波器完成选波的功能，这样将输入的 WDM 信号在空间上分开，经过 M 个 $N \times N$ 开关矩阵，再由耦合器将各个波长复用起来。

这种 OXC 采用可调谐滤波器选出某一波长信号，只要将一条链路对应的多个可调谐滤波器(每个开关矩阵前的某一个调谐滤波器)调谐到同一波长上，即可将这一信号广播发送到多条输出链路中，因此具有广播发送能力。在图 1-5-17 的基础上，在输出端的星形耦合器前面加入波长转换器，从而可以支持虚波长通道。

2. 基于波长交换的 OXC 结构

图 1-5-18 所示为完全基于波长交换的 OXC 结构，所有输入链路中的 WDM 信号首先由波长转换器转换为 $M \times N_f$ 个不同的内部波长，然后经由星形耦合器送至 $M \times N_f$ 条支路中。由可调谐滤波器选出一个所需要的波长，再由波长转换器转换成所需要的外部波长，与其他波长一起复用到输出链路中。

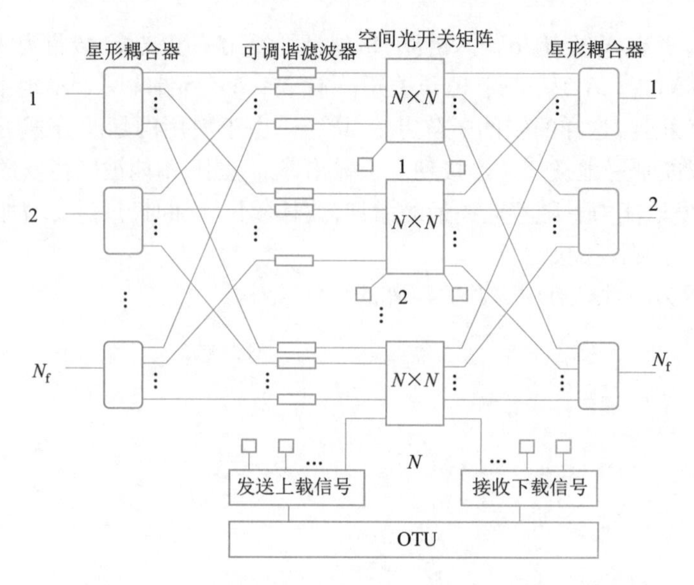

图 1-5-17　基于空间光开关矩阵和可调谐滤波器的 OXC 结构

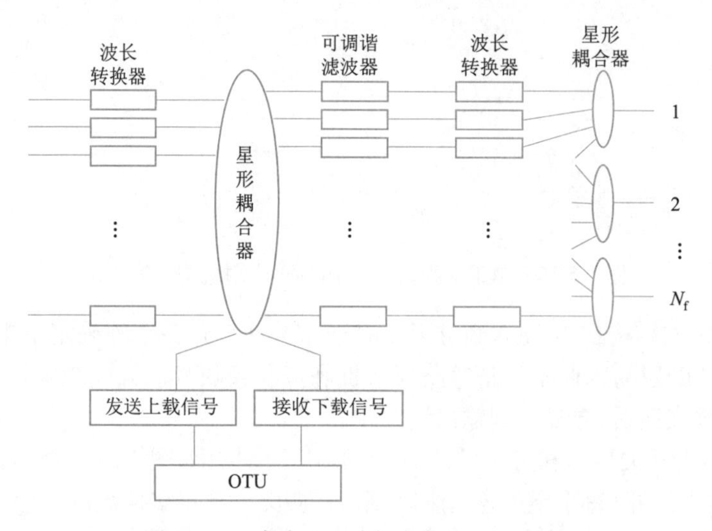

图 1-5-18　完全基于波长交换的 OXC 结构

这种 OXC 结构需要$(M+1)N_f$个波长转换器、$(M+1)N_f$个可调谐滤波器。具有广播发送能力，但是对波长转换器和可调谐滤波器的性能要求很高，因为它们的工作范围需要覆盖所有$M\times N_f$个内部波长。

比较上述几种 OXC 结构，支持虚波长通道的 OXC 能够充分利用有限的波长资源，提高波长的利用率。但是由于全光波长转换器的技术尚不成熟，因此采用波长转换器时，采用何种波长转换器需要根据器件和系统实际要求而定。

在不采用波长转换器结构时，图 1-5-15 所示结构最简单，图 1-5-17 结构虽然具有广播发送能力，但是耦合器 + 可调谐滤波器的损耗大于波分复用器，滤波性能较差，传输性能不如图 1-5-15 和图 1-5-16 所示的结构。图 1-5-18 采用内部波长的概念在波长域上进行交换，缺点在于对波长转换器和可调谐滤波器的要求过高，近期难以实现。

(七)OXC 设备发展方向

在实现全光交换的过程中,OXC 设备的发展要经历三个阶段。

(1)波长交换:工作方式与现在 OXC 类似,可以以一组波长为单位进行交换。

(2)光突发交换:采用特定的信令,根据一定业务流量动态交换波长。

(3)光分组交换:主要是采用了光路由器的构思,如同今天电域内路由器对待分组一样,在光域内对待光分组。

实现全光交换的有两个主要障碍。

(1)极高的速率处理信号。传统的 IP 路由器采取存储-转发的方式,通过读取信元、分组中的地址、标记信息,便可以将信元、分组转发到特定的端口。现在具有 40 Gbit/s、100 Gbit/s 接口的 IP 路由器已经出现,全光交换的出现是突破了速率限制,但真正实现在整个网络中建立起波长通路,还需要能够在光域上及时处理选路和信令信息。

(2)对光分组进行缓存以便统计复用。在电域内的交换中,分组通常会在输出端口排队等待,因此电交换设备具有大容量缓存区,而且可以通过统计复用,对容量、流量进行优化设计,提高传输质量。电域内的缓存技术发展多年,通过大规模集成电路技术制造出的芯片,以及相应的软件可以有效地完成这些功能。

光交换过程中的缓存技术目前可取的方案是采用光纤延时线,光信号 1 s 内在光纤中传输 200 000 km,可以尝试在足够长的光纤中存储信号。采用光纤延时线的缺点是,一旦信号进入延时光纤中,只能等待它自己出来,灵活性较差。

1. 波长交换(lambda switching)

图 1-5-19 是目前光网络的工作过程:为了在两个 MPLS 标签交换路由器之间建立一个通路,操作人员需要在每个节点进行依次配置,建立一条波长通路。这种配置方案使得运营商对网络资源有绝对的控制,但是配置和监测的工作量巨大,还需要同时配置备用路由。虽然可以周期性计算和重新优化路由,但实际的变动还是由操作人员通过网管完成的。

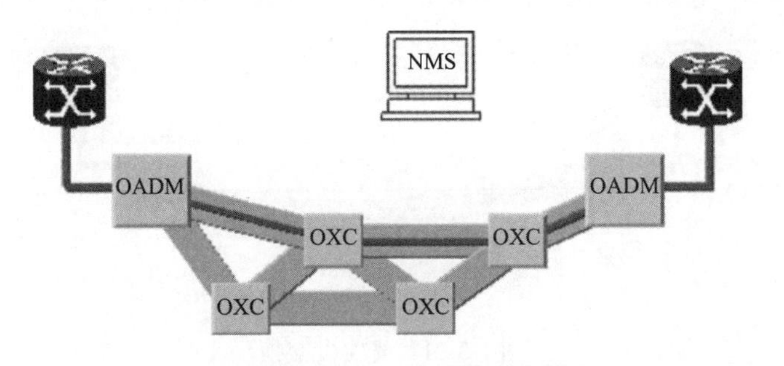

图 1-5-19　手工配置波长通路

为了解决手工配置连接的问题,可以引入 MPLS 控制协议来动态建立波长通路。广义 MPLS 即 GMPLS,将用户设备与光网络设备通过光用户-网络接口(O-UNI)连接在一起。在波长交换过程中,光节点与 GMPLS 控制平台之间通过连接控制接口(CCI)相连,可以通过控制平台对所有节点下指令,减少通路建立所需要的时间。一旦建立,这个波长就会长时间固定下来。在这段时间内,可以使用传统可靠的信令技术,如 RSVP-TE 和 CR-LDP,这些信令的传递方式是带外传送,如图 1-5-20 所示。

由于在光层中不能读取带内控制信息,无法进行相应的动作。因此控制信息通过带外方式进行传递,使各个网络节点彼此相互通信,通常是采用快速以太网方式传递控制信息。在GMPLS网络中,不需要光节点对信号中的控制信息进行处理,带外信令网能够将控制平台的指令传递给各个节点。同样也不要求缓存技术,因为光通路一旦建立,就不需要再进行统计复用。

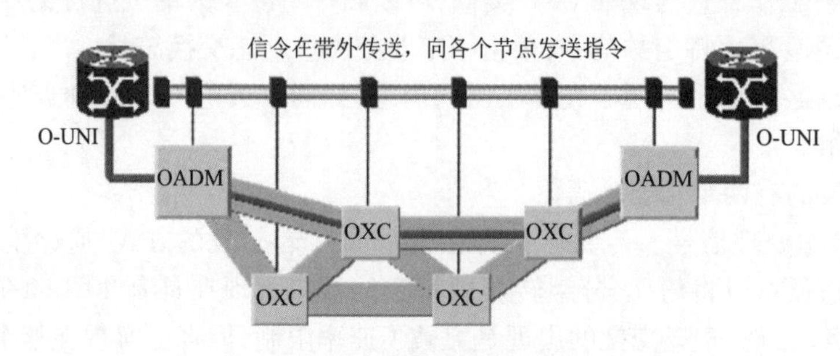

图 1-5-20 自动配置波长通路

2. 光突发交换(optical burst switching)

波长交换的缺点在于,一旦波长配置完毕,就归使用者所单独享用,这样不能充分利用网络资源。由于数据业务的不对称性和突发性,需要在高峰时期对波长资源进行重新配置。传统的信令技术是采用握手机制来重新建立连接,但这个机制耗费时间过长,不适合突发业务的交换。为了能够迅速建立波长通路,光突发交换技术在通路建立过程中,不进行连接建立确认这个进程,一旦通路建立,直接传输信号,如图 1-5-21 所示。

建立通信的步骤:

(1)LSR-A 接收到一个数据业务;

(2)连接建立信息向预定的路径发出;

(3)LSR-A 缓存数据业务;

(4)连接建立信息所到之处,光通路打通;

(5)不确认连接建立,直接将数据业务沿此通路传输。

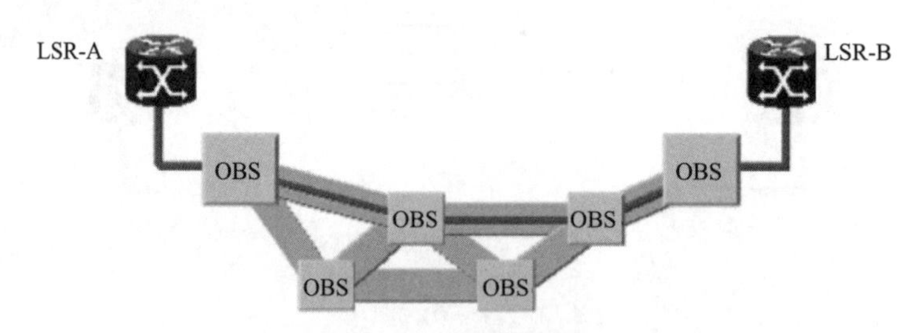

图 1-5-21 光突发交换

注:LSR 表示组网的网络的核心交换机,OBS 表示光突发交换。

为了传送数据信号,光突发交换需要预先建立一条波长通路。一个 1 MB 大小的文件以 10 Gbit/s速率传输只需要 1 ms。在波长通路建立的期间内,数据在网络边缘缓存(在 OEO 处),因此需要信令协议快速传递,没有时间等待连接确认。信令可以是带外传送,但是必须遵循现有网络拓扑结构。在光网络中,可以使用一个专用信令波长传送建立通路的信息(例如 OSC)。

在光突发交换网络中,关键是建立一个可靠的、简单的信令系统。在业务突发时,可以对波长资源进行统计复用,提高整个网络的资源利用率。

四、OTN 通用交叉连接技术

通用交叉矩阵可以保证和现有网络的互连互通及向全分组时代的平滑演进,这种矩阵最主要的特点就是能够直接同时支持基于 TDM 电路的 VC 时隙交叉连接、支持基于分组的分组交换(L2 的转发),以及 ODU 交叉。通用交换矩阵的目标是设计一种能完全灵活地支持 SDH 等 TDM 业务流,同时也支持 100% 电信级以太网等分组业务流的交换平台,能够交换所有业务流,包括同步或非同步的通用交换结构,在保留业务内在本质的同时,不考虑其具体的实现技术。通用交换结构用到了一种被称为"量子交换"的技术,业务流被分割成"信息量子"(一种比特块),借助成熟的 ASIC 技术并基于特定网络的实现技术,信息量子可以从一个源实体被交换到另一个或多个目的实体。这样就能实现各种类型的交换功能,从真正的交叉连接(时延、抖动可预期)到各种 QoS 级别的统计复用——从尽力而为到可保证的服务。

对于各种类型的业务通过相应的接口板卡接入到设备,各种与业务相关的处理均在接口板卡上实现。例如,对于 SDH 的接口单元卡,它能够处理从 STM-1 到 STM-256 的信号。信号的开销以及高阶(HO)的净荷处理是在接口单元卡上实现的,而连接功能作为一个实体,在矩阵板卡上实现。同样,对于分组业务,与分组业务相关的二层处理,例如 MAC 处理、VLAN 处理、MPLS-TP 处理等都在接口板卡上实现。通过接口板卡上的背板接口处理单元,将信息流分割成标准的"量子单元"(quantum),如图 1-5-22 所示。

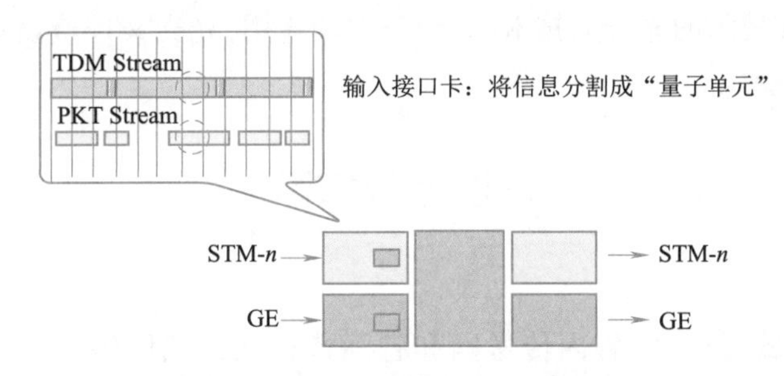

图 1-5-22 "量子单元"分割原理

注:TDM Stream 指采用时分复用技术的业务流;PKT 指 Packet,即数据包。

TDM 业务和分组业务具有不同的业务流量模型和特性,但是在系统时钟的同步处理下,将两种比特流分割成相同大小的"量子单元"。"量子单元"的大小要远小于最小可处理的信息单元大小,只有数十比特。这些相同的"量子单元"进入交换矩阵后,使得交换矩阵在控制单元的统一管理下,可以以相同的方式处理"量子单元",即实现交换/交叉矩阵不同输入和输出端口间的连接,从而达到 TDM 业务的交叉连接和分组业务的交换功能。对于 TDM 连接,交叉矩阵中的连接是一种静态的连接,即两个端口间的连接将保留较长的时间;而对于分组业务而言,其业务在交叉矩阵中的连接是一种动态的连接,控制系统根据接口单元中二层处理的结果,实时调整交换的端口,如图 1-5-23 所示。

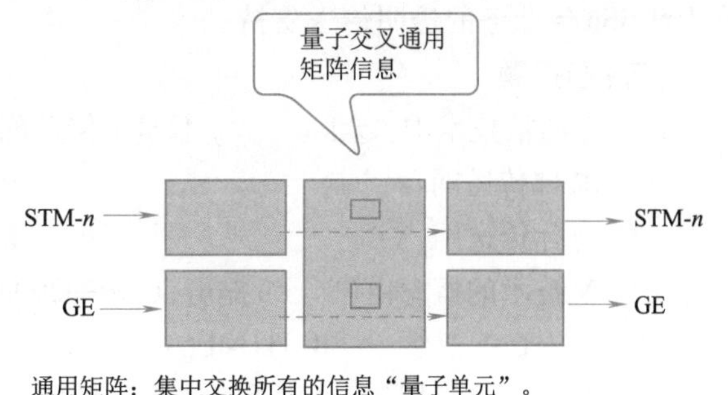

图 1-5-23 "量子单元"交换

最终经过交换矩阵处理过后的"量子单

元”,再传送到目标接口单元的背板接口处理单元进行信息的恢复,以及相应的各种接口及物理层的处理,如图 1-5-24 所示。

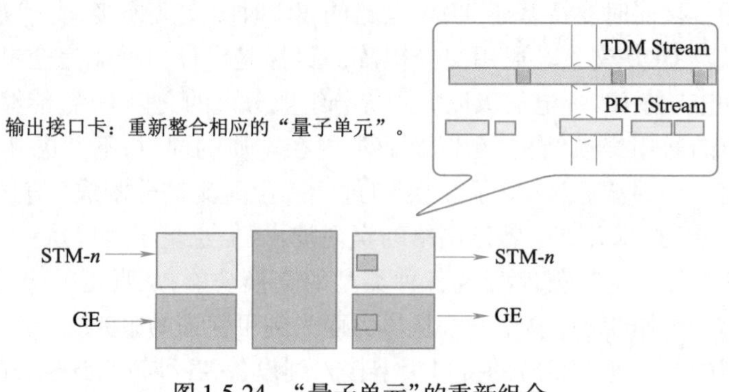

图 1-5-24　“量子单元”的重新组合

任务小结

本任务主要介绍了 OTN 交叉连接设备的类型及特性,电交叉连接技术的基本结构、原理及实例分析;光交叉连接技术的光开关技术简介、分类及应用,光交叉连接设备结构、特性及发展方向;通用交叉连接技术。

※思考与练习

(一)填空题

1. 传送网分为城域传送网、省内传送网和省际传送网。城域传送网又划分为________、________和________。

2. 传送网的发展要满足宽带化、分组化、________和________的需求。

3. 根据相邻信道波长之间的间隔不同,波分复用可分成________和________。

4. 针对未来将不断出现的各种速率级别的业务,ITU-T 定义了两种速率可变的________容器。

5. OTN 处理的基本对象是________业务,提供对更大颗粒的 2.5 Gbit/s、10 Gbit/s、40 Gbit/s 和 100 Gbit/s 业务的透明传送支持。

(二)选择题

1. 在光通信技术中,以下(　　)不属于传送网的分类。

A. 城域传送网　　　　B. 省内传送网
C. 省际传送网　　　　D. 国际传送网

2. OTN 技术的概念由(　　)提出,1999—2008 年制定与修订了与 OTN 相关的主要标准。

A. ITU-T　　B. ITU-R　　C. 3GPP　　D. WCG

3. 以下(　　)不属于 OTN 透明传输业务颗粒类型。

A. 622 Mbit/s　　B. 2.5 Gbit/s　　C. 10 Gbit/s　　D. 40 Gbit/s

4. 基于标签管道方式,路由器对流量用(　　)标识。

A. Qos　　B. VLAN　　C. SR　　D. 路由表

5. 在无线接入网络中,基站无线单元的拉远也对 OTN 提出了(　　)信号的承载需求。

A. RF　　B. eCPRI　　C. CPRI　　D. I/O

(三)判断题

1. 光传送网 OTN 采用类似于 WDM 的帧结构和类似于 VC 的 ODU 交叉能力。(　　)

2. WDM 是对多个波长进行复用的。能够复用多少个波长与相邻两波长之间的间隔有关,间隔越小,复用的波长个数就越多。(　　)

3. OTN 交叉连接功能是 OTN 网络实现灵活调度和保护的关键功能,为 OTN 网络提供灵活的电路调度和保护能力。(　　)

4. OTN 基于物理端口实现分流,是不需要路由器预留并固定分配好物理端口,但是会造成路由器端口和带宽的浪费。(　　)

5. OCh 层网络通过光通路路径实现接入点之间的数字客户信号传送。(　　)

(四)简答题

1. IP over WDM 技术的主要缺点是什么?

2. 高速率大容量光纤传输系统的复用技术有哪些?

3. SCM 系统具有哪些特点?

4. OTN 技术的特点和优势主要在于哪些方面?

5. OTN 技术的后续发展主要侧重几个方面?

6. PON over OTN 承载需求包括什么?

7. 简述光开关技术的主要应用范围。

8. 通常利用哪些指标来衡量一个 OXC 设备的性能?

9. 什么是 WDM?

10. OTN 传送网络结构由哪几部分构成?

项目二 学习POTN技术

任务一 了解POTN

任务描述

随着光传输技术的发展演进,PTN和OTN技术有效融合,出现了分组光传送网络(POTN)。本任务围绕技术的演进,从POTN的应用需求分析和网络架构两个层面来介绍POTN。

任务目标

(1)识记:POTN的应用需求分析。
(2)领会:POTN的层网络架构。

任务实施

一、POTN的应用需求分析

分组光传送网(POTN)目的是实现L0 WDM光层、L1 OTN层和L2分组传送层(包括以太网和MPLS-TP)的功能集成和有机融合。POTN是以OTN的多业务映射复用和大管道传送调度为基础,引入PTN的以太网、MPLS-TP的分组传送功能,来实现电信级分组业务的高效灵活承载。

多层融合的POTN技术主要面向和解决四类应用需求。

一是实现PTN和OTN的联合组网。随着无线和有线宽带接入的提速,PTN和OTN需要在城域核心、汇聚层实现融合组网,解决分组业务高效承载、组网保护协调、时间同步传递和统一控制和管理等问题。OTN和PTN的融合型设备形态有利于增强传送网络管理运维、减少传送设备种类、功耗和占地面积。

二是高效灵活地承载LTE和xPON回传。在城域核心汇聚层实现基于40GE/100GE的线路速率和大容量OTN组网,为以太网业务提供更低时延和更高QoS保障,具备更高的组网灵活性和容量扩展性。

三是提供高品质专线业务承载。在城域层面和骨干层面，为日益增多的以太网专线和专网业务提供电信级传送、汇聚和大带宽传输功能，为政府、银行、证券等集团客户提供其所看重的物理隔离、带宽保证和低时延等 SLA(服务等级协议)保障。

四是实现 IP 和 OTN 的联合组网优化。互联网等数据业务快速发展导致 IP 骨干网流量急剧增长，核心路由器面临着巨大的扩容与处理压力，导致其容量、复杂度与功耗不断提高。流量分析表明，P 路由器之间存在大量的“过境”中转业务流量，若能对 IP 和 OTN 网络进行联合路由规划和优化，通过 POTN 的 L1 或 L2 层实现中转业务分流(IP offloading)，解决核心路由器的扩容压力、高成本等问题，特别是针对未来核心路由器之间 100GE 高速互连来提高 OTN 传送的带宽效率和可靠性，降低网络的综合成本。

(一)骨干网应用场景

采用 POTN 设备实现核心 PE 路由器之间的大量中转业务传输层的穿通处理，可节约核心 P 路由器的接口数量，降低对其容量的要求，提升业务转发效率。通过结合 GMPLS(通用多协议标志交换协议)控制平面和 ODUflex 无损带宽调整技术，可实现 IP 路由器和 POTN 交叉设备的带宽灵活适配和动态调整。IP 与 POTN 联合组网中转业务处理示意如图 2-1-1 所示。

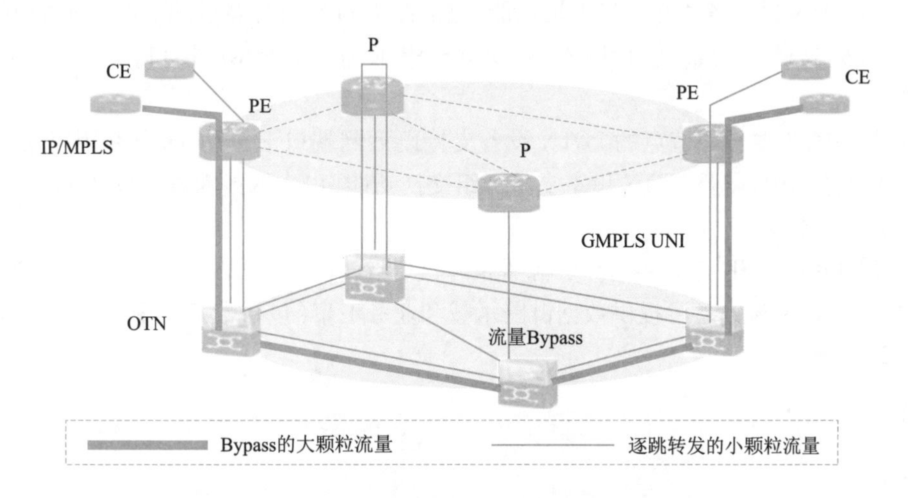

图 2-1-1 IP 与 POTN 联合组网中转业务处理示意

IP 与 POTN 联合组网场景下，POTN 设备实现的具体功能包括如下四个：

(1)当路由器通过以太网接口与 POTN 设备互联时，需要 POTN 设备支持以太网透传功能。

(2)当路由器引入支持 VLAN 的以太网接口进行组网时，需要 POTN 设备支持基于 VLAN 的以太网交换功能。

(3)当路由器与 OTN 采用 MPLS-TP NNI 接口互联时，需要 POTN 设备支持 MPLS-TP 交换功能。

(4)当 IP 网络需要动态调整连接带宽时，需要 POTN 设备支持 ODUflex 无损带宽调整功能(G.7044)。

(二)城域网应用场景

1. IP 城域主干网承载

采用 POTN 设备为已经扁平化的 IP 网提供承载，网络结构如图 2-1-2 所示。

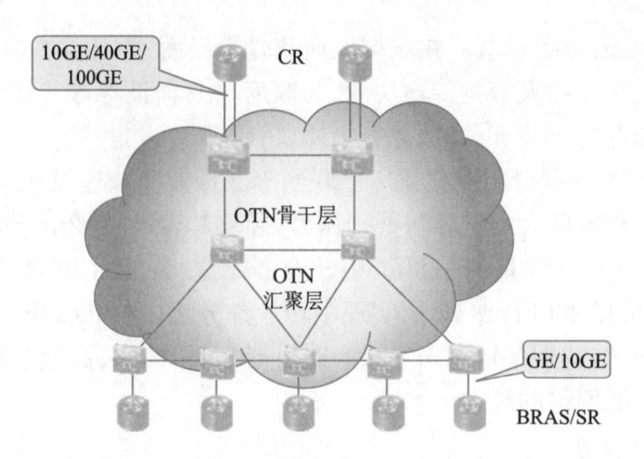

图 2-1-2　POTN 网络承载 IP 城域主干网业务

此种组网应用存在以下两种方式：

方式一：POTN 提供端口汇聚功能，包括 GE 到 10GE 的汇聚，以及 10GE 到 40GE/100GE 的汇聚，在核心节点采用 10GE/40GE/100GE 高速接口与 CR 进行互联。

方式二：POTN 提供带宽和端口汇聚功能，包括在中间节点对经过同一路径上的 IP 业务进行统计复用，提高链路的带宽利用率，在 BRAS/SR 使用 GE/10GE 接口，在 CR 使用 40GE/100GE 接口。

在方式一中，需要核心节点的 POTN 设备支持以太网端口汇聚功能，可采用以太网交换方式实现。在方式二中，需要 POTN 设备支持分组交换功能（以太网或 MPLS-TP 交换）。

2. OLT 上联承载

当 OLT 和 BRAS/SR 之间的光纤资源紧张时，且光缆铺设困难的情况下，可采用 POTN 进行 OLT 上联承载。POTN 设备可提供数据链路承载和业务汇聚（包括带宽汇聚和端口汇聚），网络示意如图 2-1-3 所示。

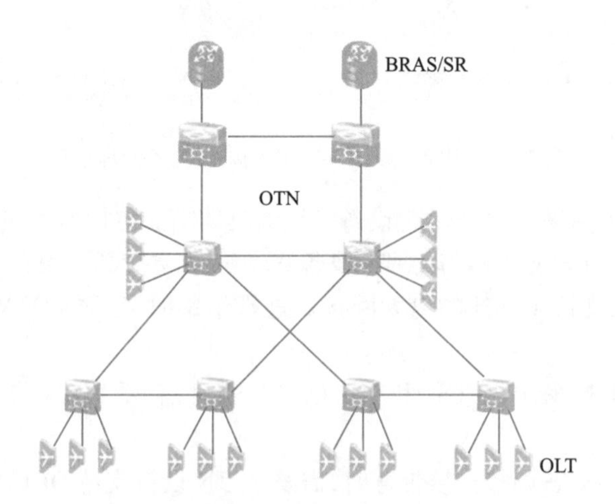

图 2-1-3　POTN 承载 OLT 上联 BRAS/SR

在这种应用中同样需要 OTN 设备支持分组交换功能（以太网或 MPLS-TP 交换）。

3. 移动回传网络承载

采用 POTN 设备进行移动回传网络承载的应用方式如图 2-1-4 所示。其中，左边为传统采用分离的 PTN 和 OTN 设备的解决方案,右边为采用 POTN 设备的方案。这种承载方式的基本特点与 PTN 承载方案基本相同,同时具备 OTN 大容量传送和调度的特点,并减少了网络中设备的数量,从而可以节省网络建设和维护成本。

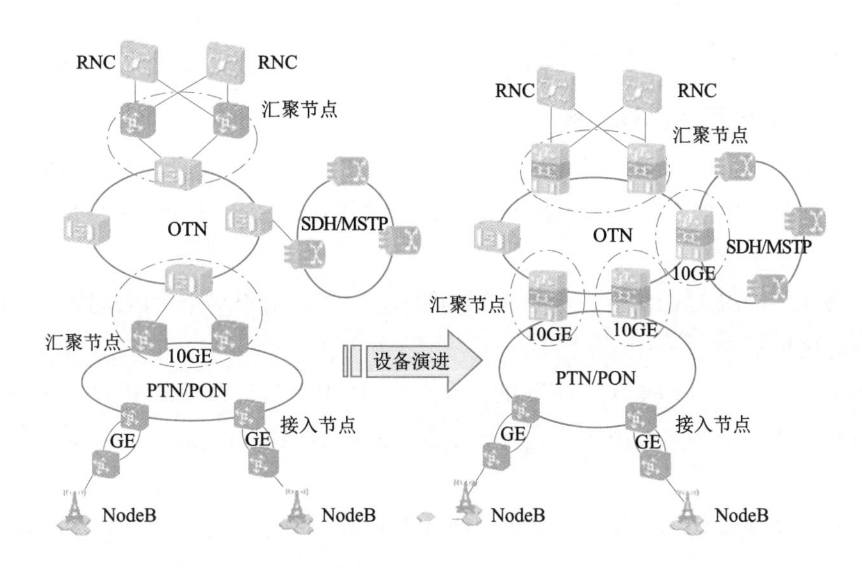

图 2-1-4　分组增强型光传送网设备在移动回传中的应用

注:NodeB 表示 3G 网络(第三代移动通信系统)中的基站;RNC 表示 3G 网络中的无线网络控制器,用于管理基站,下同。

4. CRAN 业务承载

采用接入光缆环构建 OTN 环网,利用支持 CPRI 业务封装的 POTN 提供大带宽的承载,网络示意图如图 2-1-5 所示。

5. 集团客户专线承载

利用 ODUflex、ODUflex(GFP)无损带宽调整(HAO)和 ASON/GMPLS 技术,POTN 可以提供带宽可灵活动态调整的吉比特级大容量以太网智能专线业务。如果需要提供汇聚型以太网专线业务,汇聚节点的 POTN 设备需要支持以太网交换功能。

POTN 也可以提供 SDH 专线业务的调度。除了可以提供点到点的 SDH 电路,也可以应用支持 VC4 交叉的 OTN 设备来提供点到多点的汇聚型业务,以便实现对 SDH 业务的汇聚和调度,节省汇聚节点的接口数量,联合组网示意如图 2-1-6 所示。

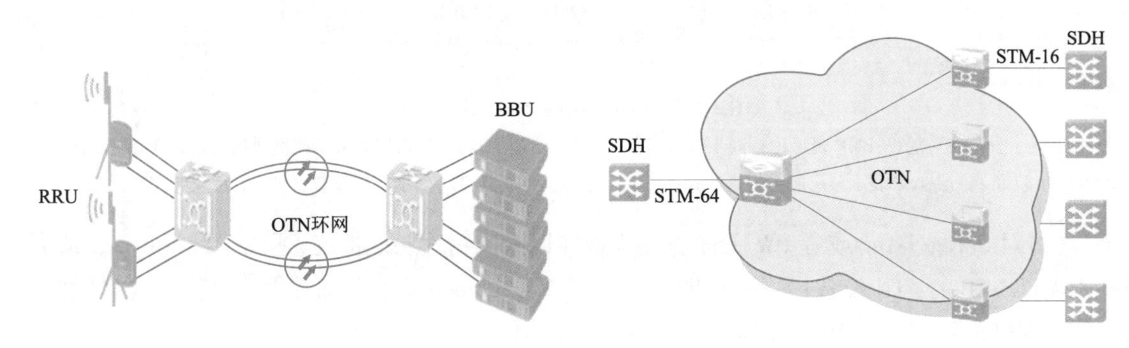

图 2-1-5　BBU 和 RRU 之间采用 OTN/WDM 组网　　图 2-1-6　POTN 与 SDH 联合组网示意

集成 MPLS-TP 功能的 POTN 设备可提供基于 MPLS-TP 的以太网虚拟专线(EVPL)业务。EVPL 业务速率为 1 Mbit/s ~ 1 Gbit/s,从而弥补了 OTN 自身无法提供小颗粒业务的不足。在组网方面,可以采用 OTN 设备独立组网,或是与 PTN 混合组网。

二、POTN 的层网络架构

(一)POTN 的层网络协议架构

类似于传统 SDH/OTN 网络,分组光传送网络(POTN)可分为客户业务层、传送业务层、传送路径层和物理媒介层四个层面。根据 POTN 应用需求和场景分析,POTN 层网络协议栈结构如图 2-1-7 所示。

Client-PW-LSP-ODUk/ODUflex 以及 OCh 的协议组合:适用于基于 MPLS-TP 的 PTN 与 OTN 融合的网络应用场景。

Client-PW-ODUk/ODUflex 以及 OCh 的协议组合:适用于基于 MPLS-TP 的 PTN 与 OTN 融合的网络应用场景,PW 成为多业务统一适配映射层,不需要配置 LSP,提高了封装效率,简化了网络层次。

Client-C-Tag/S-Tag-ODUk/ODUflex 以及 OCh 的协议组合:适用于 POTN 互联以太网 QinQ 网络的应用场景。

Client-C-Tag/S-Tag-I-Tag-ODUk/ODUflex 以及 OCh 的协议组合:适用于 POTN 互联 PBB/PBB-TE 网络的应用场景。

Client-ODUk/ODUflex 以及 OCh 协议组合:是 POTN 继承 OTN 的多业务承载能力,接入各种客户(CBR 和分组)业务接口。

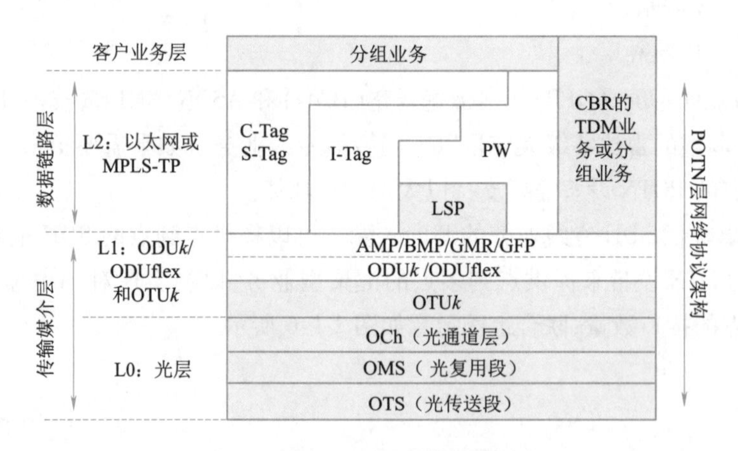

图 2-1-7 POTN 层网络协议栈结构

注:AMP 表示异步映射规程;BMP 表示比特同步映射规程;GMP 表示通用映射规程;GFP 表示通用成帧规程,PW 表示伪线,此处表示伪线(仿真)层;LSP 表示分层服务提供商;S-Tag 表示服务商标签;C-Tag 表示客户标签;I-Tag 表示业务实例标签。

(1)对 S-Tag/I-Tag 或者 PW/LSP 直接承载在以太网物理层的情况,适用于纯 Ethernet 或者基于 MPLS-TP 的 PTN 设备;另外,在现有 PTN 或者 Ethernet 设备上加载 OA 单板,可以增加以太网或 MPLS-TP 的 GE/10GE 传输距离(PTN + 波分)。

(2)以太网和 MPLS-TP 映射到 ODUk,通过 GFP 的映射方式来完成。

（二）MPLS-TP + OTN 的层网络协议架构

在一个 POTN 设备上集成 PW、LSP、ODU*k*/ODUflex 和 OCh 协议栈场景如图 2-1-8 所示。随着以 MPLS-TP 技术为主的接入/汇聚网带宽越来越大，POTN 将首先应用在城域核心层，承载的管道需要 OTN 来构建；在城域核心网边缘处，POTN 必须将大容量的分组业务汇聚到 OTN 承载管道，连接到 RNC。在图 2-1-8 中的 POTN 节点 1、2、4、5、6、8、9、10、12、13 能够提供 MPLS-TP 分组业务与 OTN 管道之间的适配功能，可通过统一分组交换内核，提高分组业务到 ODU*k* 的汇聚能力。在图 2-1-8 中的 POTN 节点 6、8，由于多条分组业务（比如 PW 或者 LSP）共享同一段 OTN 管道，但来自/去往不同的方向，因此还需要从 OTN 管道解出 PW/LSP，在 POTN 节点进行 PW/LSP 交换后，再次封装到去往不同方向的 OTN 管道。

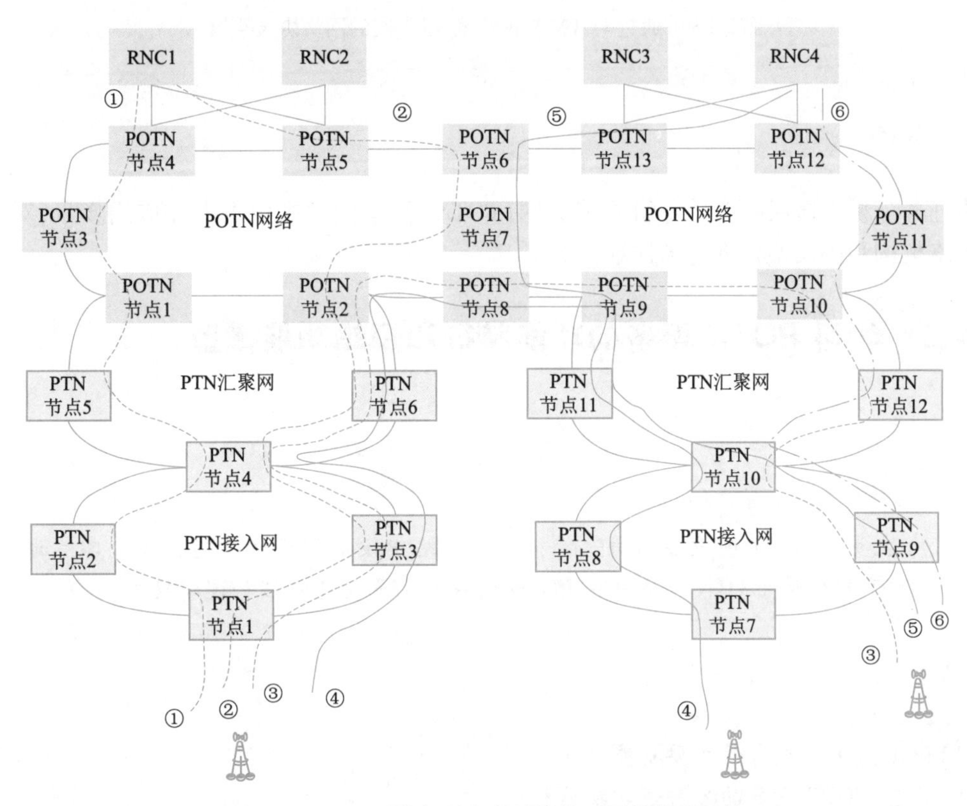

图 2-1-8　POTN 设备形态在城域核心网的应用场景

（三）Ethernet + OTN 层网络架构

在 Ethernet 与 OTN 融合场景下，S-Tag、ODU*k*/ODUflex 和 OCh 可以组合一个协议栈。由于很多运营商在城域汇聚、接入层部署了大量的 Ethernet 网络，目前比较普遍的是 802. 1ad（QinQ）网络，随着以太网接入的业务带宽越来越大，从 GE/10GE 将演进到 40 Gbit/s 和 100 Gbit/s 时需引入 OTN，将 Ethernet 互联起来。在图 2-1-9 中，Ethernet 业务离开 802. 1ad 网络后，进入 POTN 网络，在 POTN 节点处将不同的 S-Tag 业务复用进 OTN 承载管道。如果来自不同 QinQ 网络的 S-Tag 业务汇聚到同一条 OTN 承载管道上，S-Tag 标签值出现冲突时，需要在 POTN 节点进行 S-Tag 标签交换（Swapping/Translation），S-Tag 标签的值将被改变。如果 S-Tag 只作为 Ethernet 业务的标识，POTN 只是为 Ethernet 提供点到点管道，无须在 POTN 节点对 S-Tag 进行交换，无须改变 S-Tag 标签值。

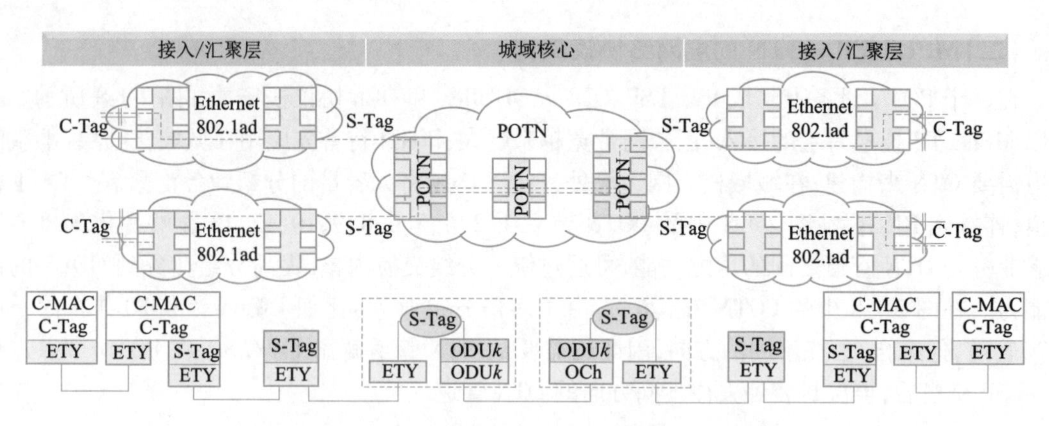

图 2-1-9　通过 POTN 互联 QinQ 以太网的网络协议架构

任务小结

本任务分析了多层融合的分组光传送网(POTN)技术四类应用需求和应用场景,对 POTN 的层网络架构和协议架构进行了详细介绍。

任务二　学习 POTN 设备的功能特征和逻辑功能模型

任务描述

本任务主要介绍 POTN 设备的功能特征以及网络中设备的逻辑功能模型。学生通过本任务的学习,可了解相对于 OTN 设备来说 POTN 设备的主要功能特征和逻辑功能。

任务目标

(1)识记:POTN 设备的主要功能特征。
(2)领会:POTN 设备的各种逻辑功能模型。

任务实施

一、POTN 设备的主要功能特征

POTN 设备应具备统一交换架构平台、分组和 OTN 光网络的有机融合、统一控制和管理平面三个主要功能特征,具体如图 2-2-1 所示。POTN 设备的核心是具有与协议无关的统一信元交换的集中交换单元,可支持多种业务板卡,如以太网业务处理板卡、MPLS-TP 处理板卡、OTN 处理板卡和 POTN 处理板卡等,可提供以太网业务到 MPLS-TP 和 OTN、以太网业务到 OTN,或 MPLS-TP 业务直接到 OTN 层的适配功能。

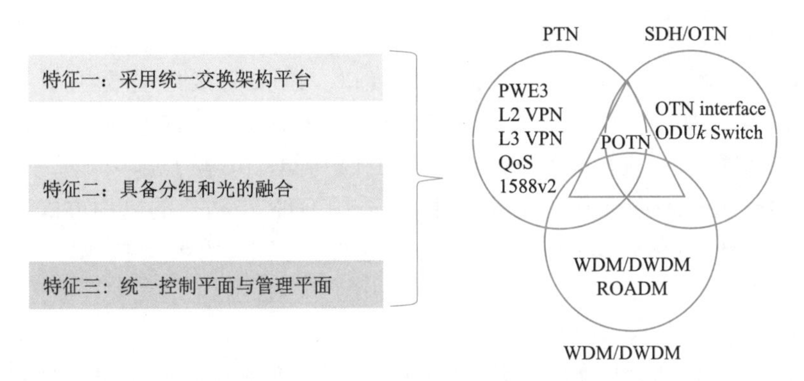

图 2-2-1　POTN 的三个主要功能特征

注：PWE3 表示边缘到边缘的伪线仿真；VPN 表示虚拟专用网络；QoS 表示服务质量；1588v2 指 1588v2 时钟是一种采用 IEEE 1588V2 协议的高精度时钟；WDM 表示波分复用；DWDM 表示密集波分复用；ROADM 表示可重构光分插复用器；Switch 表示转换。

1. POTN 设备总体功能

POTN 设备应基于统一交换平台实现 OTN 和 MPLS-TP/Ethernet 的交换融合、分组和 TDM（ODU*k*）业务的交换容量必须能任意调配。总体功能要求如下：

（1）支持分组业务/TDM 业务到 ODU*k* 隧道的灵活汇聚。

（2）支持任意调配分组和 TDM 业务的交换容量，使得 POTN 在不同的应用和网络部署场景下，可灵活地被裁减和增添分组或者 TDM 功能，比如基于统一交换架构下，通过增加或者减少不同交换技术的接口/线路板即可以裁减和增添分组或者 TDM（ODU*k*）的容量。

（3）在实现超大容量 ODU*k* 交叉调度时，仍能支持 ODU0 颗粒的无阻调度。

（4）支持 ODU*k* 和分组的混合调度，即集成了 OTN、PTN 设备的主要功能。

2. POTN 传送平面的功能

对于 POTN 传送平面的功能要求，主要包括以下几方面：

（1）支持 L2 交换和在特定节点的分组业务上下：

①可支持 MPLS-TP 交换：支持 MPLS LSP 和 PW 标签交换；支持 L2 VPN、L3VPN；支持 SS-PW 和 MS-PW。支持 PW-LSP-GFP-ODU*k* 的映射承载方式，可选支持将 PW 直接承载在 ODU*k* 之上，无须中间的 MPLS-TP LSP 层。

②支持 Ethernet 交换：支持 C-Tag 和 S-Tag 交换，支持 I-Tag 交换。

③支持 L2 的线性保护和环网保护，支持共享 Mesh 保护（share mesh protection，SMP）。

（2）支持 L1 交换（OTN），支持在特定节点的 ODU*k* 业务的上下，如果有需要，可进行 SDH 业务上下：

①TDM 业务经过 POTN 节点的统一交换平台后，要求恢复出的时钟频率应符合 G. 823、G. 8251等标准的要求。

②支持 OTN 的单级映射，可选支持两级复用；支持 ODU0/ODU1/ODU2/ODU3/ODU3e2/ODU2e/ODUflex/ODU4 等信号类型，能演进到支持 ODU5。

③支持线性保护和环网保护，支持共享 Mesh 保护（SMP）。

④支持 WDM/DWDM 大容量传输（10G/40G/100G）。

⑤支持 ROADM/WSON，支持在特定节点的波长上下。

(3)支持L1和L2的映射适配:

①POTN的线路侧应支持OTUk和以太网接口。以太网接口主要用于POTN与PTN/Ethernet网络之间的互联;OTUk接口支持OTU1、OTU2、OTU3和OTU4,支持具有OTUk接口的MPLS-TP/Ethernet线路卡,该情况下分组业务必须映射到OTUk帧上。

②支持承载分组和TDM业务的混合复用,即采用OTN结构化的复用方式实现MPLS-TP/Ethernet管道和TDM电路管道的融合传输。在这种情况下,需要支持MPLS-TP/Ethernet到ODUflex的映射。

3. POTN应支持以下业务类型

(1)POTN应支持以太网的E-LINE(EPL/EVPL)业务、E-LAN(EP-LAN/EVP-LAN)和E-TREE(EP-TREE/EVP-TREE)业务。

(2)对于TDM业务,POTN应该支持以native电路(本机电路)方式进行传送,无须TDM业务的电路仿真功能。

(3)在需要与PTN互通TDM业务时,在业务量大时支持终结PTN的TDM CES后,以native电路方式进行传送;在业务量小时支持通过TDM CES方式传送。

(4)支持通过MPLS-TP来传送以太网业务,或支持通过GFP将以太网业务映射到ODUk来传送以太网业务;应支持根据具体网络应用需求来配置。

(5)支持IP/MPLS客户信号到MPLS-TP的封装映射方式,采用客户/服务层的重叠模式,即将IP/MPLS视为一个以太网业务来映射到PW/LSP中,也可采用IP/MPLS直接进入PW或LSP的方式承载。

(6)针对P路由器的流量Bypass,可支持通过VLAN区分分组流量,也可支持通过识别客户的MPLS Label(多协议标签交换)来区分Bypass流量。

4. 多层OAM及其联动机制

(1)L0、L1和L2应分别具备完善的故障管理和性能管理的OAM(操作维护管理)功能,根据网络应用需求来进行相应的OAM配置。

(2)多层OAM之间基于客户/服务层模型来实现告警联动,包括告警关联分析和告警抑制功能。

5. 多层保护及其协调机制

(1)L0、L1、L2应分别具备完善的网络保护机制,包括线性保护、子网连接保护和环网保护机制,可选支持共享网状网保护(SMP)机制。

(2)针对某一类业务尽量仅配置单层的网络保护机制。

(3)在对网络可靠性要求较高的场景下,可同时配置两层的网络保护机制。

(4)应支持多层保护之间的层间协调机制,包括服务层应及时告知客户层,其服务层的网络保护是成功还是失败,以使得客户层得知服务层保护失败后,在更短时间内启动保护;客户层保护应支持设置拖延(hold off)时间,可根据故障发生的网络层次来智能判定是否启动该拖延时间。

6. POTN应支持频率同步和时间同步

(1)频率同步应支持对客户信号的频率透传方式,支持网络时钟同步模式。

(2)时间同步应支持通过OSC或者ODUk带内方式(使用ODUk开销字节或者将1588v2协议报文作为客户业务承载到OPUk)传送时间。

(3)时间同步可选支持 1588v2 over PTP LSP/PW。

对于 POTN 管理平面,应支持通过统一网管来管理 POTN 的多层融合网络,统一网管应该支持分离的分组和 TDM 网络视图(比如对于 POTN 节点,分组和 TDM 的交换容量可通过分离的视图呈现)。

与 OTN 一样,控制平面可引入 POTN,应支持 GMPLS 统一控制平面(MRN/MLN)以及 PWE3 控制平面;可支持通过 GMPLS(OSPF-TE/RSVP-TE)来控制 PW 层,这样可以使用 GMPLS 来控制 POTN 所有的网络层次。在 POTN 与 IP/MPLS 网络互通时,POTN 网关节点可支持 IP/MPLS/MPLS-TE 和 GMPLS 双协议栈,使得 IP/MPLS/MPLS-TE 可用来控制 MPLS-TP 的 LSP 和 PW 层,GMPLS 用来控制 LSP、ODU*k* 和 OCh 或者 PBB-TE。

二、POTN 设备的逻辑功能模型

(一)POTN 设备的逻辑功能模型分类

从多层网络协议架构和设备逻辑功能模型上来看,POTN 设备可分为 MPLS-TP + OTN 和 Ethernet + OTN 两种类型;而从设备在网络的位置来看,POTN 主要分为汇聚型和交换型两种。汇聚型的设备主要用于 POTN 网络边缘,提供分组业务向 ODU*k*/ODUflex/OCh 汇聚或将小容量 TDM 业务汇聚到更大的 TDM 管道的功能;而交换型的设备主要位于 POTN 网络内部,实现分组和 TDM 的交换功能,对分组和 TDM 业务进行有效疏导。

(二)POTN 传送平面的逻辑功能模型

图 2-2-2 所示是 POTN 传送平面的逻辑功能模型,给出的是全功能集设备。POTN 设备在不同的应用和网络部署场景下,功能可被裁减和增添,比如基于统一分组交换,通过增加或者减少不同交换技术的接口/线路板即可以实现。

功能模块(1)中,从 NNI 接口过来的高阶或低阶 ODU*k*/ODU*j* 信号可以直接通过统一分组交换子网交换到功能模块(2)。

功能模块(3)中,从 NNI 接口过来的高阶或低阶 ODU*k*/ODU*j* 信号除了可以直接通过统一分组交换子网交换到功能模块(4)以外,还支持将 ODU*j* 信号里所承载的分组业务(MPLS-TP LSP、MPLS-TP PW 或者 S-Tag)解适配出来,经过统一分组交换子网交换到功能模块(4)后,再进一步封装到 ODU*j* 信号里。

功能模块(5)中,从 UNI 接口过来的 C-Tag 业务可打上 S-Tag,再进一步封装到 ODU*j* 信号里;从 UNI 接口过来的 S-Tag 业务可直接封装到 ODU*j* 信号,也可以进一步打上 I-Tag,再封装到 ODU*j* 信号;从 NNI 接口过来的 S-Tag 或 I-Tag 业务可直接封装到 ODU*j* 信号。封装了以太网业务的 ODU*j* 信号,可以直接通过统一分组交换子网交换到功能模块(4),进一步封装到 ODU*k* 信号里。

功能模块(6)中的从 UNI 接口过来的 C-Tag 业务可进一步打上 S-Tag,通过统一分组交换子网交换到功能模块(7)中,再进一步封装到 ODU*j* 信号里;从 UNI 接口过来的 S-Tag 业务可直接通过统一分组交换子网交换到功能模块(7)中,再封装到 ODU*j* 信号;从 UNI 接口过来的 S-Tag 业务也可以进一步打上 I-Tag,通过统一分组交换子网交换到功能模块(7)中,再封装到 ODU*j* 信号;从 NNI 接口过来的 S-Tag 或 I-Tag 业务可直接通过统一分组交换子网交换到功能模块(7)中,再进一步封装到 ODU*j* 信号。模块(7)中封装了以太网业务的 ODU*j* 信号,通过统一分组交换子网交换到功能模块(4),进一步封装到 ODU*k* 信号里。

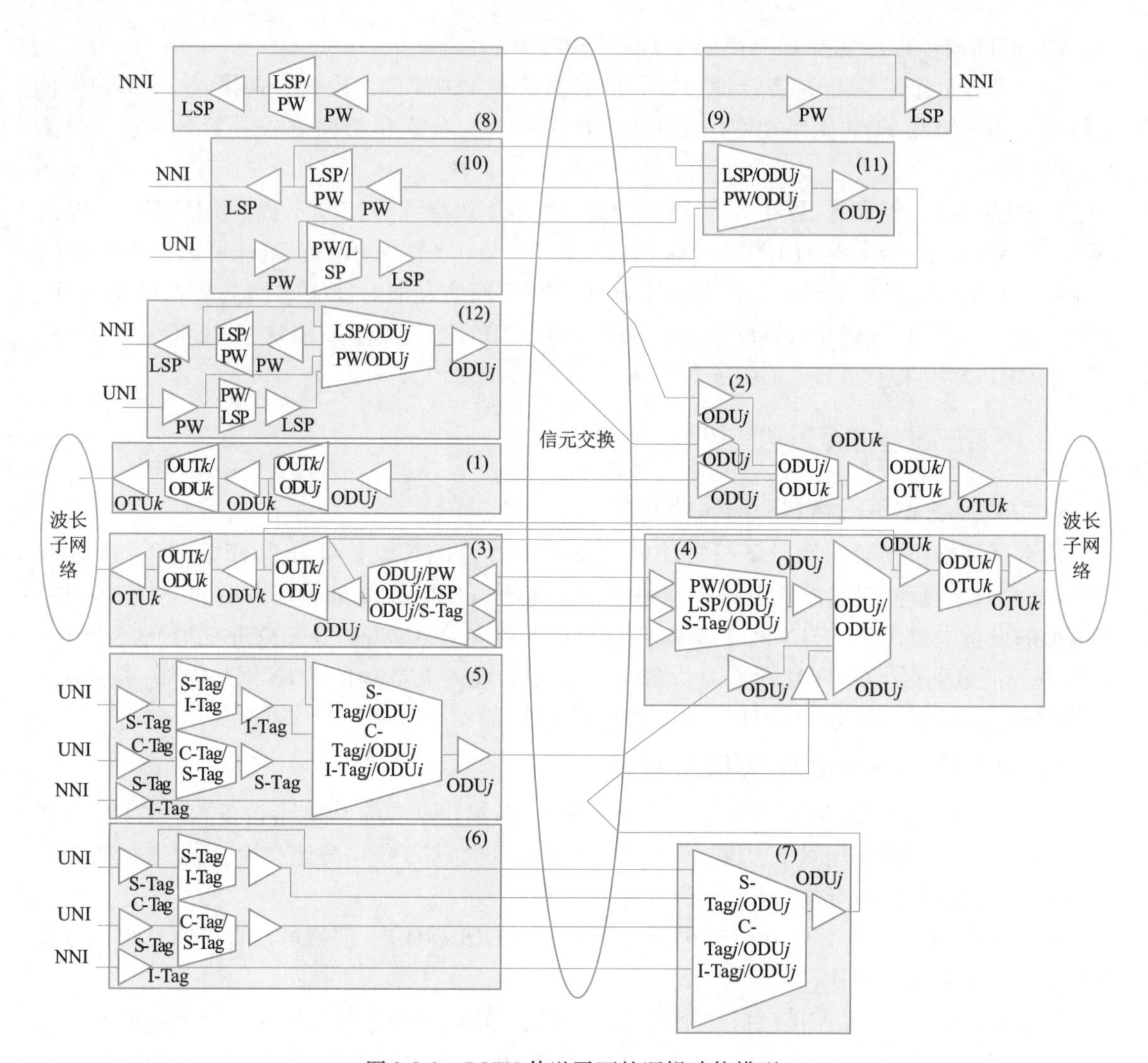

图 2-2-2　POTN 传送平面的逻辑功能模型

注：UNI 表示用户网络接口，NNI 表示网络节点接口。

功能模块(8)中，从 NNI 接口过来的 MPLS-TP LSP 可以直接通过统一分组交换子网交换到功能模块(9)。也可以进一步解适配出 MPLS-TP PW，直接通过统一分组交换子网交换到功能模块(9)后，再进一步封装到 MPLS-TP LSP 里。

功能模块(10)中，从 NNI 接口过来的 MPLS-TP LSP 经过统一分组交换子网交换到模块(11)，再进一步封装到 ODU*j* 信号；或者 MPLS-TP PW 从 NNI 接口过来的 MPLS-TP LSP 解适配出来后，经过统一分组交换子网交换到模块(11)，再直接封装到 ODU*j* 信号。从 UNI 接口过来的 MPLS-TP LSP 经过统一分组交换子网交换到模块(11)，再进一步封装到 ODU*j* 信号；或者 MPLS-TP PW 从 UNI 接口过来的 MPLS-TP LSP 解适配出来后，经过统一分组交换子网交换到模块 11，再进一步封装到 ODU*j* 信号。封装了 MPLS-TP 业务的 ODU*j* 信号经过统一分组交换子网，汇聚到功能模块(2)中的 ODU*k*。

功能模块(12)中，从 NNI 接口过来的 MPLS-TP LSP 直接封装到 ODU*j* 信号后，ODU*j* 经过统一分组交换子网，汇聚到功能模块(2)中的 ODU*k*($k>j$)；或者 MPLS-TP PW 从 NNI 接口过来的

MPLS-TP LSP 解适配出来后，直接封装到 ODU*j* 信号后，ODU*j* 经过统一分组交换子网，汇聚到功能模块 2 中的 ODU*k*。从 UNI 接口过来的 MPLS-TP LSP 直接封装到 ODU*j* 信号后，ODU*j* 经过统一分组交换子网，汇聚到功能模块 2 中的 ODU*k*（$k>j$）；或者 MPLS-TP PW 从 UNI 接口过来的 MPLS-TP LSP 解适配出来，直接封装到 ODU*j* 信号后，ODU*j* 经过统一分组交换子网，汇聚到功能模块 2 中的 ODU*k*。

（三）MPLS-TP + OTN 的逻辑功能模型

POTN 的设备类型大体分为汇聚（终结）节点和交换节点。终结节点位于 POTN 网络边缘，比如城域的 POTN 网络，通过如图 2-2-3 所示的汇聚（终结）类型的设备形态连接 PTN 汇聚网。分组业务到 ODU*k* 的汇聚功能可通过集中方式实现，也就是说所有分组业务先汇聚到内部的一个 P-O 功能模块，比如将 GE/10GE 的业务汇聚到 ODU2，该 ODU2 可进一步经过分组交换网络汇聚到更大的 ODU*k* 管道（比如 ODU3），这样需要在设备内部通过多个功能模块堆叠，完成分组业务的汇聚和 OTN 的多级复用功能。也可以通过分布式的方式，分组业务经过统一分组交换网络后，直接汇聚到同时具有 Packet 和 Optical 的功能模块，因此需要在功能模块上集成 O 和 P 的功能，同时在必要时还能在该功能模块上实现多级复用（比如两级复用）。

交换节点位于 POTN 网络内，它能够对分组业务和 ODU*k* 业务进行交换和疏导。集中式的 Packet-Optical 转换功能模块的容量是有限制的。Packet-Optical 转换功能模块的容量一般无法达到整个设备的交换容量。分布式功能模块和集中式功能模块可混插到 POTN 逻辑设备上，如图 2-2-4 和图 2-2-5 右下角所示的 POTN 节点类型。图 2-2-4 和图 2-2-5 左上角的设备形态，可以只需要一个模块（ODU*k*-Packet），通过环回处理实现 PW/LSP 标签交换。

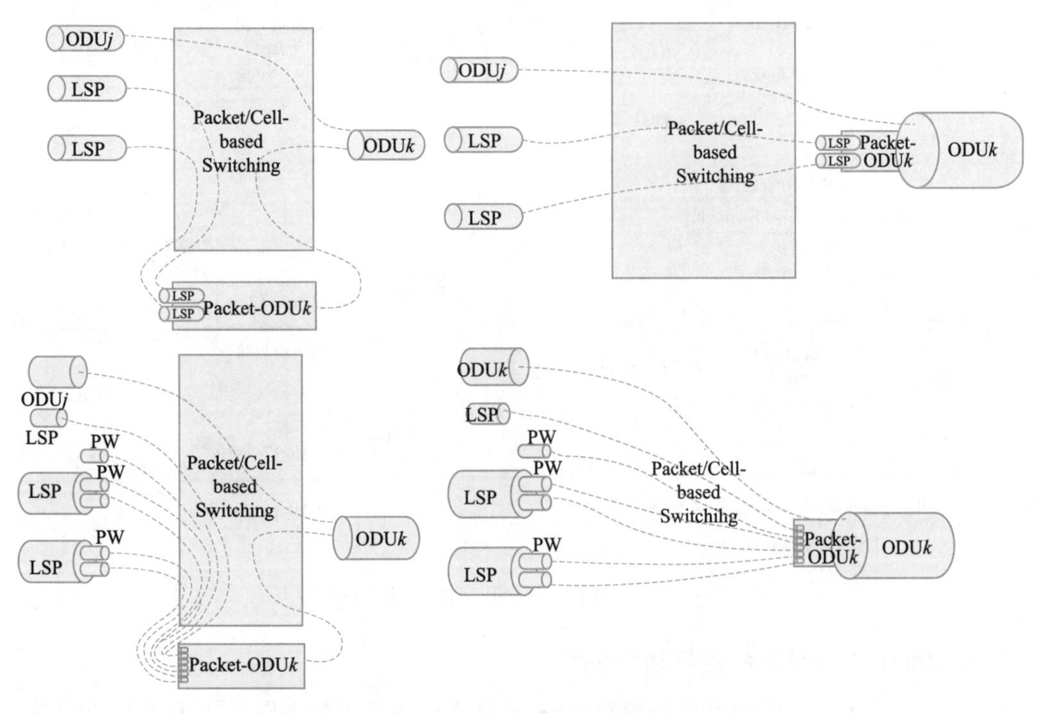

图 2-2-3　汇聚（终结）类型 POTN 节点

注：图中 Packet/Cell-based Switching 表示数据包/基带信号交换处理；ODU*k* 中的 ODU 直译为光数据单元（专业上称为光通道数据单元），*k* 是 ODU 的级别。

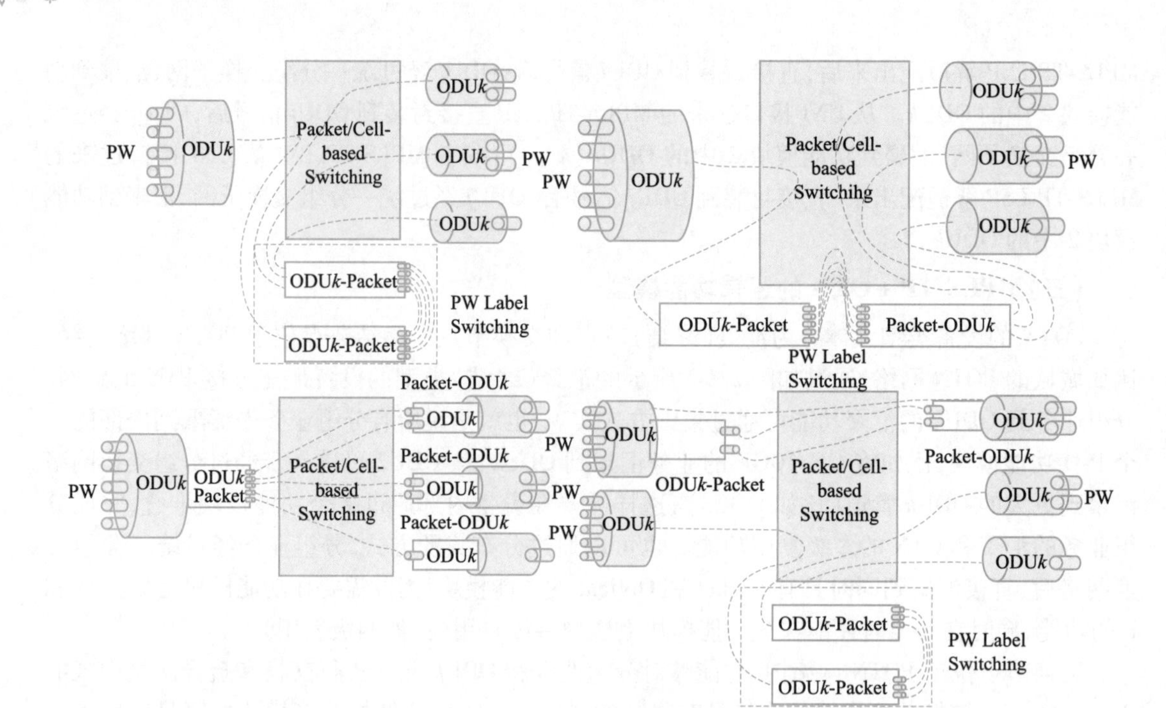

图 2-2-4　基于 MPLS-TP PW 交换类型 POTN 节点

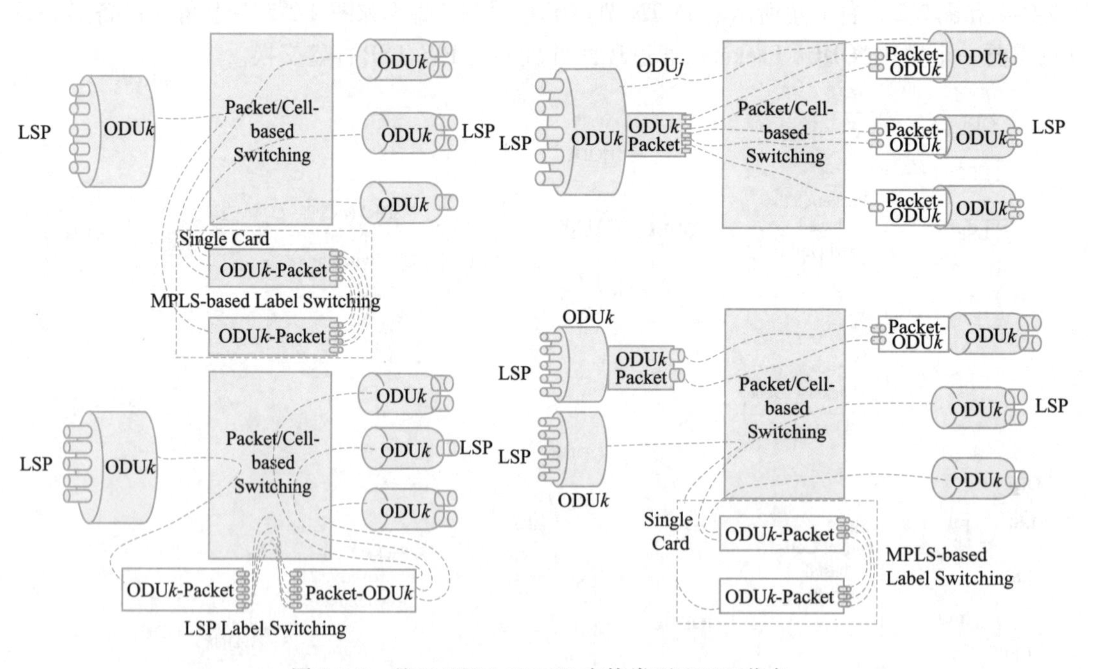

图 2-2-5　基于 MPLS-TP LSP 交换类型 POTN 节点

(四) Ethernet + OTN 的逻辑功能模型

对于 Ethernet + OTN 的融合设备形态，设备的基本框架与支持 MPLS-TP 功能的 POTN 设备相同，只是进行分组业务交换技术不相同，也分为汇聚(终结)和交换节点，如图 2-2-6、图 2-2-7 所示。交换节点目前可以只支持 S-Tag 交换。

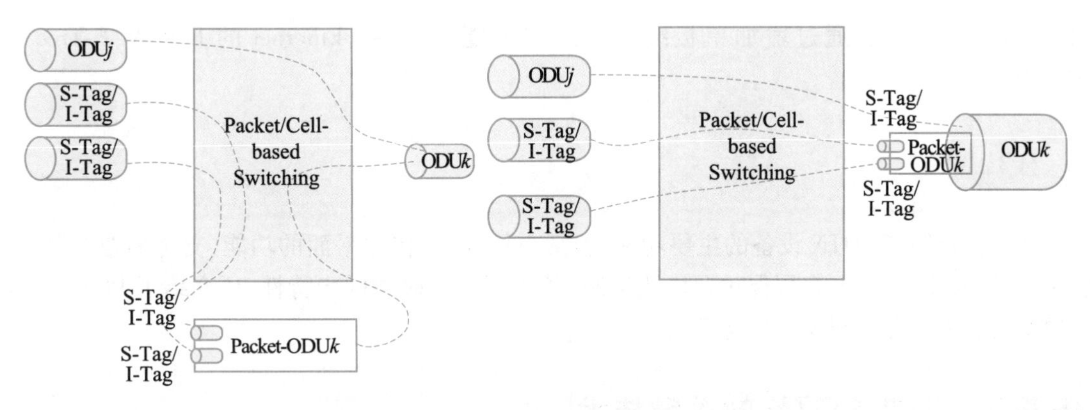

图 2-2-6　C-Tag/S-Tag 汇聚类型 POTN 节点

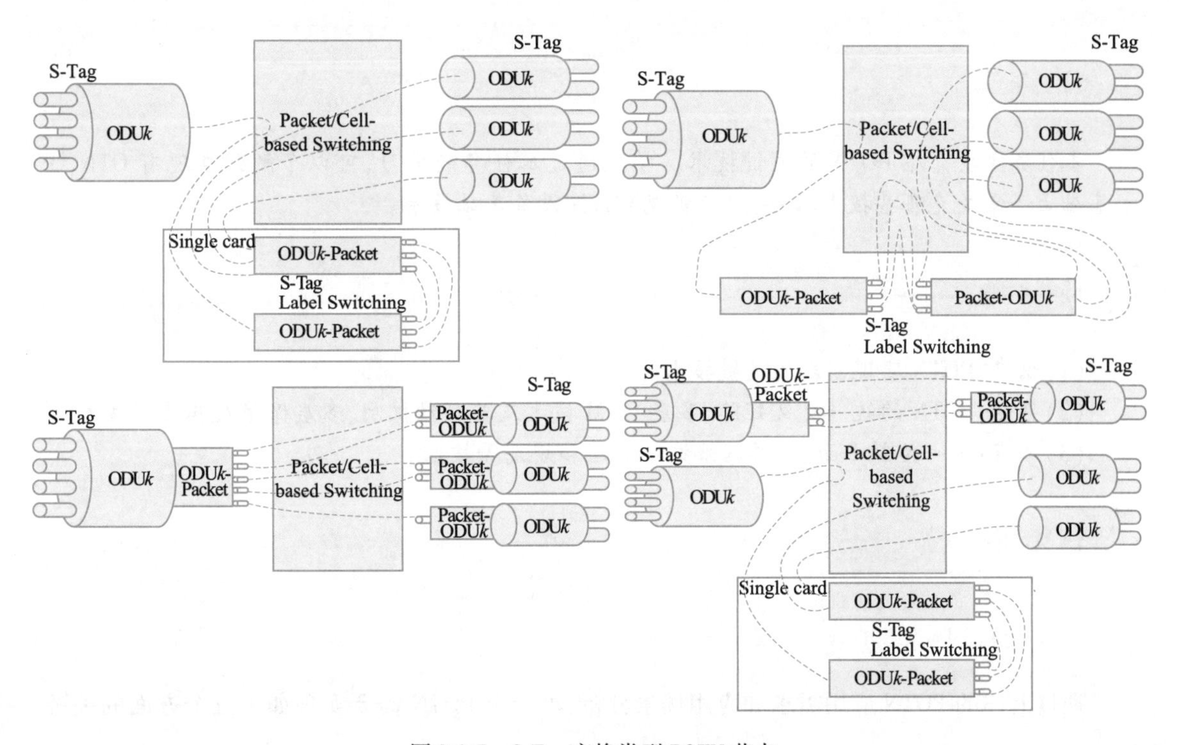

图 2-2-7　S-Tag 交换类型 POTN 节点

以太网也可以封装到 PW 后经过交换，再封装到 ODUk，也就是说 Ethernet 作为 PW 的客户业务；或者以太网先进行交换，再进行 PW-ODUk 封装。

对于早期的 POTN 设备，大体分为三种路线。第一种是现有的 PTN 网络存在带宽和长距离传输需求，因此可以在现有 PTN 设备上，基于原有的分组交换平面，增加相应的波分复用和 OTN 接口功能，比如将 10GE 的分组业务通过 ODU2-OTU2-OCh 接口传输到对端的 PTN 设备，无须 ODUk 的交换平面，主要应用在以面向连接 MPLS-TP 分组交换技术为基础并支持 OTUk 接口的回传方案。

第二种是现有的 Ethernet 网络（QinQ 或 PBB）里 Ethernet 设备通过支持 OTUk 接口，扩大 Ethernet 接口带宽和传输距离。

第三种是城域的 OTN 网络在与分组传递网接入的地方，以面向连接 OTN 交叉技术为基础并支持分组功能，通过增加单板级的分组交换能力，支持 Ethernet 的 E-LAN、E-Tree 和 MPtMP。

任务小结

本任务介绍了 POTN 设备的主要功能，包括总体功能、传送平面的功能、支持的业务类型、多层 OAM 及联动机制、多层保护及协调机制、频率同步和时间同步特性，还介绍了 POTN 设备的逻辑功能模型分类和逻辑功能模型。

任务三　研究 POTN 的关键技术

任务描述

本任务主要介绍 POTN 的关键技术。学生通过本任务的学习，可以了解到在现有 OTN 技术基础上还需攻克哪些技术难关，才能实现 POTN 设备基础技术。

任务目标

(1) 识记：POTN 实现需求的关键技术。
(2) 领会：POTN 的统一交叉矩阵、多层 OAM 技术及其联动机制、多层保护及其协调技术。
(3) 掌握：统一控制平面、多层网络统一管理和规划等技术。

任务实施

一、POTN 需实现的关键技术

通过上述的 POTN 应用需求和应用场景分析，可得出 POTN 需要实现如下五个方面的关键技术。

(一) 统一交换矩阵

L0、L1 与 L2 网络技术的融合将涉及 MPLS-TP 和以太网两种分组传送技术，OTN + MPLS-TP 和 OTN + Ethernet 是两种相对独立的应用场景，为了避免网络设备和运维的复杂性，最好仅选择一种 L2 技术，但设备制造商希望通过统一、灵活的设备架构来满足这两种不同的应用场景。

(二) 多层网络保护之间的协调机制

POTN 涉及 OTN 和 MPLS-TP/以太网的两层网络保护。目前常用的多层保护协调机制是在分组层面设置 hold off 时间。光缆线路等底层出现故障时，由 OTN 层来实现保护；但在仅分组层面出现故障时，该层 hold off 时间仍然有效，导致分组层面保护的业务整体受损时间加长，因此多层保护协调机制需要进行改进。并且，目前城域核心和干线主要是网状网或多环互连的复

杂拓扑结构，需要考虑在 POTN 网络中应用共享网状网保护（SMP）技术。

（三）多层网络的 OAM 协调和联动机制

目前 OTN 和分组之间是 Client 和 Server 关系，一般通过 AIS 和 CSF 实现告警联动；各层均具备完善的 OAM 功能，但有较大程度的保护资源重复，需要避免各层保护和 OAM 重复，以及如何实现 OTN、MPLS-TP、以太网三层的告警关联和压制。

（四）多层网络的统一管控技术

由于 POTN 涉及 L0 波长、L1 的 ODU*k*/SDH、L2 的 MPLS-TP LSP/PW 或 VLAN（C-Tag/S-Tag/I-Tag）/MAC，因此需要研发统一网管来更便捷有效地管理 POTN 网络；应用 GMPLS 的多层多域统一控制技术（MLN/MRN）、集中和分布式结合的路由计算单元（PCE）以及 MPLS LSP 和 PWE3 控制协议。由于 POTN 的一个应用场景是实现与 IP 承载网的协同组网，因此在控制平面可能需要考虑 POTN 同时支持 IP/MPLS/MPLS-TE 和 GMPLS 的双协议栈，前者用来控制 MPLS-TP 的 LSP 和 PW 层，后者用来控制 ODU*k*、OCh 或以太网（PBB-TE）。

（五）POTN 网络的同步技术

由于 PTN 和 OTN 的频率同步实现技术不同，IEEE 1588v2 的时间同步传送方式也存在差异，目前在 PTN 和 OTN 进行联合组网实现时间同步时，通常采用 1PPS + ToD（1PPS 指 1 s 一个脉冲，ToD 指时间信息）的接口进行互通。需要考虑 POTN 端到端组网以及 POTN 与 PTN 联合组网时，频率同步以及 IEEE 1588v2 的时间同步组网技术。

二、POTN 的统一交换矩阵技术

OTN over packet fabric 最早是在 2010 年 2 月的 OIF Q1 会议中由 Vitesse、Ciena 和 Avalon 提出，在 2010 年 5 月的 Q2 会议上同意立项研究。支持的厂商有 PMC-Sierra、Vitesse、Ciena、Altera、AMCC、Avalon、Broadcom、Cisco、Cortina、ECI、Ericsson、Infinera、Juniper、NSN 和 Xilinx。在 2011 年 11 月，OIF 已正式通过“OTN Over Packet Fabric Protocol（OPF）Implementation Agreement”。

现有的 OTN 设备用 TDM 电路交换技术实现 ODU*k* 调度，而 OPF 使用 Packet 或 cell 交换实现 ODU*k* 调度。OPF 设备和现有 OTN 设备相比，优势如下：

（1）在实现超大容量 ODU*k* 交叉调度时（交叉容量 10 Tbit/s 以上）仍旧能支持 ODU0 颗粒的无阻调度。

（2）可以方便地实现 ODU*k* 和 Packet 混合调度，甚至可以支持 ODU*k*、Packet、VC4 混合调度，即实现 OTN、PTN 和 SDH 混合调度设备。

（3）交叉矩阵的保护更容易实现。TDM 电路交换矩阵的保护只能实现有限的几种方案，常见的有 1 + 1、4 + 2 和 5 + 2，其他例如 6 + 2、8 + 2 基本无法实现；而包交换的保护方案可以是任意的 $m + n$。

POTN 的信元统一交换矩阵需要支持 OIF 的 OPF（ODU*k* over packet fabric）。OPF 从设备架构上看，和普通的 OTN 设备没有任何区别，仅仅是在实现背板 ODU*k* 调度的方法上做了特殊规定，如果用户不知道背板信号格式，用户无法区分普通 OTN 设备和 OPF。用户只是希望各种单板的 ODU*k* 可以通过背板实现调度，并不关心 ODU*k* 调度是如何实现的。

OPF 的关键技术集中在时钟频率的恢复。ODU*k* 经过 Packet 交换后必须从 Packet 中恢复

出 ODU*k*，同时必须恢复出 ODU*k* 的时钟频率，要求恢复出的时钟频率必须尽可能和 ODU*k* 到 Packet 以前保持一致。此技术要求 ODU*k* 到 Packet 的转换和 Packet 到 ODU*k* 的转换中各有一个频率相同的参考时钟（311.04 MHz），在 ODU*k* 到 Packet 的转换时用参考时钟测量出 ODU*k* 的频率，并将测量结果放到 Packet 的开销中，在 Packet 到 ODU*k* 的转换中用 Packet 开销中的频率信息和参考时钟恢复出 ODU*k* 的时钟。

POTN 统一交换应支持纯 PTN 或者纯 OTN，也就是说全部交换容量用来支持分组交换或者 ODU*k* 交换；POTN 应支持分组的交换容量与 ODU*k* 交换容量的任意搭配，分组交换容量与 ODU*k* 的交换容量比率除受到网络规划阶段的配置（比如在设备插入的分组和 ODU 线卡的比率）的影响，还受限于分组到 ODU*k* 的适配能力限制。也就是说，POTN 设备在部署时所插入的分组和 ODU 线卡确定了交换容量比率，但在网络运行过程中，容量比率可进行变化，比如通过重新调配分组与 TDM 的线卡比率。

目前实现基于 OPF 的 OTN 线卡一般都包括 Transponder（FEC）、OTN Framer、ODU*k* 的复用/解复用、OTN SAR（segmentation and reassembly）、FIC（fabric interface chip）和基于信元/分组交换的芯片；接入客户业务的线卡无须 Transponder 和 OTN Framer。可以通过单片 FPGA 或者 ASIC 集成不同的模块，以节省成本。目前某些芯片厂商声称可提供集成 FEC + ODU*k* mux/demux + OTN SAR 的芯片。

三、POTN 的多层 OAM 技术及其联动机制

多层 OAM 技术的应用原则：需要先研究多层的层间适配关系，在相邻两层之间建立 Client-Server 关系，实现多层之间的告警传递和压制功能。

对于 POTN 网络内部，PW、LSP、ODU*k* 和 OCh 各层的 OAM 和保护相对独立，实现机制主要基于现有机制。POTN 网络内存在三种 OAM 和保护机制：Ethernet 的 OAM 和保护、MPLS-TP 的 OAM 和保护、OTN 的 OAM 和保护机制，采取哪种 OAM 和保护机制，取决于业务采用哪种协议封装和转发路径，如图 2-3-1 所示，当业务量不大时，可直接通过 MPLS-TP 的数据协议封装，此时应采用 MPLS-TP 的 OAM 和保护机制；当入口处的业务量变大，可直接采用 ODU*k* 封装格式进行封装，此时应采用 OTN 的 OAM 和保护机制。采用 MPLS-TP/Ethernet 传送层，就在 MPLS-TP/Ethernet 上实现保护，底层的 OTN 和波长都不部署保护。采用 OTN 传送层，就在 OTN 上实现保护，波长不部署保护。

四、POTN 多层保护及其协调技术

目前主要是 PTN 线性保护 + OTN ODU*k* SNCP，采用某一层的保护机制，可节省网络带宽；对于有高可靠性要求的某些业务，可以采用两层的保护机制。

当大量的分组业务汇聚到 ODU*k* 后，ODU*k* 本层的 OAM 和保护机制（比如 1 + 1，1 ∶ 1 和环网保护）将保护大量的端到端分组业务。核心问题是如何减少不必要的层保护，否则将带来大量的冗余带宽，浪费网络建设成本。例如在城域的 POTN 网络，服务层可以通过 ODU*k*（$k = 2,3,4$）的环网保护，如图 2-3-1 所示。为大量的同源同宿的分组业务提供批量保护。同时可以在 POTN 网络内，在 ODU*k* 层部署共享 Mesh 保护。

POTN 网络内部层间的告警传递机制与目前的技术架构相同，当 PW、LSP 或者 Ethernet 承载在 ODU*k* 时，需要将 ODU*k* 层的 AIS 告警转化为 PW、LSP 或者 Ethernet 层的 AIS 告警。

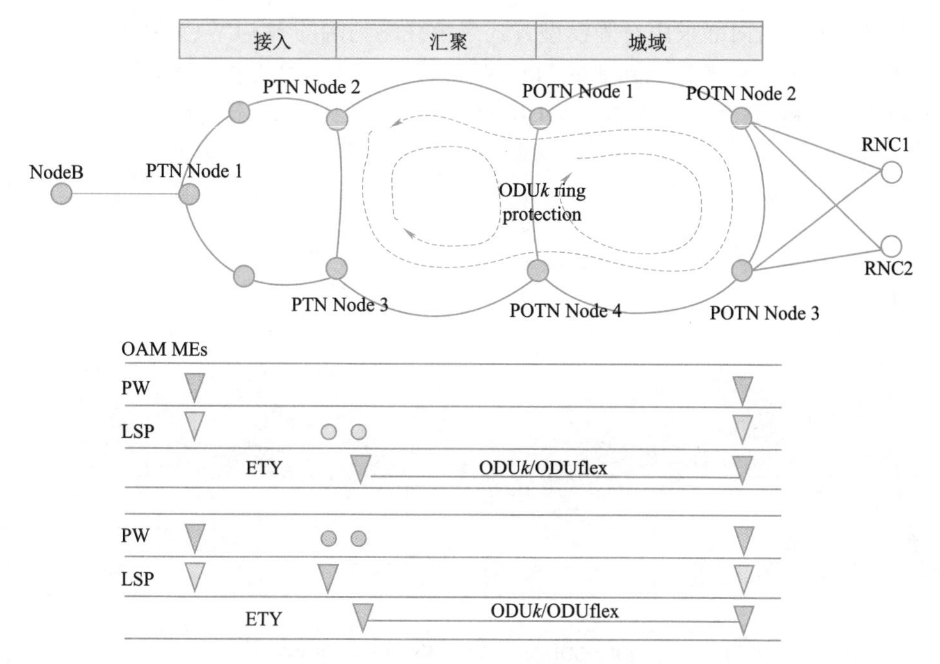

图 2-3-1　POTN 环网保护示意图

注：ODU*k* ring protection 表示 ODU*k* 环保护；ETY 表示以太网物理层；OAM MEs 表示操作与维护实体。

目前层间的保护与恢复协调主要通过等待时间来协调。为了进一步缩短保护和恢复时间，可以对等待时间的机制进行改进，如果服务层保护/恢复失败，服务层可以向客户层插入(通知)RFI(recovery failed indication)信息，如果客户层还处于所设定的等待时间周期内，可以立即启动本层的保护与恢复，这样无须超过等待时间，即可以启动本层的保护与恢复。服务层也可以向上游与下游域插入 RFI 信息，使得上游/下游域可更早地触发保护与恢复。

除了在 POTN 网络为分组业务提供环网保护以外，可以考虑为分组业务形成端到端的 1 +1 SNCP，其中某一段服务层经过 ODU*k*/ODUflex，如图 2-3-2 所示。

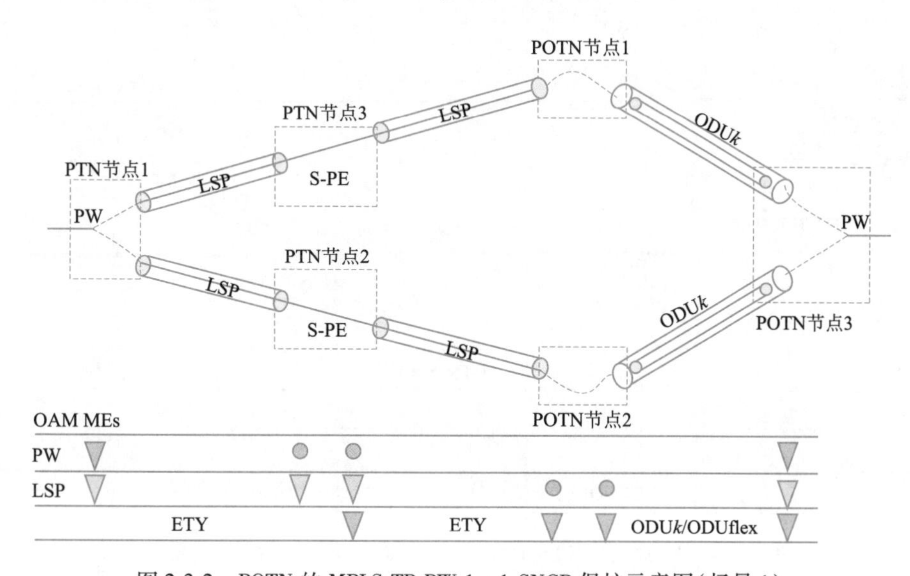

图 2-3-2　POTN 的 MPLS-TP PW 1 +1 SNCP 保护示意图(场景 1)

对于在 POTN 网络内部采用对等模型方式来承载端到端的 MS-PW，涉及 PW 与 ODUk 的多层保护协调问题。可以考虑将端到端的 MS-PW 形成 1 + 1 SNCP 保护，MS-PW 在不同的网络域内穿过不同技术的隧道（例如 LSP 或者 ODUk/OCh），如图 2-3-3 所示。

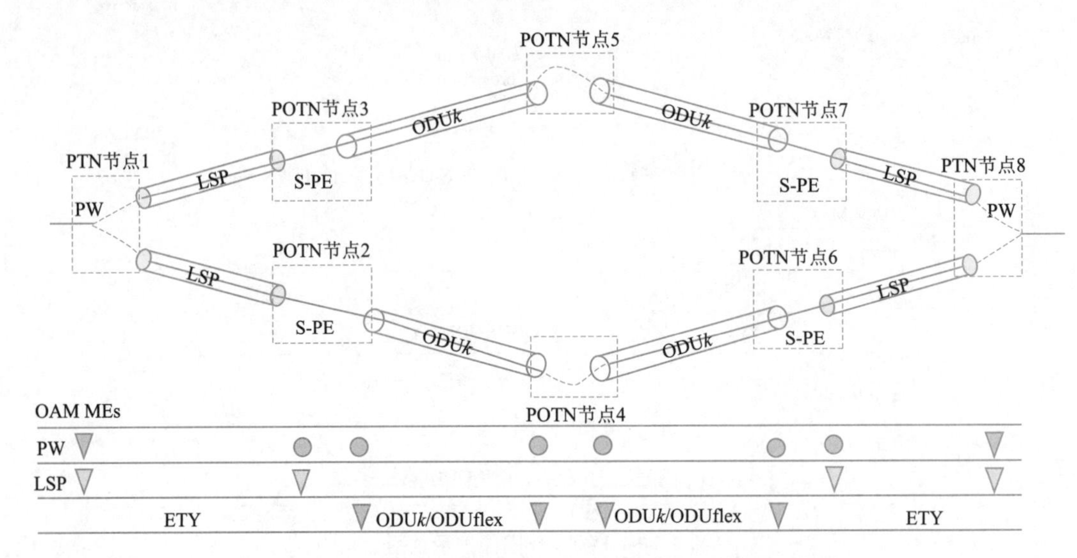

图 2-3-3　POTN 的 MPLS-TP PW 1 + 1 SNCP 保护示意图（场景 2）

如图 2-3-4 所示，在某个网络域内（例如 POTN 网络内部）为某一段的分组业务（例如 PW/LSP）形成局部的 1 + 1 SNCP，当 PW/LSP 承载着 10G 带宽大小的业务，在 POTN 网络内部，直接承载到一个 10G 波长（通过 PW-GFP-ODU2e-OTU2-OCh 映射），可以在 POTN 网络内部，为 PW/LSP 实现 1 + 1 SNCP 保护子网，在 POTN 网络内部为 PW/LSP 提供保护。

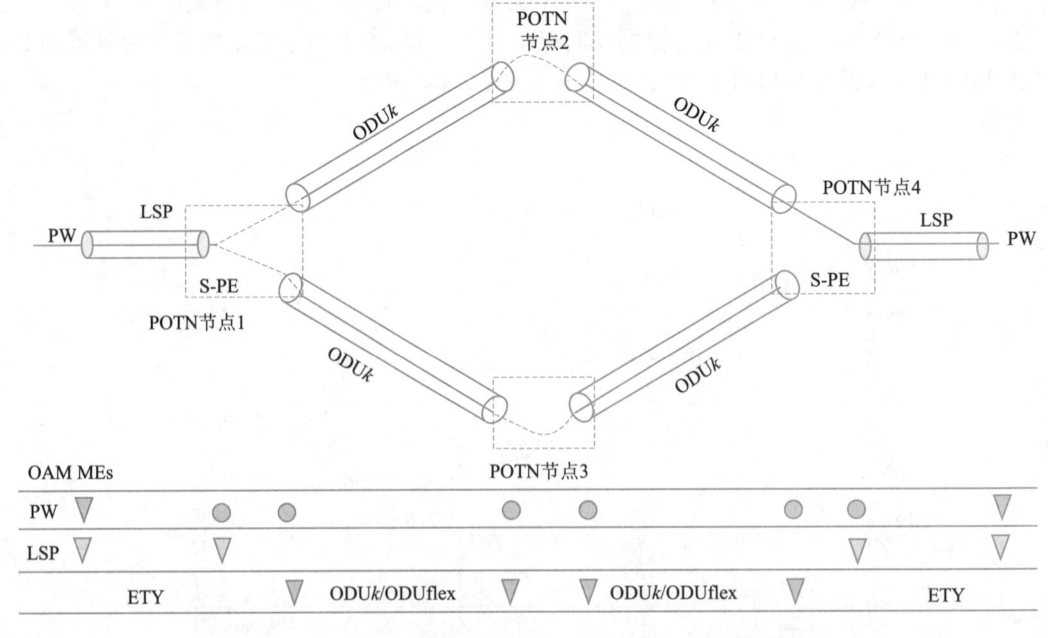

图 2-3-4　POTN 的 MPLS-TP PW 1 + 1 SNCP 保护示意图（场景 3）

当工作隧道发生故障时，PW 层的业务需要倒换到保护 ODU*k* 隧道上，如图 2-3-5 所示。

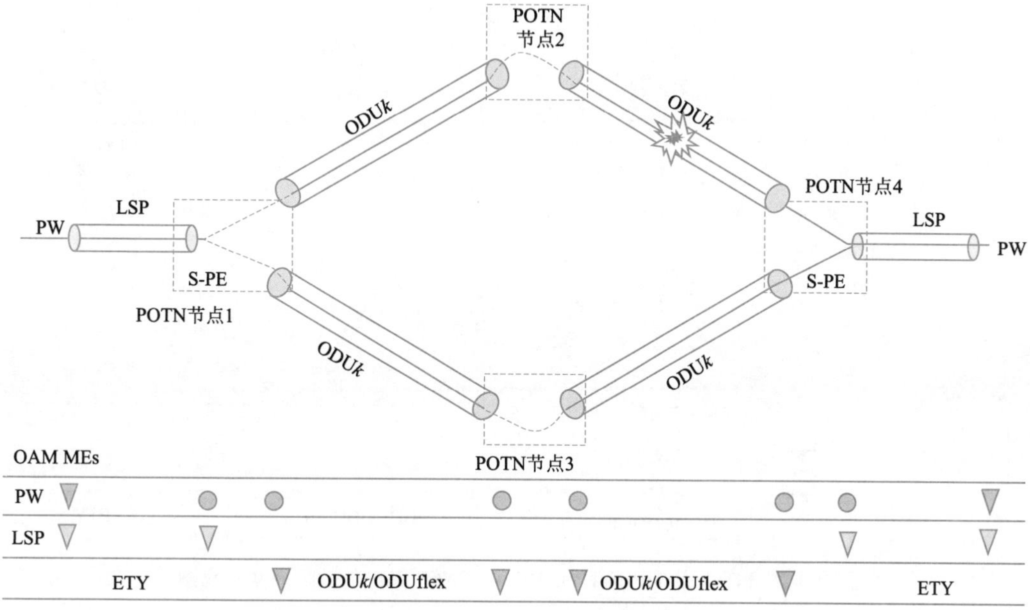

POTN
节点2
ODU*k*
ODU*k*
POTN节点4
LSP
PW
LSP
PW
S-PE
S-PE
POTN节点1
ODU*k*
ODU*k*
POTN节点3
OAM MEs
PW
LSP
ETY
ODU*k*/ODUflex
ODU*k*/ODUflex
ETY

图 2-3-5　POTN 的 MPLS-TP PW 1 + 1 SNCP 保护的故障恢复示意图

针对 PW-LSP-ODU*k*/ODUflex 的重叠模型，也可以在 POTN 网络内部，为某一段 PW 配置 1 + 1 SNCP，如图 2-3-6 所示。

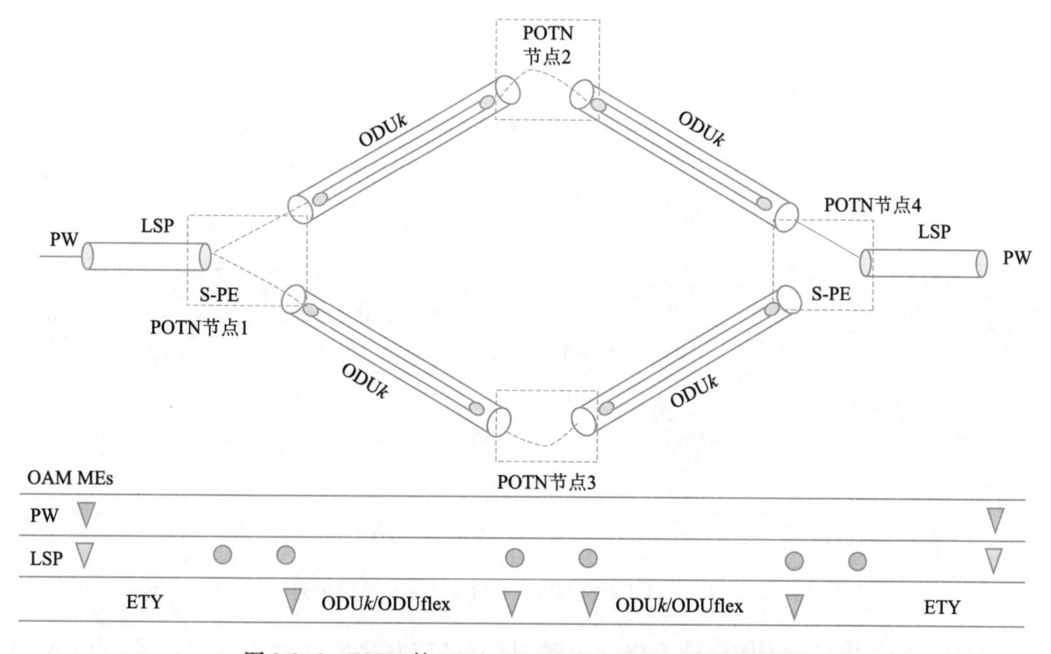

图 2-3-6　POTN 的 MPLS-TP LSP 1 + 1 SNCP 保护示意图

当工作隧道发生故障时，LSP 层的业务需要倒换到保护 ODU*k* 隧道上，如图 2-3-7 所示。

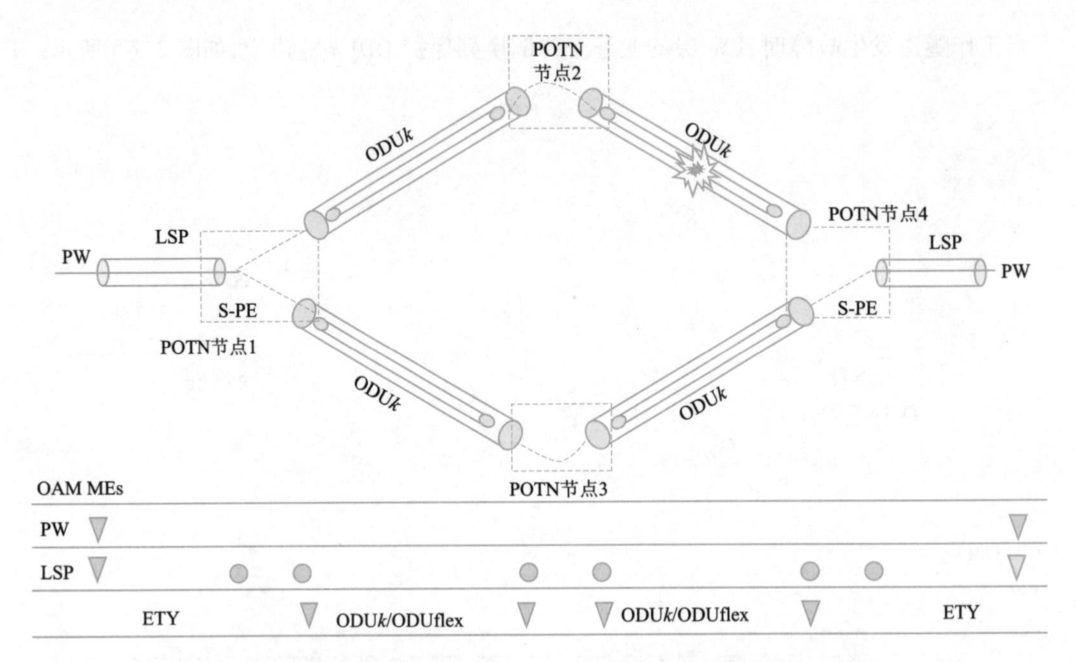

图 2-3-7　POTN 的 MPLS-TP LSP 1＋1 SNCP 保护的故障恢复示意图

如果将 LSP 和 PW 作为层网络，也可以考虑在 LSP 和 PW 层提供带流量工程的控制平面恢复功能。如图 2-3-8 所示，POTN 网络内部的 ODUk 隧道为 PW 层提供了一个 Mesh 网络结构。

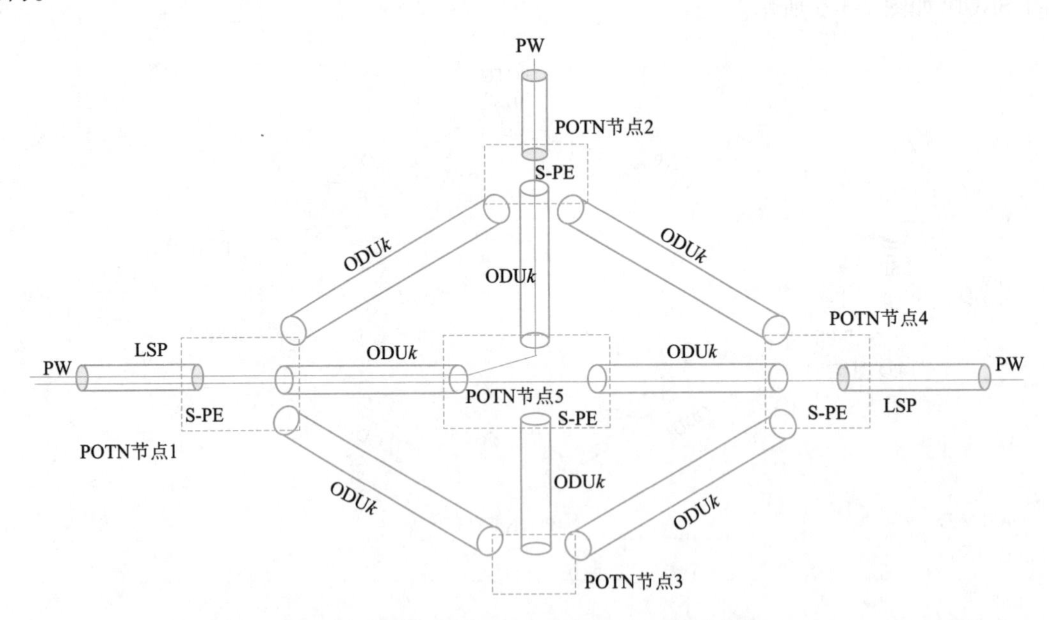

图 2-3-8　POTN 的 MPLS-TP PW Mesh 保护示意

当 POTN 网络内部的 ODUk 隧道出现故障时，通过控制平面的动态恢复技术，为 PW 重新寻找一条可用的 ODUk 隧道，如图 2-3-9 所示。

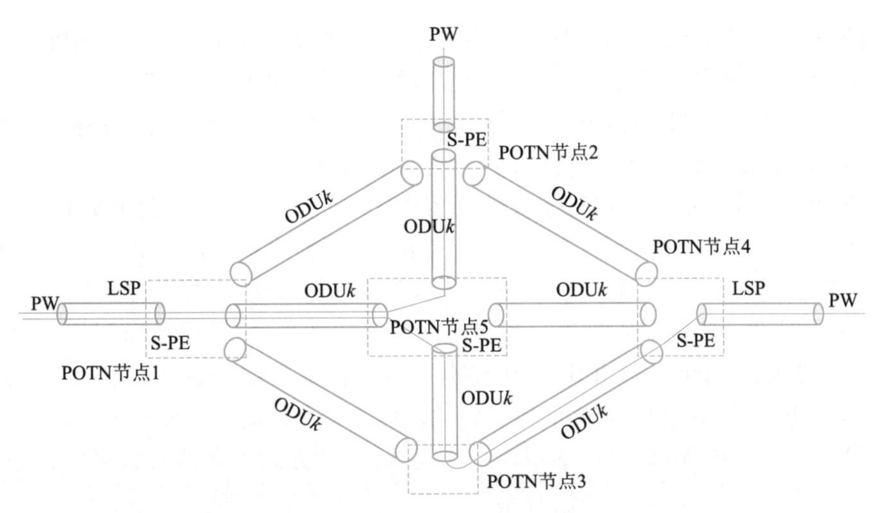

图 2-3-9　POTN 的 MPLS-TP PW 故障恢复示意图

五、POTN 统一控制平面技术

POTN 的网络管控涉及多个层网络。对于 MPLS-TP + OTN 的应用场景，POTN 网络涉及 ODU*k*、OCh、MPLS-based LSP、PWE3 的控制和管理。MPLS-TP 目前大部分业务(例如移动回传)通过管理平面静态配置或者 MPLS-TE 控制平面来支持流量工程。而 OTN 网络的控制平面基于成熟的 GMPLS 协议。如图 2-3-10 所示，从基站 A1 到 RNC(S1)的端到端业务经过了接入层/汇聚层的 MPLS-TP 网络和城域核心的 POTN 网络，有如下两种可行的控制平面解决方案。

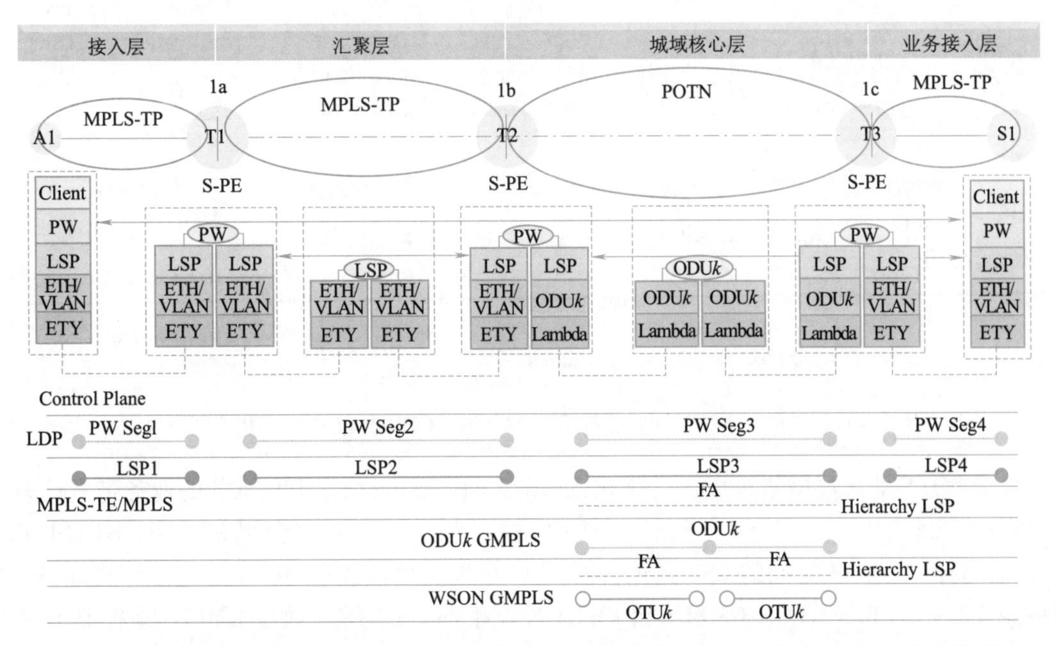

图 2-3-10　核心层 POTN 支持 ODU*k*/WSON GMPLS 和汇聚接入层 PTN 支持 MPLS-TP 控制协议

注：LDP 表示标签分发协议；PW Seg 表示伪线层数据段，LSP 表示分层服务提供商，Hierarchy 表示等级，MPLS-TE 表示基于流量工程的多协议标签交换，MPLS 表示多协议标签交换，GMPLS 表示通用多协议标签交换，WSON 表示基于波分的自动交换光网络，S-PE 表示指服务的运营商边缘路由路由器，Lambda 表示一种数据处理层，FA 表示帧定位，Control Plane 表示控制面。

在 POTN 网络(例如 T2 和 T3 节点)同时运行 IP/MPLS/MPLS-TE 和 GMPLS 双协议栈。OTN 层在 MPLS-TP LSP 层形成的 TE 链路可提前通过网管或者 GMPLS 控制平面建立,避免 IP/MPLS/MPLS 与 GMPLS 控制平面的交互。如果采用上层信令触发 OTN 网络隧道的建立,可在 POTN 节点内部的控制平面实现 UNI 接口的功能,对外部不可见。

在 POTN 网络(例如 T2 和 T3 节点)使用 GMPLS 协议栈,统一控制 PW/LSP/ODU*k*/OCh 层。目前 GMPLS 协议可以很好地支持 MPLS-LSP 的控制,唯独 PW 层,可以考虑引入流量工程,通过 GMPLS 来控制 PW 层,但需要修改现有 PWE3 成熟的架构,包括信令和路由协议 GMPLS 控制分组业务的难度主要在于从业务端到端的控制角度来看,如果只在局部位置(例如城域)加载 GMPLS,而其他位置仍然采用 IP/MPLS/MPLS-TE,而端到端都通过动态控制,就需要在网关网元进行 IP/MPLS 与 GMPLS 之间的协议转化。可以考虑将接入层和汇聚层演进到 GMPLS,或者采用 UNI 接口将 IP/MPLS 与 GMPLS 互联起来,这种方式不会涉及太多的控制平面协议互通。

在图 2-3-11 中,如果 POTN 网络内部能够支持 LSP 交换以及相应的 OAM,分组业务的调度就比较灵活,相应地,POTN 网络内的节点也要同时支持 OTN 和 MPLS-TP 控制平面。

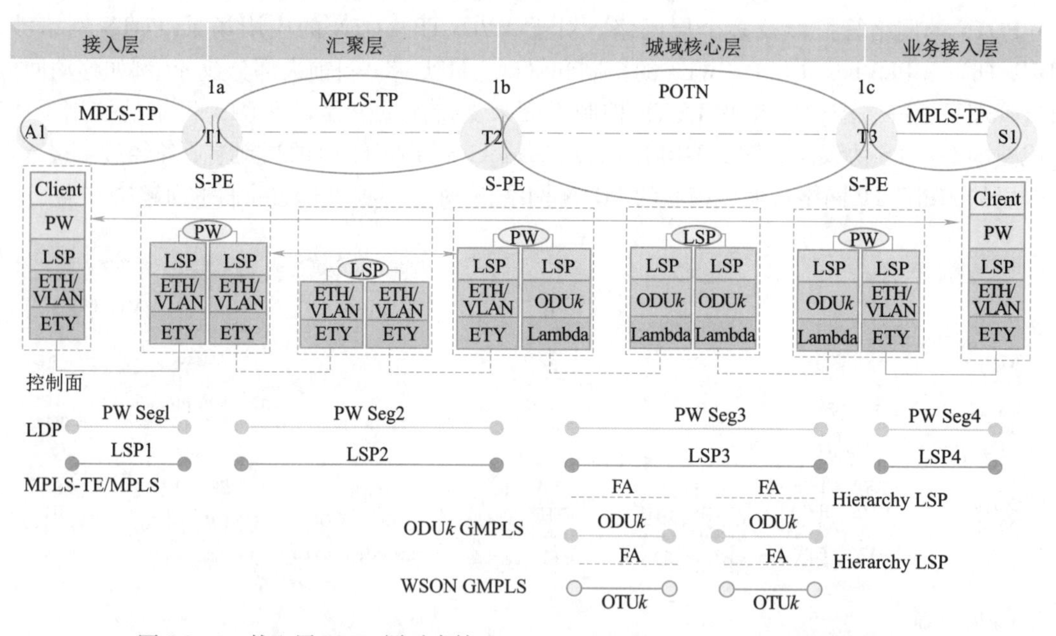

图 2-3-11 核心层 POTN 同时支持 ODU*k*/WSON GMPLS 和 MPLS-TP 控制协议

由于 POTN 的多层网络可以进行优化,如图 2-3-12 所示,如果 PW 承载的业务带宽比较大时(例如 GE 或者 10G),由于 PW Seg3 的两个终端点直接相邻,可以套用 MPLS-based LSP PHP 原理,省略掉 T2 与 T3 之间的 LSP 隧道,使得 PW 可以直接承载在 ODU*k* 之上。相应地,POTN 网络需要支持 ODU*k*/WSON GMPLS 和 PWE3 控制平面,或者统一通过 GMPLS 来控制 ODU*k*/WSON 和 PW。

POTN 网络内部可以直接对 PW 业务进行疏导,因此可以支持 PW 交换,如图 2-3-13 所示,由于 PW Seg3 和 PW Seg4 的两个终端点直接相邻,也可以套用 MPLS-based LSP PHP 原理,省略掉 T2 与 T3 之间的 LSP 隧道,使得 PW 直接承载在 ODU*k* 之上,相应地,POTN 网络需要支持 ODUk/WSON GMPLS 和 PWE3 控制平面，或者统一通过 GMPLS 来控制 ODUk/WSON 和 PW。

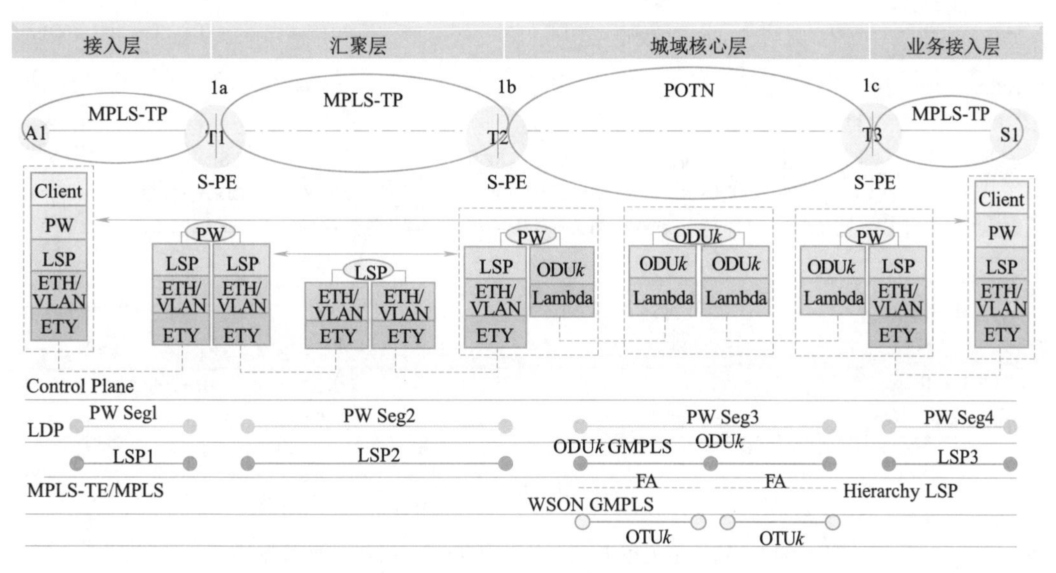

图 2-3-12 POTN 支持 PW Over ODUk 的控制平面协议

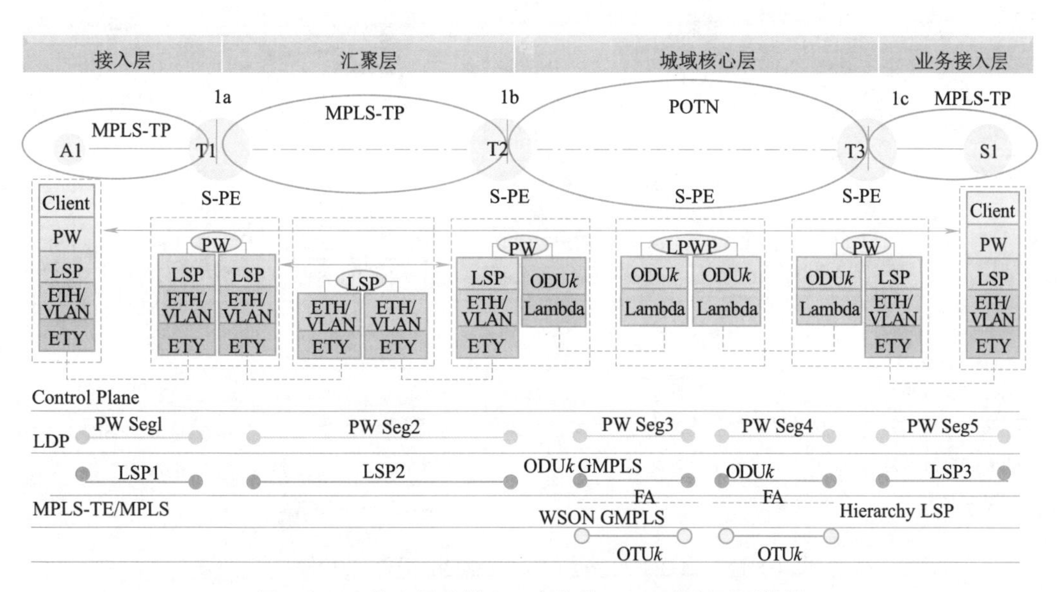

图 2-3-13 核心层支持 PW 交换的 POTN 控制平面协议

随着汇聚层的带宽需求越来越大，可进一步将汇聚层的 MPLS-TP 网络演进到 POTN，因此在汇聚层和城域核心层的 POTN 节点上需要支持 MPLS-TP 和 OTN 控制平面，如图 2-3-14 所示。

同理，可以进一步简化 POTN 网络的网络层次，将 PW 直接承载在 ODUk 隧道上，如图 2-3-15 所示。相应地，POTN 网络需要支持 ODUk/WSON GMPLS 和 PWE3 控制平面，或者统一通过 GMPLS 来控制 ODUk/WSON 和 PW。

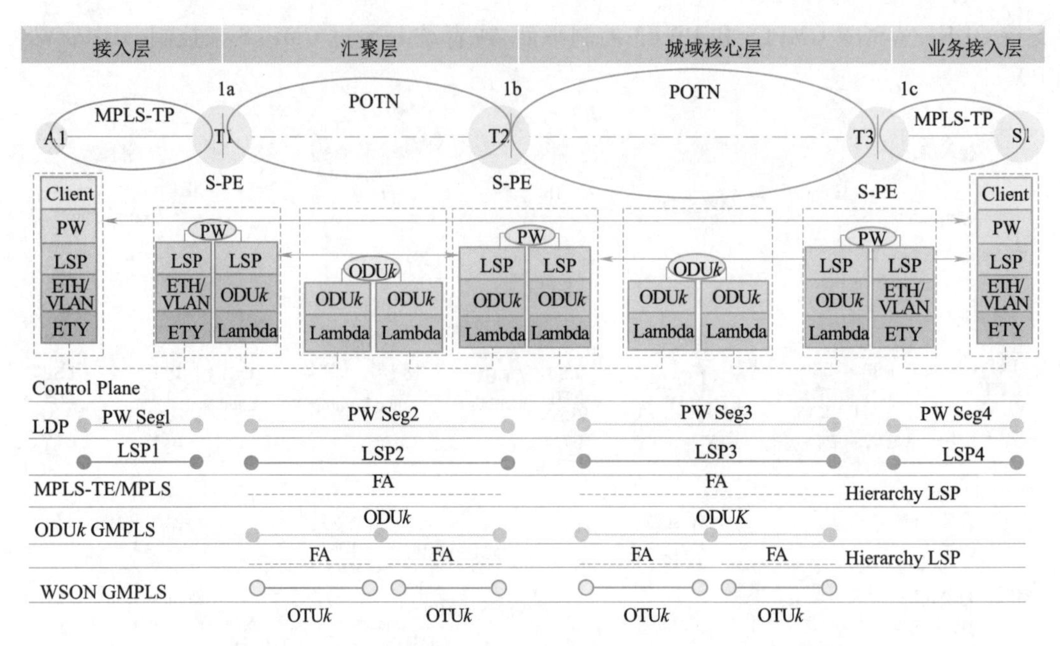

图 2-3-14　核心汇聚层 POTN 支持 MPLS-TP 和 OTN 的控制协议

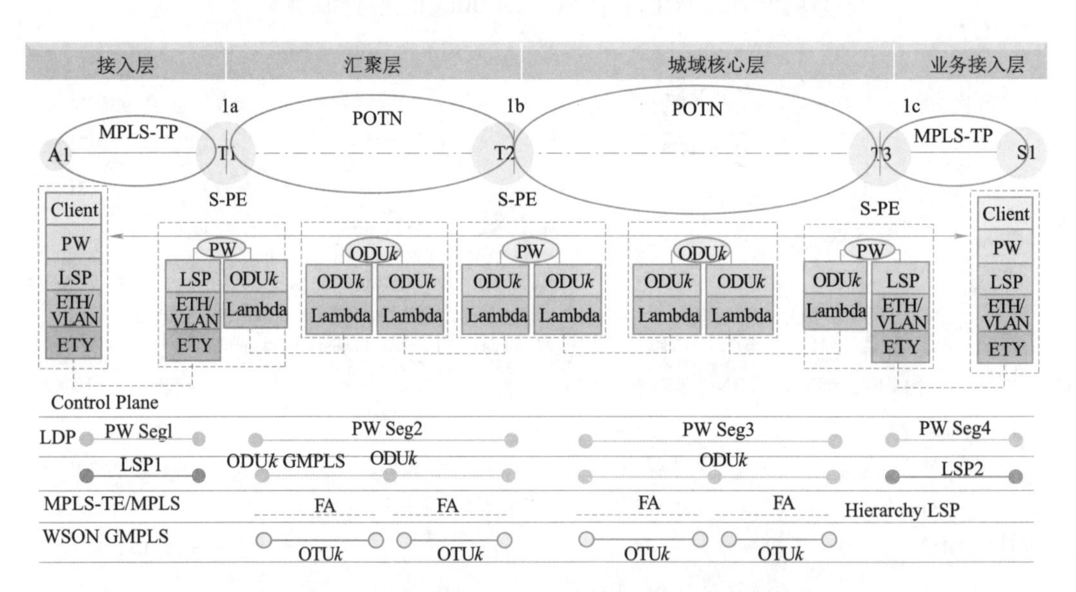

图 2-3-15　通过 PW over ODU*k* 来简化 POTN 的控制协议

由于汇聚层和城域核心层已经演进到 POTN，如果在 T1 和 T3 之间有大量的分组业务，可以考虑在汇聚和城域核心层之间直接创建 OTN 隧道，承载大量的分组业务，这样控制平面实现就简单得多，如图 2-3-16 所示。

由于 T1 和 T3 两个终端点直接相邻，也可以套用 MPLS-based LSP PHP 原理，省略掉 T1 与 T3 之间的 LSP 隧道，使得 PW 直接承载在 ODU*k* 之上，如图 2-3-17 所示。相应地，POTN 网络需要支持 ODU*k*/WSON GMPLS 和 PWE3 控制平面，或者统一通过 GMPLS 来控制 ODU*k*/WSON 和 PW。

将 PW 层考虑为一个层网络，引入流量工程，MPLS-based LSP 和 ODU*k* 隧道被看作 PW 层的链路。如图 2-3-18 所示，将 PW 看作一个层网络，那么从网络管理和控制角度来看，MS-PW 层看到的都是 MPLS-LSP 和 ODU*k* 隧道形成的 TE 链路，可借鉴原来 ASON/GMPLS 的思想，进行 PW 层的端到端路由计算，并且可通过 RSVP-TE 来进行业务动态配置，这样可以在 PW 层考虑 SRLG、基于优先级的带宽技术、链路保护、资源预留、PW 层的保护与恢复，并且可支持端到端的 MS-PW 路径计算功能。

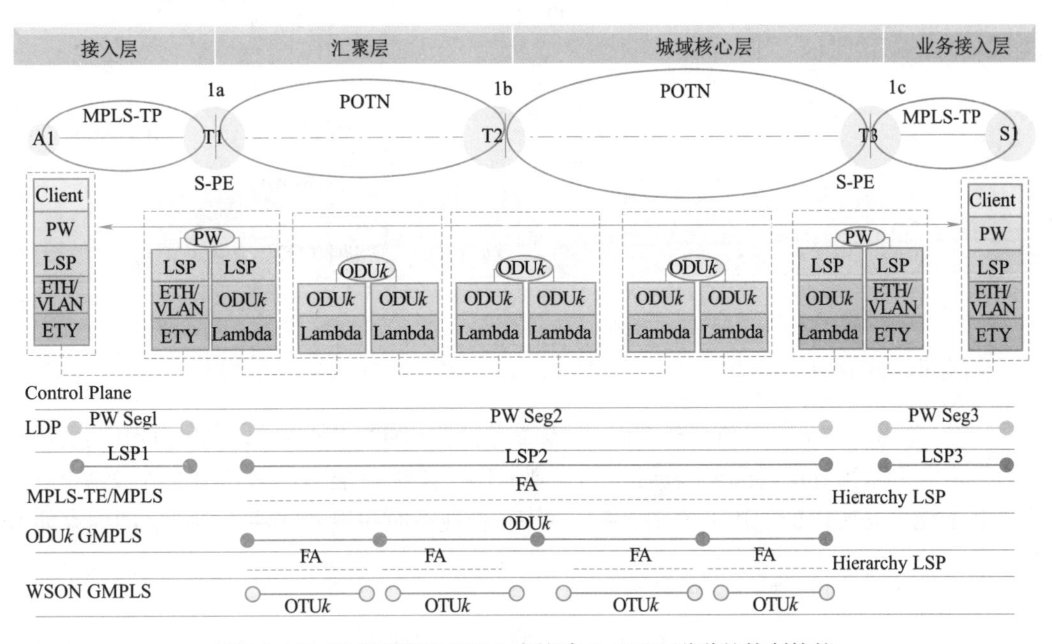

图 2-3-16　核心汇聚层 POTN 直接建立 ODU*k* 隧道的控制协议

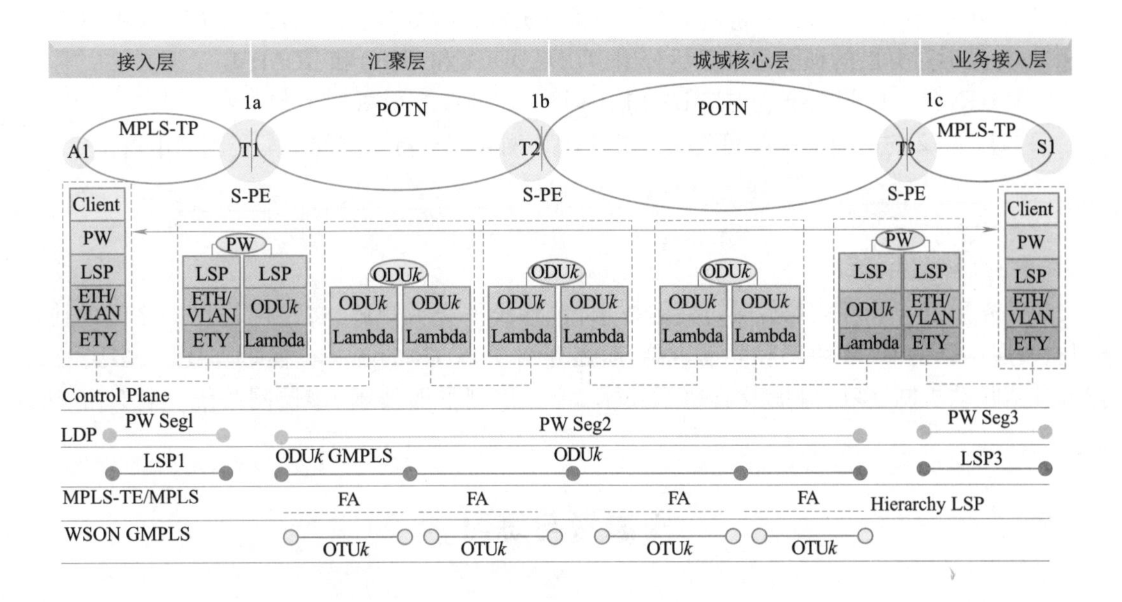

图 2-3-17　核心汇聚层 POTN 直接建立 PW over ODU*k* 隧道的控制协议

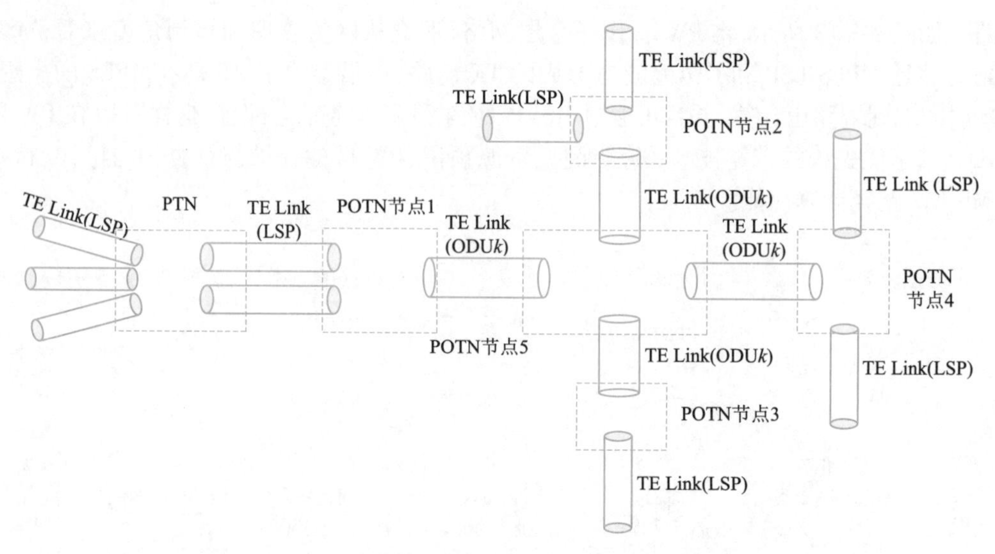

图 2-3-18　PW 层网络看到的 TE 链路:MPLS LSP 和 ODUk

注:TE Link 表示流量工程链路。

对于 POTN 节点,在控制和管理方面,重点考虑管理 POTN 节点内部分组与 ODUk 之间的适配能力。由于 POTN 节点内部 P-O 转换(PIN 到 OTN 的转换)能力一般达到整个交换容量,所以 P-O 适配能力是有限的。因此需要让控制平面、管理平面和规划软件获知一定的约束能力。

六、POTN 多层网络统一管理和规划技术

POTN 应具备 L0、L1、L2 的多层统一管理能力,支持通过统一网管系统来管理 POTN 网络。

(1)POTN 统一网管系统支持对 POTN 设备的资源进行划分,分为分组交换容量和 TDM 交换容量,并且通过分层的视图单独显示分组、TDM(ODUk 和 SDH)和 ROADM。

(2)POTN 统一网管系统应支持 L0、L1、L2 层分层的业务视图。

(3)L1 和 L2 的适配采用层间关联方式,POTN 网管应支持对层间适配资源的申请。

任务小结

本任务介绍了 POTN 需实现的关键技术,包括统一交换矩阵、多层网络保护之间的协调机制、多层网络的 OAM 协调和联动机制等,还介绍了 POTN 的统一交换矩阵技术、多层 OAM 技术及其联动机制、多层保护及其协调技术、统一控制平面技术、多层网络统一管理和规划技术。

※思考与练习

(一)填空题

1. POTN 是以________的多业务映射复用和大管道传送调度为基础,引入________的以太网、MPLS-TP 的分组传送功能,来实现电信级分组业务的高效灵活承载。

2. 类似于传统 SDH/OTN 网络，分组光传送网络可分为客户业务层、传送业务层、________和物理媒介层四个层面。

3. POTN 涉及________和 MPLS-TP/以太网的两层网络保护。

4. 多层 OAM 技术的应用原则：需要先研究多层的层间适配关系，在相邻两层之间建立________关系，实现多层之间的告警传递和压制功能。

5. POTN 网络内存在三种 OAM 和保护机制：Ethernet 的 OAM 和保护、________、OTN 的 OAM 和保护机制。

（二）判断题

1. 当使用 PW 承载包传送，隧道带宽需求比较大（比如超过 500M）时，可使用 ODUflex 或者高阶 ODUk（$k=2,3,4$）作为 MPLS-TP 的一种可选替换传送隧道。（　　）

2. PTN 和 OTN 的频率同步实现技术是相同的。（　　）

3. 对于 POTN 网络内部，PW、LSP、ODUk 和 OCh 各层的 OAM 和保护相对独立，实现机制主要基于现有机制。（　　）

4. 当大量的分组业务汇聚到 ODUk 后，ODUk 本层的 OAM 和保护机制（比如 1+1，1：1 和环网保护）将无法保护大量的端到端分组业务。（　　）

5. POTN 应具备 L0、L1、L2 的多层统一管理能力，支持通过统一网管系统来管理 POTN 网络。（　　）

（三）简答题

1. POTN 的目的是什么？

2. 多层融合的 POTN 技术主要面向和解决哪些应用需求？

3. 简述 POTN 的三个主要功能特征。

4. POTN 需要实现的关键技术有哪些？

5. POTN 的统一网管应具备哪些功能？

6. 多层融合的 POTN 技术主要面向和解决哪几类应用需求？

7. IP 与 POTN 联合组网场景下，POTN 设备能够实现哪些具体功能？

8. 请简述 IP 城域骨干网的两种承载组网方式。

9. 请简述多层 OAM 技术的应用原则。

10. OPF 设备和现有 OTN 设备相比优势是什么？

项目三　学习OTN同步技术

任务一　了解OTN同步需求

任务描述

本任务主要介绍无线通信业务的发展对OTN网络同步的需求以及同步的基础原理，为后续学习同步技术做铺垫。

任务目标

(1)识记：OTN支持同步需求。
(2)领会：同步技术的原理基础。

任务实施

一、POTN支持同步的需求

移动通信技术的发展离不开同步技术的支持，目前CDMA2000和TD-SCDMA均是基站同步系统，有高精度的时间同步需求，而且基站之间的切换、漫游等都需要精确的时间控制，我国提出的TD-SCDMA标准，由于采用了TDD模式对时钟和时间同步提出了更高的要求，无线基站在软切换中，如果基站管理器和基站没有时间同步，将导致在选择器中发生邮件指令不匹配，从而使通话连接不能建立起来，所以基站之间需要高精度的时间同步。TD-SCDMA系统相邻基站之间空口对时间同步的精度要求是3 μs。无线基站空口的频率准确度要求满足±50 ppb（$1\ ppb = 10^{-9}$），这是基站间业务切换时手机数据缓存的需要，也是线路通信组建链路帧的需要。今后，随着TD-LTE和C-RAN的广泛应用，对于同步的要求会越来越高。无线通信业务对于同步的需求见表3-1-1。

表 3-1-1　无线通信业务对于同步的需求(NA 表示不可用,1 ppm = 10^{-6})

无线标准	频率同步要求	时间(相位)同步要求
GSM	0.05 ppm	NA
WCDMA	0.05 ppm	NA
TD-SCDMA	0.05 ppm	±1.5 μs
CDMA2000	0.05 ppm	±3 μs
WiMAX-FDD	0.05 ppm	NA
WiMAX-TDD	0.05 ppm	±1 μs
LTE-TDD	0.05 ppm	±1.5 μs (3 μs)
C-RAN	0.05 ppm	± 6.276 ns

同步的目的是将时间和/或频率作为定时基准信号分配给相关需要同步的网元设备和业务,同步技术按其提供的基准信号的不同可分为提供频率同步基准的时钟同步和提供时间同步基准的相位同步两大同步技术。

在城域网环境下,分组传送网 PTN 设备一般位于接入层和汇聚层,用以接入各类业务,并进行汇聚,目前 PTN 已经较好地解决了时间同步的传递,在 PTN 组网环境下,时间源设备一般放置在汇聚层,通过 IEEE 1588v2 传送方案传递到各个基站,如图 3-1-1(a)所示。

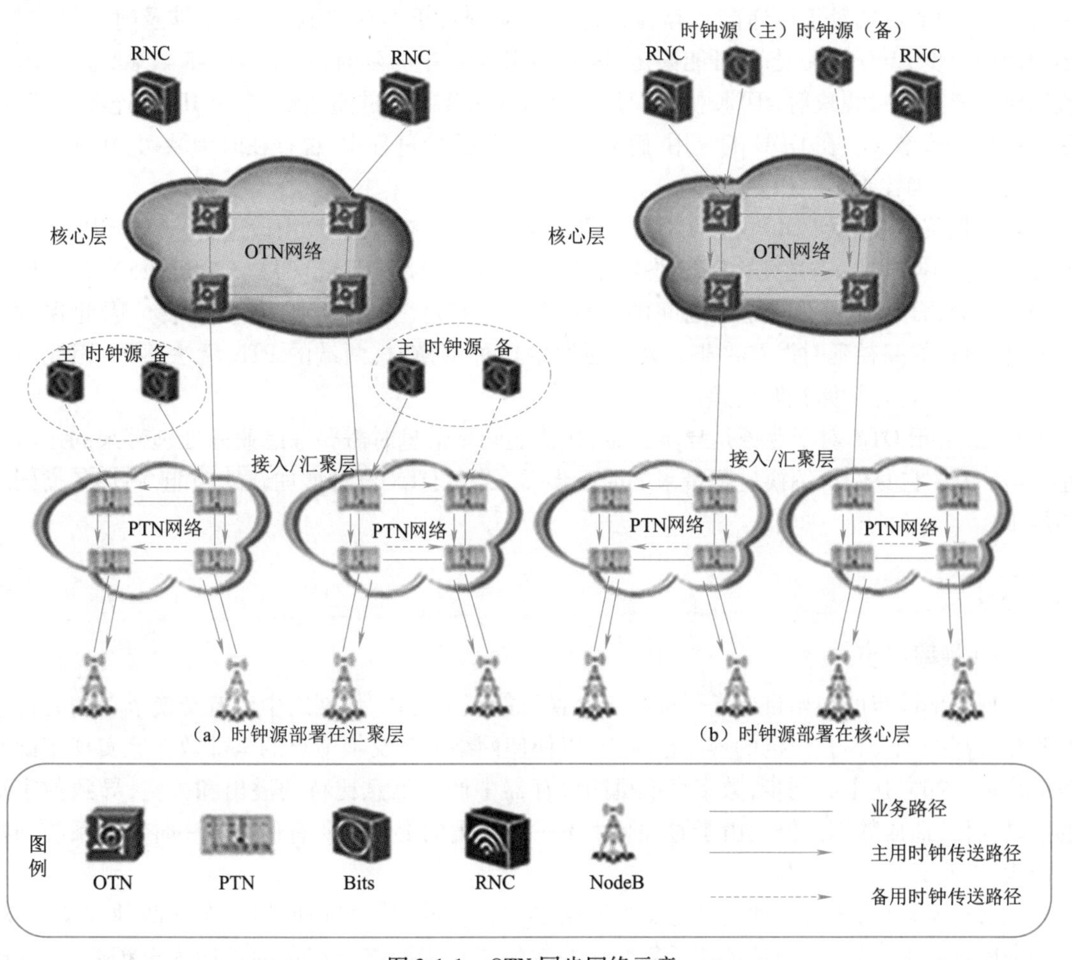

图 3-1-1　OTN 同步网络示意

在业务量大、距离远的网络中，多数城域网采用 OTN 网络进行本地网或城域核心/汇聚层的业务传送，这样就存在一个接入/汇聚层的 PTN 网络和核心/汇聚层 OTN 混合组网的场景。出于减少时间源设备数量的考虑，减少汇聚层的时间源设备，将时间源设备统一部署在核心层，OTN 设备采取适当措施保证各类同步信息的精准传输，与 PTN 网络构建端到端的统一同步网，这样就存在同步信息要穿越核心层的 OTN 网络到达汇聚层的 PTN 设备，如图 3-1-1(b)所示。

OTN 支持时间同步主要有以下优势：

(1)可以实现城域内 BITS 汇聚共用。主备 BITS(大楼综合定时供给系统)汇聚到 OTN 层上，可以给多个汇聚环、接入环提供时间源，减少投资，方便运维。

(2)可扩展性强，可以通过带内业务或带外业务和各汇聚环、接入环设备对接。

(3)从 BITS 到基站时钟、时间跟踪层次分明，跳数少，便于建网规划。

(4)OTN 接口逐跳支持时间同步，解决了目前过 OTN 传送网络的业务无法作为承载时间同步路径的问题。

(5)逐点支持时间同步，便于组成环网，通过 BMC 算法进行保护，避免定时源失效或链路中断。

(6)逐点支持时间同步，提供时钟、时间同步状态监控，便于管理和维护同步网络。

OTN 承载的客户侧业务含有时间同步信息，当这些业务在 OTN 设备进行 ODU*k* 的映射、解映射时，不同的方式对于传递同步存在一定的影响。对于 GFP-T 封装，由于涉及时钟域转换，必须使用异步 FIFO，其状态不可能固定，因此会引入变化的延时；对于 GFP-F 封装，通过 IDLE 帧的删减来实现封装映射，IDLE 帧长度是 4 字节或是 4 字节的整数倍，多个 IDLE 连在一起，则延时变化成倍增长。在 ODU 的复用、解复用、电交叉连接过程中，也存在时钟域切换，存在异步 FIFO，无法精确控制延时误差。

OTN 网络具备光层 OLP(光纤线路自动切换保护)、OMSP(光复用段保护)、OSNCP(光子网连接保护)倒换功能，当光纤物理链路发生变化会引入误差。由于 OLP、OMSP、OSNCP 一般是长距光纤的物理保护，不同光纤之间的长度误差比较大(千米级别，微秒量级)，因此在发生 OLP 时，引入的路径延时误差将非常大。而发生这种倒换时，两端的 PTN 无法感知，因此造成倒换后无法补偿保护路径时延差。

总之，由于 OTN 对于业务是异步封装，在传递同步信息时需要考虑业务处理带来的延时误差，以及 OTN 自身保护倒换过程带来的时延误差，需要 OTN 设备增加新的功能，满足各类同步的需求。

二、同步的原理

(一)频率同步

实现频率同步的初始目标是保证数字交换机能正常工作，使网络中所有交换节点的时钟频率和相位都控制在预先设定的容差范围内，以便使网络内各交换节点的全部数字流实现正确有效的交换。如果达不到同步，数字交换机的缓存器中产生信息比特的溢出和去空，导致数字流的滑动损伤，造成数据出错。由于时钟频率不一致产生的滑动在所有使用同一时钟的系统中都有出现，因此必须有效控制。

在移动通信中，要求移动基站与交换网络必须保持同步。目前网络中存在两种频偏：一种是长期固定频偏；另外一种是短期反复变化的频偏。对于网络上存在的长期固定频偏，导致出现周期性的滑码,最差情况下滑码出现的周期为 2 h。滑码对不同业务造成不同的影响:对于数据业务,滑码造成突发误码,丢失大量数据,用户必须重新发送数据;对于图像业务,滑码造成某段图像严重失真;对于移动语音业务,滑码造成通信质量劣化,甚至掉话。对于短期反复变化的频偏,会超出设备输入接口能承受的噪声容限,影响设备的正常工作和业务的正常提供。

网络存在频繁、大的相位跳变,比如系统保护倒换引起的定时瞬断,超出设备输入接口能承受的噪声容限。例如,在 SDH 网络中,同步出现问题,会产生帧失步现象,造成信息传输的丢失和通信中断,造成基站设备时钟产生过大的漂动,甚至不能同步运行,导致无线频率切换时产生通信中断或掉话,以及无线数据业务 GPRS 大量丢包。

因此,对于各类无线通信制式,频率同步是必不可少的。传统的 SDH 网络能够很好地保证全网的频率同步,PTN 和 OTN 也正在采用同步以太技术保证全网的频率同步。

1. 频率同步实现方式

频率同步网结构要求所有的传输设备时钟都能最终跟踪一个基准时钟。现阶段,至少在数字同步网的一个同步区内,所有传输设备的时钟都能最终跟踪一个基准时钟。目前现网实现频率同步的方式主要是通过 SDH 传输设备,SDH 同步网的结构、同步方式与数字同步网的结构、同步方式、运行状态以及工作环境密切相关,SDH 同步网的结构和同步方式应符合数字同步网的统一规划。同步定时分配分为局内定时分配和局间定时分配。

(1)局内定时分配。当局内设有相当于 G. 812 级别的时钟,例如 BITS 以此时钟为局内最高质量时钟,局内同步定时分配采用星形拓扑结构,即局内所有较低级网络单元时钟都直接从该局内最高质量的时钟获取定时,只有最高质量的时钟由来自别的节点的同步分配链路中提取定时,并能直接或间接接受基准时钟同步。通过 SDH 传输媒质,将定时信息从本局范围内网络单元分配到本局范围外的网络单元。局内定时分配的同步网结构如图 3-1-2 所示。

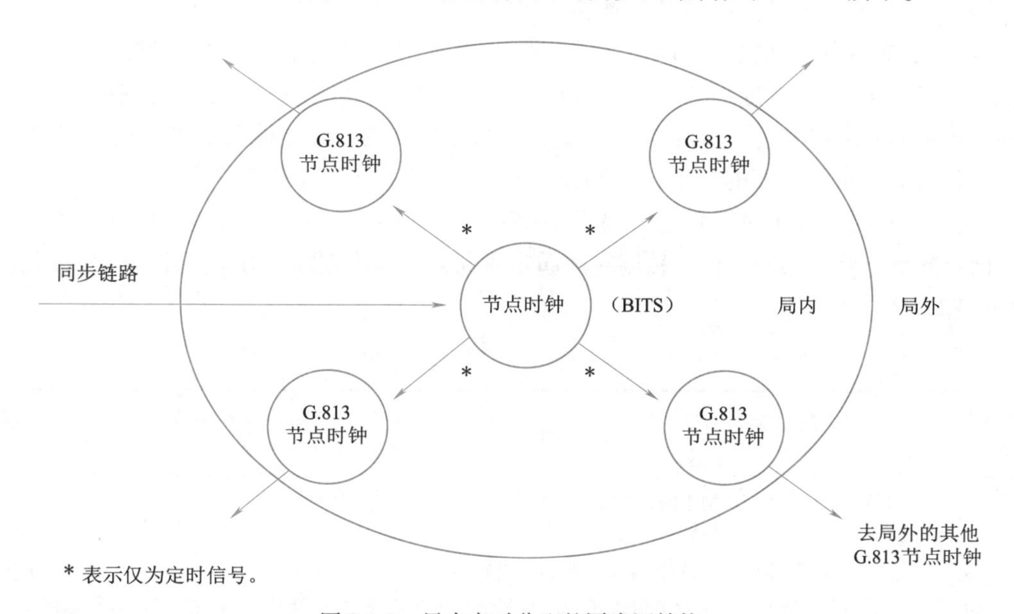

图 3-1-2　局内定时分配的同步网结构

(2)局间定时分配。局间同步分配采用树形拓扑结构,各级时钟关系如图 3-1-3 所示。为使这种结构的同步网能正确运行,低等级的时钟只能接收更高等级(或同一等级)时钟的定时信号,并避免形成定时环路。

为防止 TU(支路单元)指针调整引起的抖动和漂移影响时钟的性能，一般不能用在 TU 内传送的基群信号(2 048 kbit/s)作局间同步分配定时信号，而应该直接采用 STM-*N* 信号传送的定时信息作为定时信号。

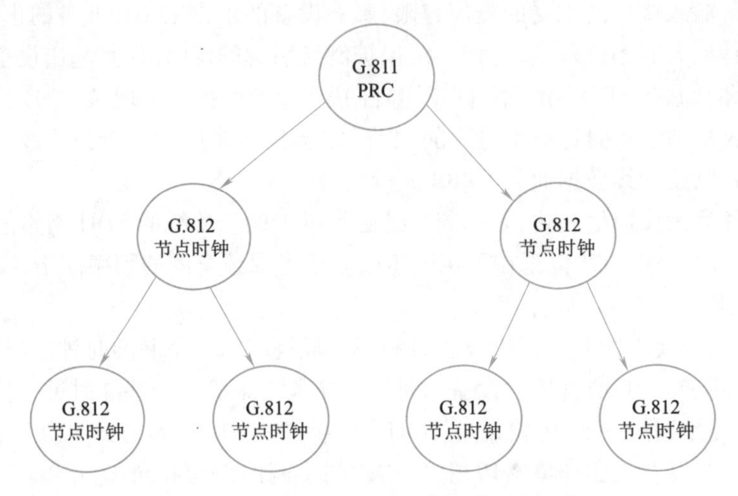

图 3-1-3　局间定时分配的同步网结构

2. 分组传送网频率同步技术

分组传送网的频率同步需求主要体现在两个方面：一是与传统的 TDM 网络进行互通，承载 TDM 业务，即要求分组传送网在 TDM 业务入口和出口提供同步功能，实现业务时钟的恢复；二是实现对时间和频率同步信号的传送。前者要求分组传送网实现 CES(电路仿真业务)IWF(互操作功能)，后者要求分组传送网支持网络定时功能。

(1)分组传送网同步的标准现状。目前涉及分组同步标准工作的国际标准组织主要包括 ITU-T、IEEE 和 IETF，各标准组织在研究领域方面各有侧重，其中 ITU-T 涉及范围最全面，包括业务同步、频率同步和时间同步，目前已经完成了分组同步的总体架构和要求、分组传送网时钟设备性能、功能要求等方面的标准，对于时间同步方面的标准正在研究之中。IEEE 和 IETF 则主要侧重于时间同步方面的研究，相对来说，IEEE 在时间同步特别是高精度时间同步方面研究较早，已经基本定稿，而 IETF 在高精度时间同步研究方面起步较晚。分组同步国际标准化进展情况见表 3-1-2。

表 3-1-2　分组同步国际标准化进展情况

国际标准化组织	相关规范	备注
ITU-T SG15 工作组 Q13	(1)G. 8260 分组传送网中同步的定义和术语。 (2)G. 8261 分组传送网同步总体要求。 (3)G. 8262 同步以太网设备时钟(EEC)的定时特性。 (4)G. 8263 基于分组的设备时钟(PEC)和基于分组的业务时钟(PSC)的定时特性。 (5)G. 8264 分组传送网中的定时分配。 (6)G. pacmod-bis(G. 8265)同步参考链相关内容。 (7)G. pactiming-bis(G. 8266)，分组传送网中时间和相位同步方面相关要求	主要关注业务定时和分组传送网频率同步，时间同步方面规范待制定

续表

国际标准化组织	相关规范	备注
IEEE	IEEE 1588:网络测量和控制系统的精确时钟同步协议,其版本 1 在 2002 年 9 月定稿,在 2008 年底发布了版本 2,即 IEEE 1588—2008。IEEE 802.1 AS:用于桥接局域网中时间敏感性应用的定时和同步,目前状态为"Draft 6.1 comment dispositions"	IEEE 1588—2008 是今后分组传送网中时间传送的基本技术
IETF	NTP 工作组:NTP 系列规范(NTPv2、NTPv3、SNTP 等主要规范已经成熟,NTPv4 仍在规范中)。 TICTOC 工作组: (1)经由互联网进行频率和时间传送的应用需求 draft-rodrigues-lindqvist-tictoc-req-00. txt (2008-06)。 (2)RAN 同步需求 draft-zhou-tictoc-ran-sync-req-01. txt (2008-07)。 (3)经由互联网进行频率和时间传送的架构 draft-stein-tictoc-modules-03. txt (2008-11)。 (4)用于移动回传的分组交换传送网络的时间同步方法 draft-su-tictoc-Time-sync-mode-01. txt (2009-04)。 (5)高精度时间/频率传送的需求分析 draft-rodrigues-lindqvist-tictoc-req-02. txt (2009-03)。 (6)高精度时间和频率通过互联网进行分配 draft-ietf-tictoc-requirements-00. txt (2009-07)	现有 NTP 规范无法实现高精度的时间传送,TICTOC 关注高精度时间传送技术,但目前只有相关需求及架构草案

国际电信联盟(ITU-T)制定的以太网同步相关建议,涵盖了组网结构、技术需求、时钟功能、实现方法和技术路线等。ITU-T SG15 研究组 Q13 专题制定了分组传送网同步的标准,包括 G. 826x和 G. 827x 系统建议,分别针对分组传送网频率同步、时间及相位同步。

G. 8260 明确了分组传送网频率同步、时间及相位同步的概念与术语,给出了衡量同步稳定性等质量指标的数学表达式,并新增了分组延时变化(PDV)来描述分组传送网的同步损伤。G. 8261 定义了分组传送网中的定时同步网元,规定了网络中和时分复用模式(TDM)接口上所容许的最大抖动和漂移,描述了网元实现同步的最低功能要求,提出了两种基准时钟信号的分配方式:网络同步方式和基于分组方式,用以解决分组传送网特别是以太网的同步问题。G. 8262主要针对同步以太网的节点设备,即同步以太网设备时钟(EEC),制定接口带宽、频率准确度、守时性能和噪声约束的需求。G. 8263 明确了同步以太网采用 TDM 网络同步信号传送方式,即通过同步物理层或 TDM 系统分配定时信号;G. 8264 主要针对定时信息,即同步状态消息(SSM),制定了同步以太网设备的互操作方式和 SSM 协议及消息格式,以便从时钟掌握定时信号的质量以提高网同步的可靠性。

(2)分组传送网承载 CES 业务的同步要求。恒定比特速率业务(如 TDM 电路仿真业务)要求在分组传送网两端具有相似的信号定时,其由负责传递恒定比特速率流的互通功能模块(IWF)进行处理,作为不同网络之间的 IWF,是实现分组传送网同步功能的关键。为了避免端到端业务滑码的产生,TDM 业务在经过分组传送网进行传输后,业务时钟必须保持透明。业务时钟透明是指:就长期平均而言,输入业务时钟频率与输出业务时钟频率是一致的,但这并不意味着输出 TDM 信号的漂移与输入 TDM 信号的漂移需要保持一致。

对于 CES 业务,存在三种不同的时钟恢复方式:

①采用系统时钟恢复 CES 时钟。使用可溯源到 PRC 的设备时钟或者本地 PRC 时钟作为 TDM 的业务时钟,如图 3-1-4 所示。这种业务时钟恢复方法不能保留发送端的 TDM 业务定时信息,即业务时钟是不透明的,另外,IWF 的定时参考源必须满足 G. 823/G. 824 所规定的同步接口要求。

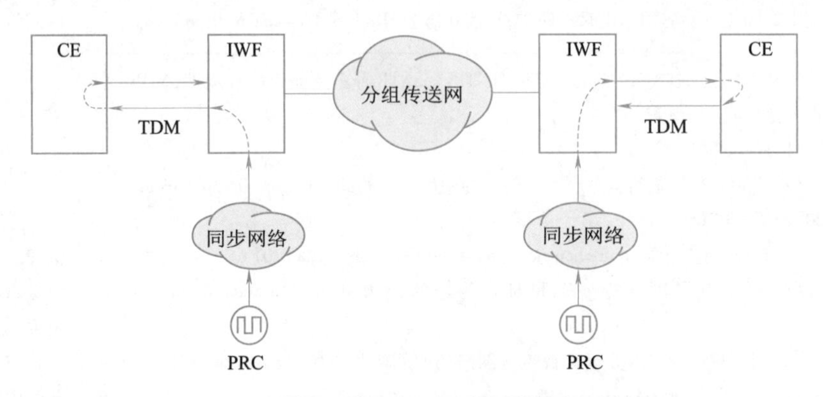

图 3-1-4　同步网络运行下业务时钟恢复示意图

注:图中的两个 PRC 来自同一个源。

②差分法。在差分法业务时钟恢复方式下,发送端将业务时钟与参考时钟源之间的差值被编码后通过分组传送网传送给对方。在接收方,利用公共的参考时钟源以及通过分组传送网获取的差分时钟编码信息来恢复发送端的业务时钟,如图 3-1-5 所示。差分模式能够保留发送端的 TDM 业务定时信息,即利用差分法能够保证业务时钟透明。

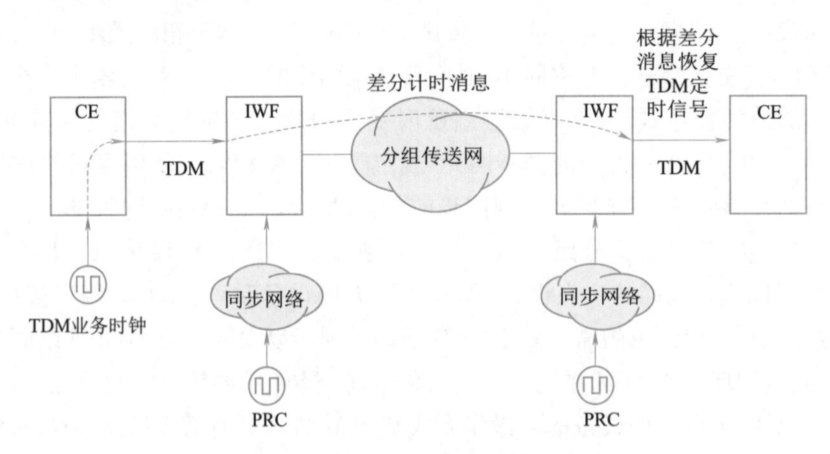

图 3-1-5　差分法业务时钟恢复示意图

注:图中的两个 PRC 来自同一个源。

③采用自适应恢复时钟方式恢复 CES 时钟。当每一个 TDM 端系统都有公共的时钟参考源时,每个 TDM 端系统可以直接获取时钟参考源,并且可以重新同步 IWF 发出的 TDM 信号,如图 3-1-6 所示。此时接收端不需要时钟恢复。例如 IWF 在 TDM 接口采用环路定时,当两个 PSTN 域通过分组传送网进行连接时,可以采用这种定时方式,这时,接收端和发送端均需要进行滑码控制。

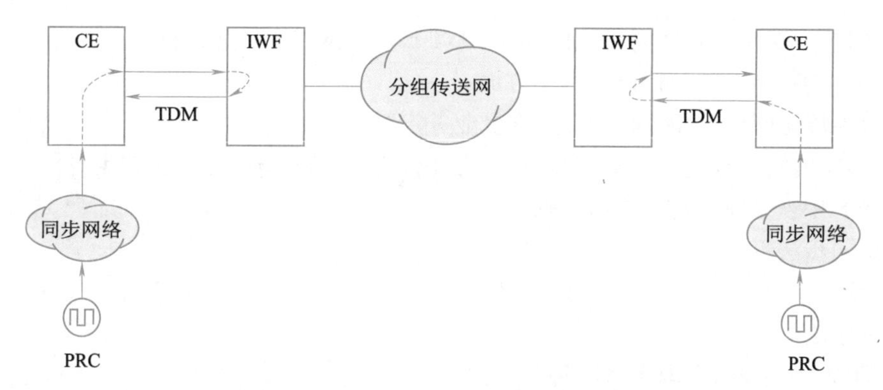

图 3-1-6　TDM 端系统具有参考时钟源示意图

注:图中的两个 PRC 来自同一个源。

(3)分组传送网与 TDM 网络频率互通功能。在分组传送网与 TDM 网络的同步互通方面,主要由互通功能模块 IWF 实现。IWF 的主要功能是完成分组传送网与 TDM 网络之间数据的转换,如图 3-1-7 所示。

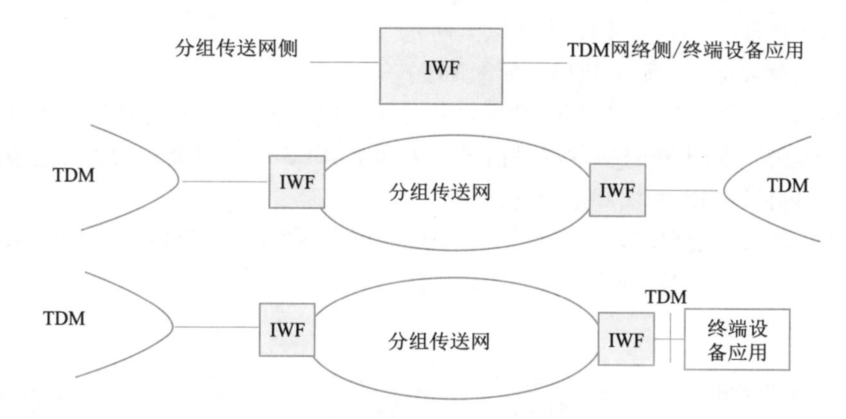

图 3-1-7　网络中的 IWF

从功能上来看,IWF 可以分为两层结构,包括 CES IWF 层和 PNT IWF 层,如图 3-1-8 所示。

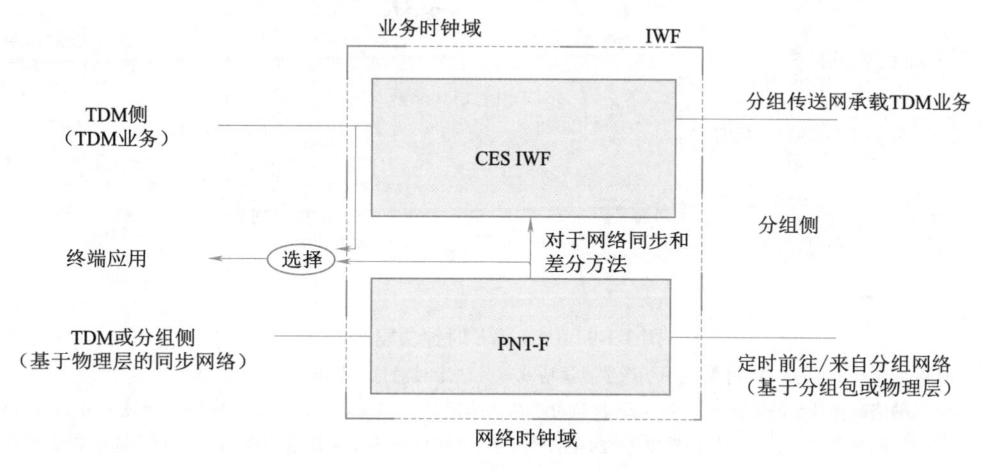

图 3-1-8　IWF 中的 CES 域和 PNT 域

注:PNT 表示分组传送网定时;CES 表示电路仿真业务。

其中,CES IWF 负责业务时钟域的同步,PNT-F 负责网络时钟域的同步。

CES IWF 的功能要求包括以下两个方面:

①从分组传送网到 TDM 网络方向,恢复业务定时。

②从 TDM 网络到分组传送网方面,提供发往分组传送网 CES 分组包的定时。

CES IWF 中恢复业务定时方法包括:

①网络同步法。

②差分法。

③自适应法。

④在 TDM 终端设备获取参考时钟。

依据不同的业务时钟恢复方法,需要在 CES IWF 中采用不同类型时钟,前往/来自 PNT-F 的定时分配方法可以采用传统或新的方法来实现。事实上,此功能模块可以从 TDM 侧(如 SDH)或分组侧(例如,同步以太网或基于特定分组包的新方法)恢复同步网络定时。前往/来自 PNT 的定时分配方式包括:

①专门的外定时参考(例如,来自 BITS)。

②通过同步物理层(例如,SDH、同步以太网)。

③由分组包承载定时(例如,IEEE 1588、NTP)。

需要特别指出的是,PNT-F 与 CES IWF 功能并不是完全无关的,在有些情况下,PNT-F 需要向 CES IWF 传递取自同步网的参考定时信号。事实上,CES IWF 可能需要此参考信号来实现时钟恢复机制,包括网络同步法和差分法。

①CES IWF 时钟功能要求。在 CES IWF 中可能包含两类时钟:PSC-A 和 PSC-D,如图 3-1-9 所示,分别对应自适应法和差分法两种业务时钟恢复方式。

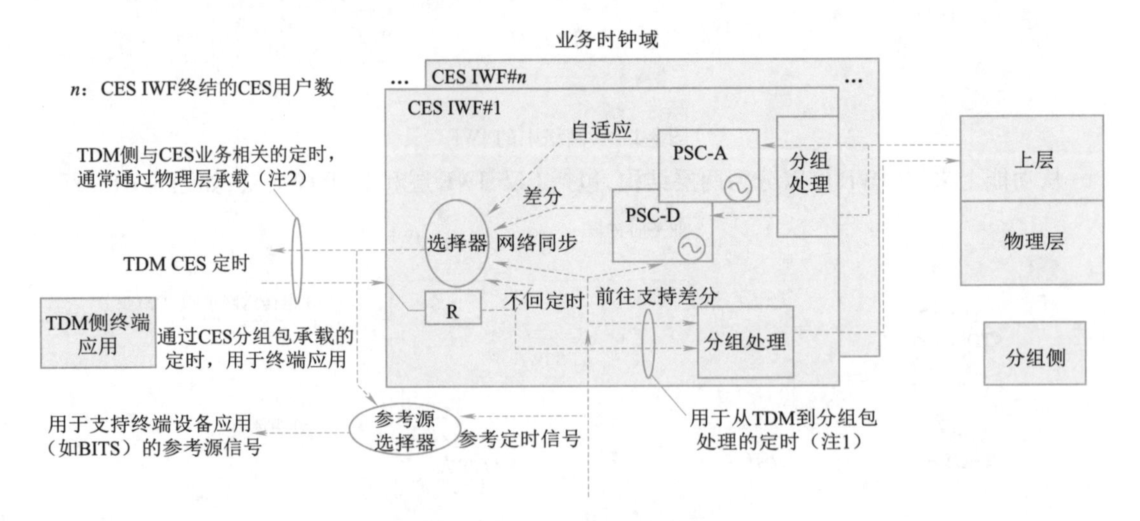

图 3-1-9 CES IWF 时钟功能示意

注 1:此定时驱动输出分组的产生,并形成用于产生自适应或差分法定时消息的基准。

注 2:在 IWF 由网络时钟控制的情况下,一些 CES 流也可承载网络定时。这些 CES 流可以在网络时钟域中由 PEC 处理。在 IWF 被不同运营商(向其他运营商提供传输服务)拥有的情况下,这些 CES 流作为其他 TDM 业务在业务域有 PSC 处理。

PSC-A:根据自适应法从业务数据包中恢复 CES 业务时钟。

PSC-D:根据差分法从业务分组数据包中恢复 CES 业务时钟。

PSC-A 和 PSC-D 具有以下功能要求：

a. PSC-A 和 PSC-D 能够实现 CES IWF 的各项基本定时功能，包括自由运行、保持、过滤、参考源选择等。

b. PSC-A 和 PSC-D 是每个 CES 业务所特有的，任何单个业务都有一个专用的时钟。

c. 由于自由运行精度能够满足 PDH 最小时钟精度要求，如 2 048 kbit/s 信号的 50×10^{-6} 要求，因此 PSC-A 和 PSC-D 的时钟保持功能是可选支持的。

d. PSC-A 和 PSC-D 通常只处理单向分组包来支持 TDM CES 业务时钟的恢复。

从同步的角度来看，在 CES IWF 的 TDM 侧，在发送方向上主要根据规范要求（如抖动和漂移限值）产生同步的物理层，在接收方面则根据适当的抖动和漂动容限要求恢复定时。

在 CES IWF 的分组侧，同步功能关系到"用户数据"的分组包。例如，在分组到 TDM 方向，在采用自适应法的情形下，将基于分组包到达间隔时间采用某种过滤算法（PSC-A 负责处理这个功能）恢复 TDM 业务定时。

CES IWF 中的 R 功能块用于 TDM 定时的再生：此定时信号可以用于环回定时，也可用于在 TDM 到分组方向上控制分组流（例如，产生用于差分法的定时消息）。另外，"分组处理"功能块负责产生支持差分法的定时消息（同时需要网络时钟和 TDM 定时），并负责产生速率与 TDM 定时直接相关的分组包（对各种方法均有效）。

②PNT-F 时钟功能要求。图 3-1-10 给出了三种 PNT 时钟。

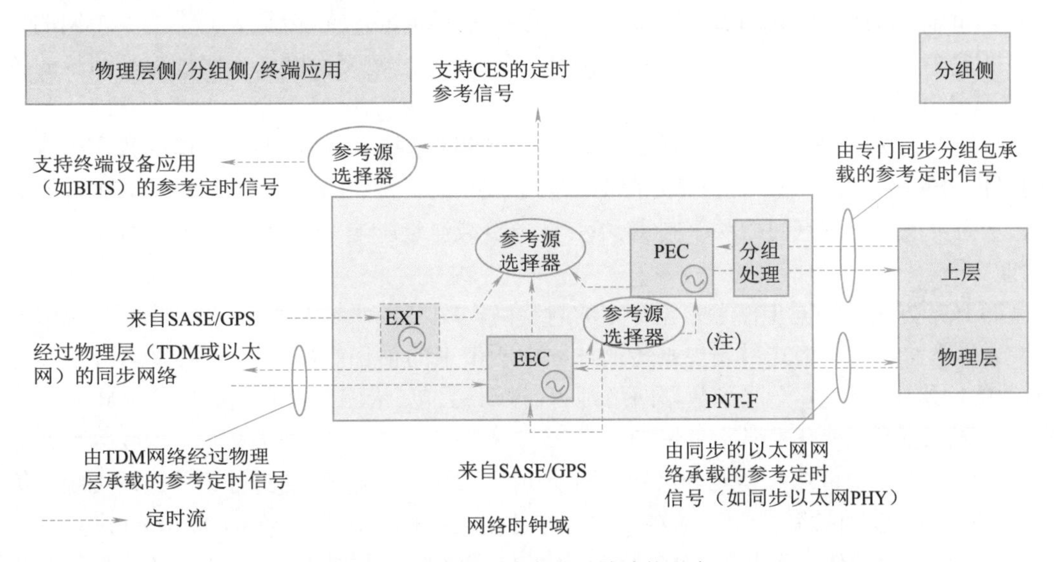

图 3-1-10 PNT-F 中的时钟功能示意

注：向分组侧产生定时的参考定时信号。在定时只通过 TDM（如 SDH）进行承载的情况下，在 PNT 中可能基于相应的建议实现其他时钟，如基于 ITU-T G. 813 的 SEC 时钟。

a. PEC：通过专用分组包恢复和发送网络定时的时钟。

b. EEC：支持通过同步以太网（ITU-T G. 8262）承载定时的时钟。

c. EXT：来自外部参考信号的定时（如 SASE/GPS）。

PEC 和 EEC 均用于处理网络时钟，一般应具备保持功能。从网络同步的角度来看，一般每个设备对应一个时钟，每个网络对应一个频率。需要注意的是，PSC-A 和 PEC 均基于自适应方法，具有相似的实现机制，但是在应用要求方面存在差异，PSC-A 用于恢复业务时钟，而 PEC 则用于发送和恢复网络时钟。另外,PSC-A 应该只终结定时分配(其为下一步 TDM 流的产生考虑 TDM 业务定时恢复),而 PEC 主要作为一个定时分配链路中的一部分。

外时钟 EXT 可以基于其他相关的 ITU-T 规范(例如,ITU-T G.812、G.813)。当在 PNT 中存在其他时钟(如 EEC)时,可以通过这些时钟接收外参考信号供系统使用,因此可以不需要专门的 EXT 时钟。

3.同步以太技术

同步以太技术是为了实现承载网络的物理层同步,实现承载网络对频率同步信号的传送,更好地满足业务系统对时间同步的需求。随着 IP 类应用的不断推广,特别是客户终端的 IP 化,以及多种基于以太网的业务的出现,使得目前网络中承载的流量,绝大多数已经是分组业务。传统的以太网和 IP 网络的承载和交换基于统计复用和尽力而为的转发技术,物理链路中不具备有效的定时传送机制,无法直接通过简单的时钟恢复方式在接收端重建 TDM 码流定时信息。

为了满足同步要求,应该能够基于分组传送网实现参考定时信号的分配,并确保定时的相位稳定性和频率准确度。

基于分组传送网的定时分配技术主要包括以下两种:参考定时信号通过同步的物理层进行分配,即同步以太网技术;基于包的分配方法,即 TOP 技术。

传统的包交换网络是异步网络,并不像 SDH 网络那样具有同步网络的特性,为了满足传递频率同步的需求,同步以太网、TOP(timing over packet-switching network,基于分组交换网的定时技术)、CES(circuit emulation service,电路仿真业务)等通过包交换网络来实现频率同步的技术产生了并逐步成熟。

(1)同步以太网是一种基于传统的物理层时钟的同步技术,该技术从物理层数据码流中提取网络传递的高精度时钟,再进行跟踪和处理,形成系统时钟,在发送侧采用系统时钟进行数据发送,从而实现不同节点间的频率同步,不受业务负载流量影响,为系统提供基于频率的时钟同步功能。

(2)TOP 方式是将同步信息根据一定的封装格式放入 Packet 中发送,在接收端从包中恢复时钟,通过算法和封装格式尽量规避传送过程中所带来的损伤。虽然 TOP 可以运行在现有的所有数据网络中,但是它会受到数据网络延迟、抖动、丢包、错序等 PDV(packed delay variation,网络延时变化)参数变化非常大的影响。

(3)CES 电路仿真业务是在分组传送网上仿真 TDM 专线业务,通过分组传送网无缝地传送基于 TDM 的业务、时钟和信令。基本原理是在分组交换网上由伪线(pseudo wire)建立一个通道,通过这种通道透传所有两层 TDM 业务,从而使网络另一端的 TDM 设备不必关心其所连接的网络是否是一个真实的 TDM 网络。现有各种滤波算法都只能针对特殊的网络延迟分布,都只能过滤短期的网络延迟影响,强行过滤长期、缓慢的网络延迟变化会造成锁定时间不可忍受,因此,CES 恢复出的时钟,从理论上是无法保证精度的。

因此,同步以太网方式是分组传送网进行频率同步的主要方式。

①同步以太网的实现方式。同步以太网采用类似 SDH 方式的时钟同步方案,通过物理层串行数据码流提取时钟,不受链路业务流量影响,通过 SSM 帧传递对应时钟质量信息,其工作原理如图 3-1-11 所示。目前 PTN 和 OTN 频率同步的获取最常用的是采用同步以太技术,直接从以太网接口提取频率同步信息。

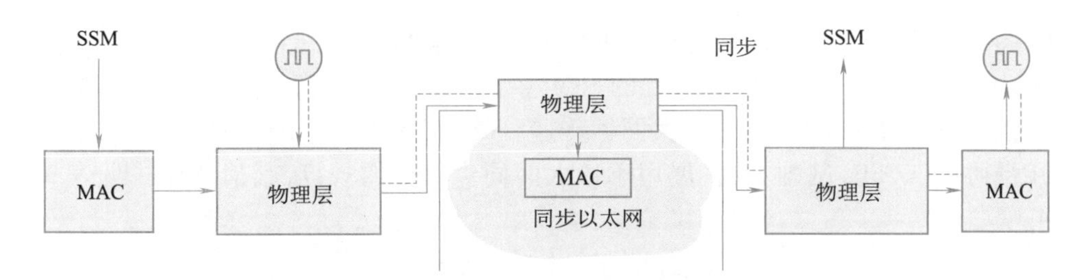

图 3-1-11　同步以太网原理

在同步以太网中,下游设备为正确选源,在传递时钟信息的同时,必须传递时钟质量信息(SSM)。对于 SDH 网络,时钟质量(等级)是通过 SDH 中的开销字节来完成的。但以太网没有开销,只能通过构造 SSM 报文的方式通告下游设备。从应用角度看,同步以太网实现的是一个基于链路的时钟传递,它要求时钟路径上的所有链路都具备同步以太网特性。

②同步以太网的体系结构。同步以太网通过通信线路上的位流定时信息传送时钟频率,这种频率信号的传送方式与同步数字体系(SDH)的同步极为相似,要求设备的物理端口能以一种持续不断的方式连续发送信号。因此,同步以太网也被认为是 TDM 同步技术在以太网的延伸。

提供频率同步的以太网设备,其时钟部件称为 EEC,它可跟踪同步网的基准时钟,并向下游设备提供频率参考信号。图 3-1-12 所示为同步以太网频率分配体系结构。

同步以太网的频率信号分配也采用了与 SDH 完全相同的体系结构,除了基准频率时钟(PRC)和 EEC 之外,引入了可独立运行的同步供给单元(SSU),在三个方面增强了电信级应用能力。

a. 减少因抖动和漂移累积而导致的同步性能劣化。

b. 向各种不同的应用目标供给同步和定时参考。

c. 在 PRC 故障时,增强同步的保持能力和恢复能力。

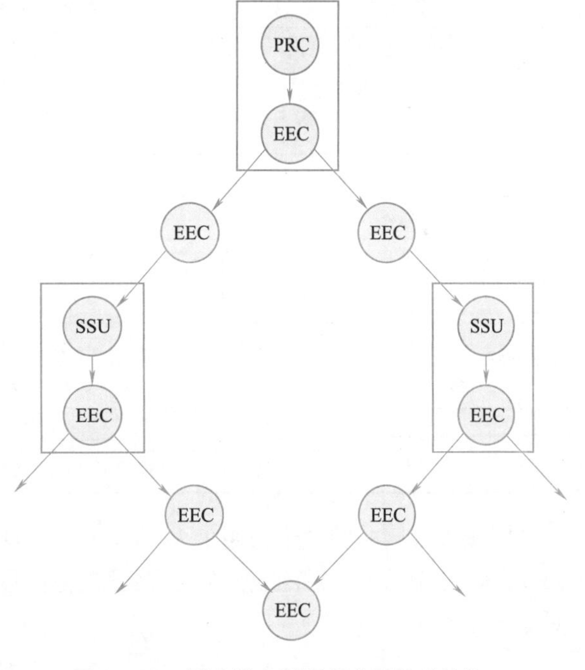

图 3-1-12　同步以太网频率分配体系结构

注:EEC 表示同步以太网设备时钟。

同步以太网参照 SDH 的网同步规范(G.803),在 PRC 到 SSU 之间以及 SSU 到 SSU 之间的同步链中,规定其间 SDH 设备时钟(SEC)的数量不能超过 20,串联在一条 PRC 分支链中的 SSU 数量不能越过 10,EEC 数量不能超过 60。实际应用中,为留有一定余地,同步链中通常间隔10 ~ 15 个 EEC 就穿插 1 个 SSU,以适应扩容和演进之需。

在以 TDM 为基础的同步网中,SSM 又称同步信令,用于在时钟之间传递时钟的质量等级(QL)信息。基准时钟的质量等级名为 QL_PRC,处于保持工作模式的 SDH 时钟名为 QL_SEC。G.8264 为同步以太网新定义了两个质量等级:QL_ECC1 和 QL_ECC2,分别对应自由运行的

ECC 和保持运行的 ECC,相应的性能指标在 G. 8262 中得到约定。

在 SDH 中,SSM 通过 STM-*N* 帧开销的 SSM 字节传递;而同步以太网中,SSM 则通过名为以太网同步消息信道(ESMC)的特殊以太网帧传递。ESMC 是 ITU-T 在 IEEE 802. 3 制定的组织机构专用慢协议(OSSP)基础上,扩展用于以太网同步信令的规范,其消息格式见表 3-1-3 和表 3-1-4。

表 3-1-3　ESMC 协议字段说明

字段	大小	内容
类型(T)	1 个八位组	01 h
长度(L)	2 个八位组	04 h
保留	4 个比特位	0
SSM 帧(V)	4 个比特位	SSM 编码
类型(T)	1 个八位组	01 h
长度(L)	2 个八位组	04 h
保留	4 个比特位	0
SSM 帧(V)	4 个比特位	SSM 编码
目标地址	6 个八位组	9C-5C-8E-CF-D8-B9 h
源地址	6 个八位组	发送端口的 MAC 地址
栈协议类型	2 个八位组	88-0 Gh
栈协议子类型	1 个八位组	0 Ah
ITU 的标识符	3 个八位组	00-19-A7 h
ITU 的子标识类型	2 个八位组	01 h
版本	4 个比特位	01 h
实践标识	1 个比特位	0 用于 SSM,1 用于心跳
保留	3 个比特位	—
保留	3 个八位组	—
数据和填充字节	36 ~ 1 490 个八位组	—
帧校验	4 个八位组	—
ESMC:以太网同步信息信道		

同步以太网时钟质量采用 TLV 编码方法,对应于表 3-1-4 中的类型(T)、长度(L)和 SSM 帧(V),其中 SSM 码由 4 个比特位组成,已规范的取值有两个,值 0AH 对应于 QL_EEC2,值 0BH 对应于 QL_EEC1。

表 3-1-4　同步以太网时钟质量编码(ESMC 数据字段)格式

字段	大小	内容
类型(T)	1 个八位组	01 h
长度(L)	2 个八位组	04 h
保留	4 个比特位	0
SSM 帧(V)	4 个比特位	SSM 编码

表 3-1-3 中的“事件标识”字段取 1 时，用于心跳，发送周期为 1 s，以便接收时钟快速判定上游时钟是否可用。

由于以太网与 SDH 会在较长一段时间共存，实际网络中，主干网核心层更多可能采用 SDH 技术，而网络的汇聚层或接入层则更可能采用以太网技术。这种情况下，两种技术网络的互连边界节点，既存在 SDH 接口，也存在以太网接口。由于 EEC 采用了与 SEC 等同的规范结构，同步以太网有利于混合组网的同步组织。图 3-1-13 给出了混合组网的同步信号分配结构。

在图 3-1-13 中，混合节点设备（H）从 SEC 获取定时参考，并向 EEC 提供定时参考。在一般情况下，混合节点设备可从 SEC、EEC 和 SSU 获取时钟参考信号，并可向 SEC、EEC 以及 SSU 提供时钟参考。

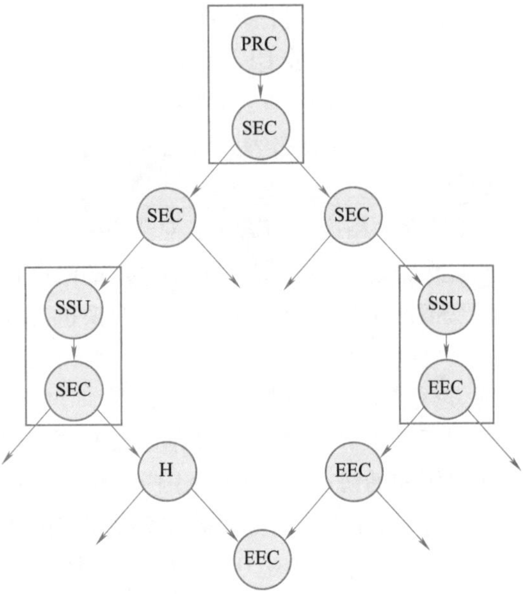

图 3-1-13　混合组网的同步信号分配结构

注：EEC 表示同步以太网设备时钟；SSU 表示同步供给单元；PRC 表示基准时钟；H 表示混合节点设备；SEC 表示 SDH 设备时钟。

③同步以太网性能要求。具备同步以太网功能的承载设备，包括数据设备、PTN、OTN 和路由器，应当支持从 FE、GE、10 GE 等以太网接口恢复时钟，同时支持 1 路 2 048 kbit/s 或 2 048 kHz外定时输入和 1 路 2 048 kbit/s 或 2 048 kHz外定时输出。设备应支持定时源优先级设置和自动选择定时源的功能，同步以太网时钟源选择机制符合 G. 8262 的要求，并支持参考源失效条件的检测和上报。设备应支持同步以太 SSM 报文的处理，SSM 报文协议符合 ITU-T G. 8264 标准。

设备的频率准确度、牵引入/牵引出范围、漂移/抖动噪声产生、保持特性、漂移/抖动噪声输入容限、漂移噪声传递特性、相位瞬变和相位不连续性等时钟性能均应满足 G. 8262 的要求。设备应支持自适应法、差分法或网络同步时钟等方式恢复 CES 业务时钟，CES 业务的漂动限值应满足 G. 8261 要求。

（二）时间同步

1. 时间同步概述

时间同步在通信领域中有着越来越广泛的需求，各种通信系统对时间同步的需求可分为高精度时间需求（微秒级和纳秒级）和普通精度时间需求（毫秒级和秒级）。

（1）高精度时间需求。对于 CDMA2000 基站和 TD-SCDMA 基站，时间同步的要求是 3 μs；对于 WiMAX 系统和 LTE，时间同步的要求是 1 μs 甚至亚微秒量级，这就要求时间同步服务等级需达到 100 ns 量级。如果基站与基站之间的时间同步不能达到上述要求，将可能导致在选择器中发生指令不匹配，导致通话连接不能正常建立。

以 TD-SCDMA 为例，TD-SCDMA 标准采用了 TDD 模式，对时钟同步和时间同步提出了更高的要求。TD-SCDMA 支持同频组网，前提是时隙必须对齐。如果相邻基站之间空中接口不同步，会产生时隙间干扰和上下行时隙干扰。时隙干扰是指前一个时隙的信号落在下一个时隙中,破坏了这两个时隙内的正交码的正交性,使这两个时隙内的基站或终端都无法正常解调。上下行时隙干扰是指一个基站发射的信号直接对另一个基站的接收造成强大的干扰,严重影响第二个基站的正常接收。

根据3GPP规范要求,TD-SCDMA空中接口的时间同步指标为 $\pm 1.5\ \mu s$,基站空中接口载波频率稳定度要优于 $\pm 0.05\times 10^{-6}$。如果采用本地时钟授时,将无法满足TD-SCDMA高精度时间同步的要求,因此TD-SCDMA网络需要有时间同步机制,而且必须有统一的参考时间同步源,如卫星时钟源。目前TD-SCDMA的时间同步需求主要是采用GPS卫星实现的,通过在每个TD-SCDMA基站加装GPS模块的方式解决基站时间同步问题。

对于3G网络中基于位置定位的服务,若是利用手机接收附近多个基站发送的无线信号进行定位,则要求基站必须是时间同步的。一般来说,10 ns的时间同步误差将引起数米的位置定位误差。

(2)普通精度时间需求。对于No.7信令监测系统,为避免因信令出现先后顺序的错误而产生虚假信息,必须要求所有信令流的时间信息是准确无误的,时间同步的要求是1 ms。对于各种交换网络的计费系统,为避免交换机之间大的时间偏差可能会导致出现有相互矛盾的通话账单,时间同步的要求是0.5 s。对于各种业务的网管系统,为有效分析出故障的源头及引起的后果,进行故障定位和查找故障原因,时间同步的要求是0.5 s。

对于基于IP网络的流媒体业务中的RSTP,它为流媒体实现多点传送和以点播方式单一传送提供可靠的协议,RTSP采用了时间戳方法来保证流媒体业务的QoS。对于基于IP网络的电子商务等,为保障SSL协议的安全性,采用"时间戳"方式来解决"信息重传"的攻击问题,其对时间同步的要求至少是0.1 s左右。通信网络中大量的基于计算机的设备及应用系统(例如移动营业系统、综合查询系统、客服系统等)普遍支持NTP,时间同步的要求在秒级或者分钟级。

(3)现有时间同步技术。针对不同精度的时间同步需求,在通信网中主要应用了以下几种时间同步技术。

①IRIG-B和DCLS(DC level shift,直流电平移位)。IRIG(靶场仪器组)编码源于为磁带记录时间信息,带有明显的模拟技术色彩,从20世纪50年代起就作为时间传递标准而获得广泛应用。IRIG-A和IRIG-B都是于1956年开发的,它们的原理相同,只是采用的载频频率不同,故其分辨率也不一样。IRIG-B采用1 kHz的正弦波作为载频进行幅度调制,对最近的秒进行编码。IRIG-B的帧内包括的内容有天、时、分、秒及控制信息等,可以用普通的双绞线在楼内传输,也可在模拟电话网上进行远距离传输。到了20世纪90年代,为了适应世纪交替对年份表示的需要,IEEE 1344—1995规定了IRIG-B时间码的新格式,要求编码中还包括年份,其他方面没有改变。

DCLS是IRIG码的另一种传输码形,即用直流电位来携带码元信息,等效于IRIG调制码的包络。DCLS技术比较适合于双绞线局内传输,在利用该技术进行局间传送时间时,需要对传输系统介入的固定时延进行人工补偿,IRIG的精度通常只能达到10 μs量级。

②NTP(network time protocol,网络时间协议)。在计算机网络中传递时间的协议主要有时间协议(time protocol)、日时协议(daytime protocol)和网络时间协议(NTP)三种。另外,还有一个仅用于用户端的简单网络时间协议(SNTP)。网上的时间服务器会在不同的端口上连续地监视使用以上协议的定时要求,并将相应格式的时间码发送给客户。在上述几种网络时间协议中,NTP协议最为复杂,所能实现的时间准确度相对较高。在RFC-1305中非常全面地规定了运

行 NTP 的网络结构、数据格式、服务器的认证以及加权、过滤算法等。NTP 技术可以在局域网和广域网中应用,精度通常只能达到毫秒级或秒级。

近几年来还出现了改进型 NTP。与传统的 NTP 不同,改进型 NTP 在物理层产生和处理时间戳标记,这需要对现有的 NTP 接口进行硬件改造。改进型 NTP 依旧采用 NTP 协议的算法,可以与现有 NTP 接口实现互通。与原有 NTP 相比,其时间精度可以得到大幅度提升。目前支持改进型 NTP 的设备还较少,其精度和适用场景等还有待进一步研究。改进型 NTP 能达到 10 μs量级。

③1PPS(1 pulse per second,秒脉冲)及串行口 ASCII 字符串。秒脉冲信号不包含时刻信息,但其上升沿标记了准确的每秒的开始,通常用于本地测试,也可用于局内时间分配。通过 RS-232/RS-422串行通信口,将时间信息以 ASCII 码字符串方式进行编码,比特率一般为 9 600 bit/s,精度不高,通常还需同时利用 1PPS 信号。由于串行口 ASCII 字符串目前没有统一的标准,不同厂家设备间无法实现互通,故该方法应用范围较小。到 2008 年,中国移动规定了 1PPS + ToD 接口的规范,ToD 信息采用二进制协议。1PPS + ToD 技术可用于局内时间传送,需要人工补偿传输时延,精度通常达到 100 ns 量级。

④PTP(precision time protocol,精确时间协议)。PTP 与 NTP 的实现原理均是基于双向对等的传输时延,最大的不同是时间标签的产生和处理环节。PTP 通过物理层的时间戳标记来获得远高于 NTP 的时间精度。基于 IEEE 1588 的 PTP 技术原先用于需要严格时序配合的工业控制,为了顺应通信网中对高精度时间同步需求的快速增长,IEEE 1588 从原先的版本 1 发展到版本 2,并且已在同步设备上、光传输设备上、3G 基站设备上得到应用。

采用 IEEE 1588v2 协议进行时间同步是通过 P2P 延时计算机制进行,通过报文的收发获取时间信息,计算出时间偏差,对本地时钟进行校准,从而实现时间同步。设备通过记录主从设备之间报文传递时产生的时间戳,计算出主从设备之间的路径延迟和时间偏移,实现主从设备之间的时间同步。

主要应用报文分为两类:事件报文和通用报文。事件报文包含两个:Pdelay_Req,由从设备发起;Pdelay_Resp,由主设备发起。通用报文包含 1 个:Announce,由主设备发起。

图 3-1-14 所示是设备计算路径延时和时间偏移的过程和原理:NodeA 为从设备,发起 Pdelay_Req 报文;NodeB 为主设备,响应 Pdelay_Resp 报文。

a. 设备在时刻 t_1 发送 Pdelay_Req 报文。

b. 设备在时刻 t_2 接收到 Pdelay_Req 报文。

c. 设备在时刻 t_3 发送 Pdelay_Resp 报文给主设备,同时携带 t_2。

d. 设备在时刻 t_4 接收到 Pdelay_Resp 报文。

上述报文离开和到达时打戳的时钟都是本设备内部的系统时钟。

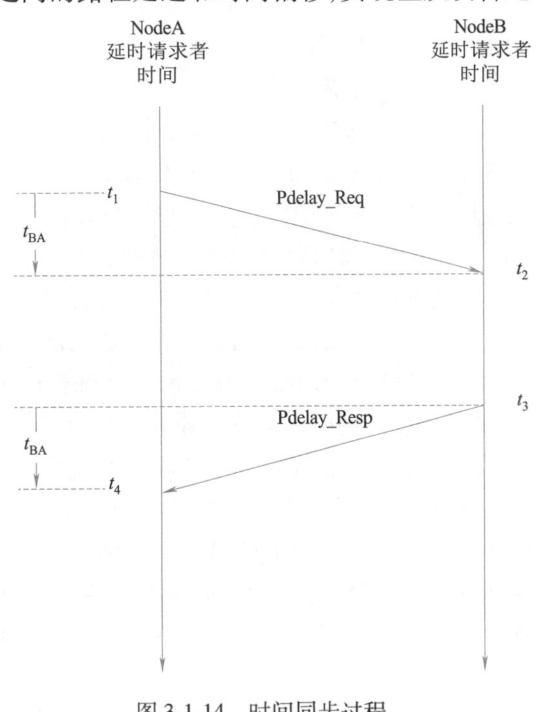

图 3-1-14　时间同步过程

通过上述报文传递过程,A设备获取 t_1、t_2、t_3、t_4 共4个时间,在假设双向延时相同的前提下,利用这4个时间计算出主从设备之间的路径延时,进而计算出时间偏移;然后利用这个时间偏移修正本地时间,使主从设备之间的时间实现同步。

路径延时:$Delay = [(t_4 - t_1) - (t_3 - t_2)]/2$;

则 $t_2 = t_1 + Delay + Offset = t_1 + [(t_4 - t_1) - (t_3 - t_2)]/2 + Offset$;

时间偏移:$Offset = [(t_2 - t_1) + (t_3 - t_4)]/2$。

从设备计算出时间偏移后就可以修正本地时间,使其和主设备时间同步了。

在我国,PTP技术主要是基于光传输系统实现高精度时间传送。国内运营商在最近几年中开展了通过地面传输系统传送高精度时间的研究,在实验室及现网上进行了大量的试验,目前国内已在一定规模的网络环境下实现了PTP局间时间传送,精度能满足业务的需求。

2.1588v2时间同步地面传输技术

现网CDMA2000基站和TD-SCDMA基站普遍通过安装GPS天线模块实现时间同步,存在施工安装复杂,设备稳定性降低和安全性等问题。

(1)天馈施工难度加大:GPS天线安装需满足120°的净空要求,否则影响接收到卫星的数量,对于室内分布等基站难以满足天线安装条件。

(2)设备不稳定因素增加:目前GPS时钟模块已成为基站损耗率较高的主要模块,根据移动基站设备故障率统计,GPS时钟已成为除射频模块外的第二高故障率设备,占总故障数15%左右。

(3)对GPS依赖过高,会给移动通信整网运行带来安全隐患。

为了解决这些施工难题和安全隐患,提高通信系统整网运行的安全可靠性,依托地面承载传输网,通过1588v2时间传送技术组建高精度时间同步网,为各业务系统提供时间同步。

1588v2技术是一种地面传输定时技术,可以通过网络业务接口将高精度时钟时间源(BITS设备)的时钟、时间信息传送到接入层,通过以太网接口为基站提供定时,或采用1PPS+ToD接口直接给基站提供定时。

1588应用时规定了3种时钟模式:普通时钟(OC)、边界时钟(BC)和透明时钟(TC)。普通时钟作为网络始端或终端设备,该设备只有一个1588端口,只能作为从时钟或者主时钟。

1588v1版本中引入了边界时钟的概念。边界时钟有两个以上1588端口,每个端口可接入到不同的1588通信路径。边界时钟的引入是为了减少网络波动的影响。因为从时钟相对主时钟的时间偏差计算是基于主从时钟之间的传输延迟相等;如果主从时钟之间距离较长,则可能经过多个网络节点,很容易受到网络波动的影响,网络中间节点处理延迟和抖动可能会很大,这就影响了计算出来的时间偏差量的准确性。边界时钟有多个端口,用在主从时钟之间逐级同步,从而能减少网络中间节点处理的影响。

边界时钟的不同端口可以处于不同的主从状态。与上一级相连的端口作为从时钟,呈现的是从状态,与下一级时钟相连的端口作为主时钟,呈现的是主状态。边界时钟方式下,设备从时钟端口接收到上游用来同步和建立主从关系的1588报文后将对其进行终结,在设备内部重新产生新的报文后,通过其他端口向下游传送。边界时钟还用于划分域和连接底层技术不同的域。使用边界时钟,可支持两侧网络协议的改变,支持PTP特点改变(如更新率、时钟类型)等。

1588v2中除了边界时钟,还引入了透明时钟。与边界时钟不同,透明时钟设备接收到1588

报文后不进行终结,而是修正报文时间戳信息,将其传送给下游设备。透明时钟又分为 E2E 透明时钟和 P2P 透明时钟两种。对于 1588 事件消息,E2E 透明时钟驻留时间桥会测量 1588 事件消息的驻留时间(指消息穿越透明时钟所需要的时间),并将驻留时间写入报文传给下游。对于每一个端口,P2P 透明时钟有一个额外的模块,这个模块用来计算端口和与它分享这条链接的另一端(上一级的 P2P 透明时钟或主时钟)的链路延迟,并与驻留时间一起写入到报文中。

在 1588v2 传送以及同步过程中,影响同步精度的因素主要包括几个方面。一方面是 1588 时钟的协议栈延时抖动和网络组件的延时抖动。报文从 1588 协议层出发到报文真正离开时钟的协议栈延时时间是不确定的,报文从进入接口,到 CPU 处理打戳延迟时间也是不定的;另一方面,基于上下行时延对称的前提,1588v2 同步机制在实际网络上下行时延不对称时(包括光缆长度、节点处理等)会引入时间偏差。

针对这些问题,1588 提出了相应的解决方法。对于协议栈的延时抖动,通过硬件支持,在物理层打戳来解决。物理层打戳的延时抖动一般在数纳秒之内,达到了降低抖动的目的。对于网络组件的延时抖动,1588 设计了边界时钟和透明时钟,减少网络中间节点处理的影响。如果网络中经过的每个设备都支持 1588 边界时钟或者透明时钟,相比设备对 1588 报文纯透传,可以避免设备处理的延时抖动。在实际应用时,传输网络多为双向双纤系统。上下行光纤长度不对称是 1588 较难克服的一个问题,为了达到时间同步,1588 实际部署时可以提前采取手动措施补偿非对称误差。例如通过光时域反射仪分别测量双向光纤的长度,或者通过时间测试仪提前测量时间偏差的大小,在设备中记录测量得到的时间偏差补偿量,运行 1588 时根据记录的时间偏差补偿量进行修正。

任务小结

本任务介绍了 POTN 支持同步的需求和同步的原理,分为频率同步和时间同步,对频率同步的方式和技术进行了说明。对时间同步的需求进行了介绍,并简要说明了 1588v2 时间同步地面传输技术。

任务二　了解 OTN 同步技术

任务描述

本任务主要介绍 OTN 设备频率同步的功能模型、时钟传递方式、时间同步方式等。为后续学习同步技术做铺垫。

任务目标

(1)识记:OTN 设备频率同步的功能模型。
(2)领会:OTN 频率同步,OTN 时间同步。

任务实施

一、OTN 频率同步

OTN 本身具备一定的频率同步功能，当恒定速率的客户信号以比特同步映射入 OTN 帧时，产生的 OTN 线路信号与客户信号具有相同的定时特性，将定时特性向下游传送并在解映射时提取出原来的定时信息，其定时特性通过 OTN 帧内调整控制字节（justification control byte）而得以保留，在远端客户信号解映射时，通过参考 OTN 帧内调整控制字节，可以将定时信息在一定程度上恢复。

此外，ITU-T 定义了 GMP（通用成帧进程）封装协议，实现了业务和时钟的分离，同步以太网得以在 OTN 网络透传。GMP 是一种客户侧业务到 ODU*k* 的封装处理方法，该方法在映射过程中，保证了客户业务在 ODU*k* 净荷区内的均匀分布，且不对客户做处理，所以解映射时很好地恢复了客户侧业务的时钟性能。当同步以太业务穿过应用了 GMP 作为映射办法的 OTN 系统时，不会引入很大的抖动和漂移。

以上机制还是建立在异步的 OTN 基础之上，而在移动回传应用中，对于 2 G 基站和 3 G、LTE 基站，对于时钟同步精度都提出了 50×10^{-9}以内的要求。为满足需求，需要 OTN 能够提供高精度频率同步。

同步以太网一般是各类传送网常用的频率同步技术。OTN 支持频率同步功能就是要支持同步以太网功能。

传统的 OTN 网络支持 CBR 业务，但是随着数据业务的剧增，OTN 越来越多地承载以太网业务。具备同步以太网功能的 OTN 设备从以太网业务物理层数据码流中提取网络传递的高精度时钟，再进行跟踪和处理，形成系统时钟，在发送侧采用系统时钟进行数据发送，从而实现不同节点间的频率同步，为系统提供基于频率的时钟同步功能，不受业务负载流量影响。在同步以太网中，下游设备为了正确选源，在传递时钟信息的同时，必须传递时钟质量信息（SSM）。具备标准帧格式的 OTN 报文设备通过构造 SSM 报文的方式通告下游设备。从应用角度看，同步以太网实现的是一个基于链路的时钟传递，要求时钟路径上的所有链路都具备同步以太网特性。因为同步以太网时钟的传递是基于链路的，原则上要求时钟路径上的所有 OTN 节点都具备同步以太网特性，实现整网的时钟同步。

同步以太网在 OTN 网络中传送主要有两种应用场景，如图 3-2-1 所示。

BITS 设备为 OTN 提供定时参考源。

BITS 为 PTN 设备提供定时参考源，PTN 设备的同步业务穿越 OTN 网络进行传送。

OTN 支持频率同步主要有两种方式：

①透明传送同步时钟。在比特同步映射和采用了 GMP 技术的映射过程中，客户信号被无损地装入 OPU*k* 容器中，经过 ODU*k*、OTU*k*、OCh 等过程，最后被调制到 OCC 上。这种模式多用于场景 2，BITS 为 PTN 等接入、汇聚设备提供同步时钟参考源的情况。

②逐点处理传送同步时钟。BITS 可以通过同步接口直接为 OTN 设备提供定时，OTN 设备通过网络侧接口如 OTU*k*、OSC 等，传送同步时钟并通过业务接口，如 xGE/2 MHz/（2 Mbit/s）等为网络设备提供定时。这种模式多用于场景 1，BITS 直接为 OTN 设备提供定时，OTN 设备提供定时分发功能。逐点处理传送同步时钟功能，在 OTN 设备上有两种实现方式：物理层同步方式和 PTP 同步方式。

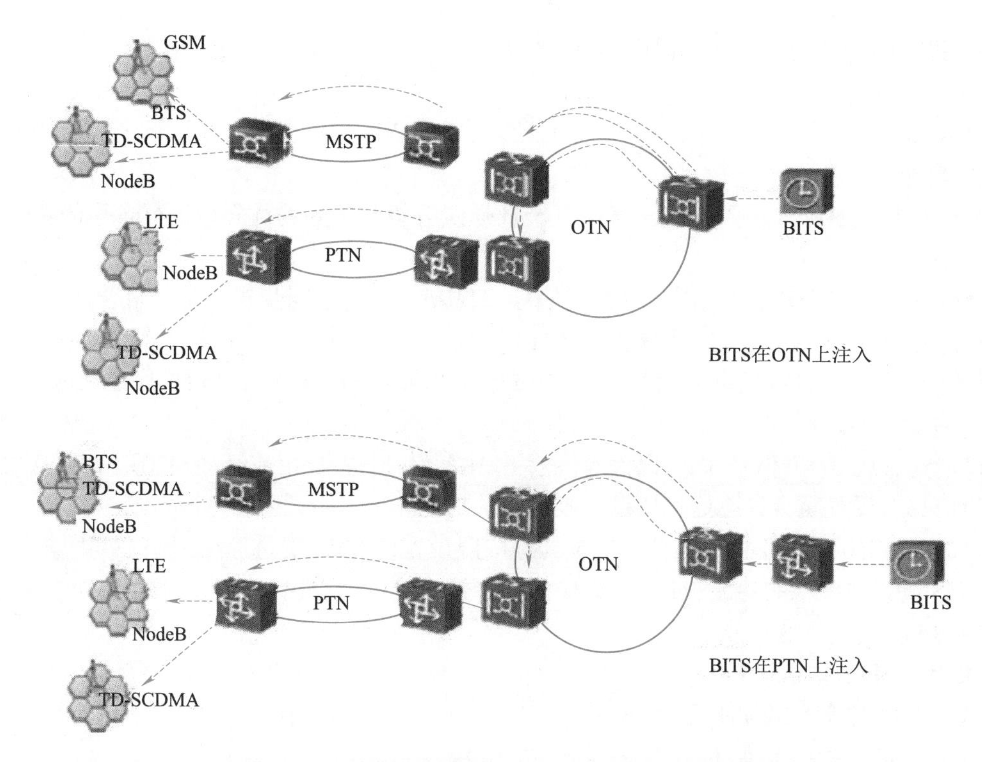

图 3-2-1　同步以太网在 OTN 网络中传送应用示意图

(一)OTN 设备频率同步时钟功能模型

OTN 设备频率同步时钟应支持物理层信号频率同步功能,频率同步时钟功能模型如图 3-2-2 所示。其中,TN/TE/T1 分别为 OTU*k*/同步以太网/STM-*N* 输入接口,T2 为支路信号输入接口,T3 为外同步输入接口,SETG 为同步设备定时发生器,T4 为外同步输出接口,T0 为内部定时接口。对于支持 PTP 报文同步的方式,宜参考 T2 接口的处理方式;对于支持 OSC 同步的方式,宜参考 T2 接口的处理方式。

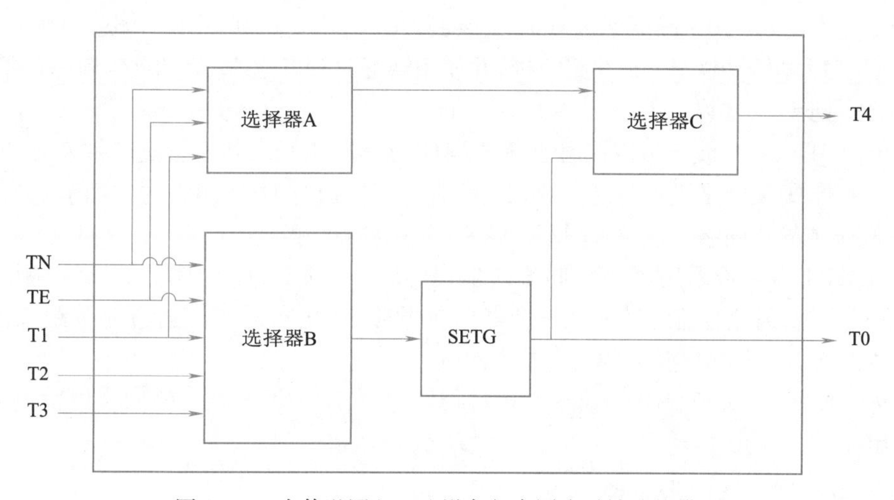

图 3-2-2　光传送网(OTN)设备频率同步时钟功能模型

OTN 设备时钟结构中的选择器应具有以下功能。

1. 选择器 A

（1）应具有对所有 OTUk 信号、同步以太网信号和 STM-N 信号进行优先级设置及闭塞/打开设置的功能。

（2）应具有按照所有选择的输入信号的 SSM 质量等级和预置的优先级进行排序的功能。

2. 选择器 B

应具有对所有 OTUk 信号、同步以太网信号、STM-N 信号、外同步输入信号和 PTP 报文（可选）进行优先级设置及闭塞/打开设置的功能。

应具有按照所有选择的输入信号的 SSM 质量等级和预置的优先级进行排序的功能。

3. 选择器 C

（1）应具有从 OTUk 信号、同步以太网信号、STM-N 信号直接导出或经过 SETG 输出的功能。

（2）应具有设置同步状态信息质量等级门限的功能。

（3）对于 2 Mbit/s 外同步输出接口，应具有按照设置的 SSM 质量等级门限在 T4 输出信号中插入 AIS 信息或闭塞的功能；对于 2 MHz 外同步输出接口，应具有按照设置的 SSM 质量等级门限闭塞 T4 输出信号的功能。

4. 定时参考信号优选顺序

（1）人工强制命令，例如强制倒换。

（2）定时信号失效，例如 LOS、LOF、AIS 等。

（3）SSM 质量等级。

（4）预置的优先级。

5. 外同步接口要求

应至少配置两个外同步输入接口和两个外同步输出接口，接口种类为 2 048 kbit/s 或 2 048 kHz，其物理/电气特性应满足 ITU-T 建议 G. 703 的要求。

（二）透明传送同步以太时钟

同步以太透传功能，以 GE 的同步以太透传为例，从接入到 OTN 网络的客户 GE 端口 1.25 Gbit/s 速率的 8B/10B 码流通过 GMP 封装到 ODU0，再复用到 ODU1 传送。OTN 网络出口端节点跟踪 GMP 帧缓冲恢复 GE 线路时钟，并使用恢复时钟发送 1.25 Gbit/s 速率的8B/10B码流，透明传送同步以太协议。

在透传模式下，每个波长可以同时承载多路 GE 业务，相互之间不影响时钟恢复，支持多个时钟域的时钟跨 OTN 网络进行传送。客户 GE 业务可以通过 OTN 网络的中间节点进行调度，适应 OTN 同步或异步网络。满足 G. 8251、G. 8262、G. 8264 标准。

10GE LAN 业务实现采用了比特同步映射（BMP），在映射过程中恢复了客户侧时钟作为 ODUk 的发送时钟，因此容器时钟和客户业务时钟同步，在出口端节点通过时钟跟踪恢复出客户侧时钟并作为 10GE LAN 业务的发送参考时钟。

透明传送模式下，对于 SSM 协议报文也进行了透传，OTN 设备在传输同步以太过程中仅承担管道作用。

（三）逐点处理传送同步时钟

1. 物理层同步方式

物理层同步方式类似典型的 SDH 设备，OTN 设备可以从客户侧的同步以太物理层的信号中恢复出时钟频率，作为系统时钟参考源；设备支持解析、处理 ESSM 报文，支持 SSM 协议。也可以从网络侧的 OTU*k* 业务物理层信号中提取时钟，作为系统时钟参考源。对于 OTN 信号，SSM 信息位于 OTU 开销中的 RES 保留字节。

物理层方式，性能满足 G.813、G.8262 标准要求，设备功能满足 G.781、G.8264 标准要求。

2. PTP 同步方式

PTP 同步方式是在启动了 1588v2 功能后可以选择的一种同步方式，采用 1588 报文中的 Sync 报文，通过连续发送 Sync 报文携带本地的时钟信息，下游网元通过 Sync 报文到达的延时变化获取频率信息。选源算法采用 BMC 算法，性能满足 G.813、G.8262 标准要求。

另外，提供 BITS 和 OTN 设备之间频率同步的接口界面，可以支持性能满足 G.811/G.812 标准，电气特性满足 G.703 的 BITS 的(2 Mbit/s)/2 MHz 信号接入到 OTN 设备，提供频率同步参考源。

支持设备输出符合性能，满足 G.813 标准，电气特性满足 G.703 标准的(2 Mbit/s)/2 MHz 信号，提供给其他设备作为同步参考源。

二、OTN 时间同步

无论是 SDH/MSTP 设备、PTN 设备、路由器设备，还是异步的 OTN 设备，实现同步功能的方式基本相似。对于 OTN 而言，可以归纳有三种方式：一是客户信号承载（透传方式）；二是带外 OSC 方式；三是带内（开销）方式。

对于第一种方式，当 GE 业务进入 OTN 设备时，无论是采用 ODU0 映射方式，还是 GFP 封装方式，都会无法控制映射过程带来的时延变化，导致延时误差过大，相关试验数据也证明了这个分析结果。当 10GE LAN 业务采用超频方式进入 OTN 设备时，经过测试验证，正常情况下时间传递性能可以保证。受到承载业务类型的限制，上下行之间的延时无法做到主动控制，因此目前客户信号承载（透传方式）存在一定的问题。

第二种带外 OSC 方式，通过改造 OTN/WDM 系统的监控通道系统组成同步以太网，在同步以太网基础上运行 1588v2 协议，设备对外提供 1PPS + ToD 接口或专用 PTP 接口支持时间同步。因为 OSC 信号处理简单，不会带来额外的时延，可以较好地保证时钟质量。另外，由于 OSC 逐点再生，每两个站点间光缆的差异都可以通过每个节点的延时设置进行补偿，克服了透传方式下因为光缆级联带来的较大差异。但是，OSC 通道在每个 OA 站都需要上下，造成时间同步传递的跳数增加，也增加了故障发生点。

第三种带内（开销）方式是借鉴其他承载设备的同步技术。如传统 SDH 设备必须满足 SEC 功能（ITU-T G.813），PTN 和路由器设备则需要满足 EEC 功能（ITU-T G.8262），在 ITU-T 建议中，SEC 和 EEC 的架构是完全一样的，只是一个是 SDH 接口，一个是以太接口而已。因此，在实际应用中，MSTP/SDH 设备和 PTN 设备，以及路由器设备，还有 OTN 设备，支持时间同步都可以具有相同的同步架构，各个接口模块的同步实现方案基本一致，包含有接口单元和时钟处理单元，如图 3-2-3 所示。

接口单元包括 UNI 侧接口单元、NNI 侧接口单元，以及辅助接口单元。UNI 和 NNI 完成线路时钟的提取和发送、时间戳处理、时钟报文的识别解析和构造，以及与集中时钟单元之间时钟信号、时间戳信号、同步协议状态信息的交互。辅助接口单元是设备专门的独立外部时钟接口，可包括传统的 2 MHz/(bit/s) 接口，以及 1PPS + ToD 接口，主要用于从 BITS 设备引入同步源，以及对外测试接口。

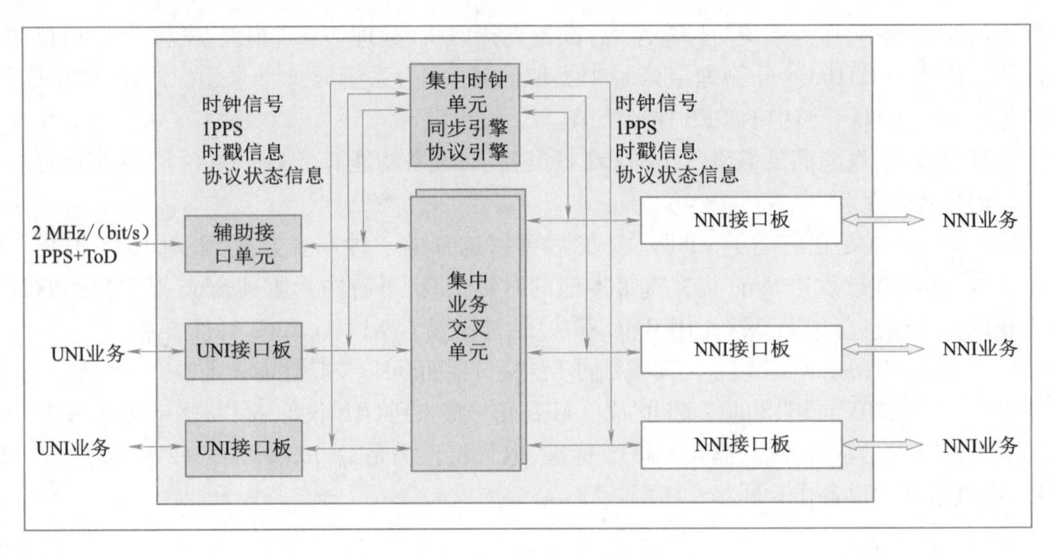

图 3-2-3　承载网设备统一同步架构

集中时钟单元主要根据接口单元上报的信息进行时钟同步以及跟踪路径的计算，并向接口单元分发同步信号和状态信息，实现本设备和上游设备之间的同步，并向下游设备分发同步信息，以及实现本设备内部各个单元之间的同步。

在统一的同步架构上，应用到具体产品，不同系统内部的总线结构和集中时钟单元的处理基本一致。各个接口单元的处理，只要是业务类型相同，都可以采用相同的处理方案。基于统一同步架构，OTN 设备实现时间同步的功能模型如图 3-2-4 所示。其中 OTN 网络外部接口包括外时间接口 1PPS + ToD，用于和 BITS 对接，引入时间源；FE/GE/10GE 等以太接口，用于和 PTN 网络对接。OTN 网络内部接口包括 OTUx 接口，用于业务和内部 1588v2 传递，OSC 通道用于内部 1588v2 传递。

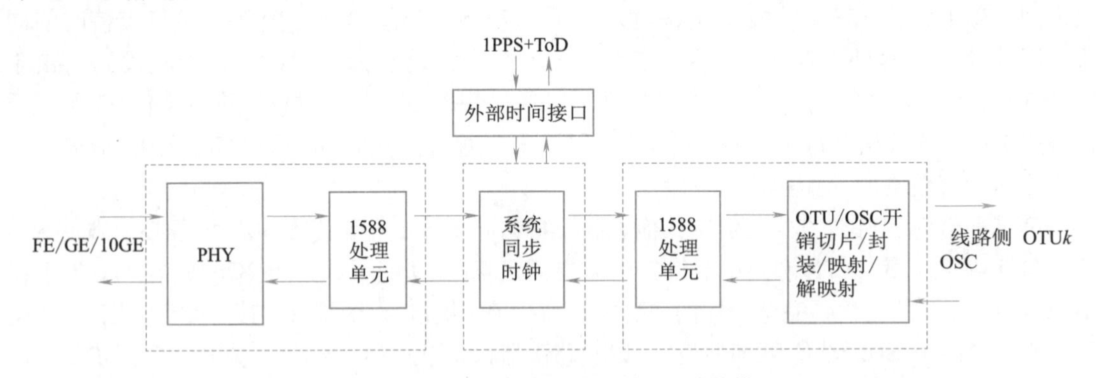

图 3-2-4　OTN 设备实现时间同步的功能模型

在逻辑关系上，OTN 设备 1588v2 处理逻辑结构遵循 1588v2 协议定义，包含接口单元、时戳单元、PTP 协议引擎和同步环路控制单元。在接收方向，对支路侧和线路侧业务中的 1588v2 报文进行识别，送给 1588v2 报文协议处理单元处理，进行报文解析和参数提取，并上报给集中时钟单元。在发送方向，1588v2 报文处理单元根据系统集中时钟单元下发的各种参数，构造发送的 1588v2 报文，然后送给开销处理单元进行封装，将 1588v2 报文封装到位置固定的开销中，以便在 OTN 线路上进行传输。

1588v2 同步精度很大程度上依赖于打戳的位置,因此 OTN 能否和以太业务一样找到稳定的时戳点非常重要。在 OTN 接口,通过事先定义好的开销字节存放 1588v2 报文,这个开销的位置在 OTU*k* 帧结构里面的位置是固定的,因此在 OTN 开销模块中对 1588v2 报文进行打戳是可行的。通过实际测试也初步验证了带内(开销)方式传递时间同步的性能。

此外,在 OTN 网络发生保护倒换后,对于带外 OSC 方式,OSC 单板本身可以知道光纤的倒换状态,因此可以及时更新物理链路的静态不对称补偿值,不会影响同步精度。对于带内(开销)方式,需要通过光层单板通知到电层单板,电层单板根据光纤的状态更新光纤物理长度的静态误差,从而实现光纤不对称的补偿值更新,避免光层倒换对 1588v2 同步精度的影响。

带内方式和带外方式具体实现如下:

(1)ESC(带内方式)。通过 OTU*k* 接口开销的 RES 字节信道传输 1588v2 报文。要保证高精度,必须保证打戳的精确性。OTU*k* 接口的 1588v2 时间戳在帧头 A1A2 处产生,即在 SerDes(并串行与串并行转换器)之后,Framer 芯片一旦检测到 OTU*k* 帧头 A1A2,就打戳。打完时间戳以后再到后面的 1588v2 处理模块提取 1588v2 报文,只有和 1588v2 EVENT 报文匹配的时间戳才会被留下,作为时间同步的时间戳。支持 1588v2 报文的 OTN 线路接口包括 OTU1/2/3 光口,其他接口待研究。OTU*k* 线路接口采用 1588v2 报文实现时间同步,采用 BMC 算法建立同步跟踪路径,支持 1588v2 报文如下:

①Announce 报文:用于 BMC 选源,不需要打戳。

②Sync、Delay_Req 报文:用于时间同步,必须打戳。

③Delay_Rsp 报文:用于回传 T4 时间戳,不打戳。

(2)OSC(带外方式)。通过 OSC 通道的净荷承载 1588v2 报文。OSC 信道通常是(1 510 ± 10)nm[(198.5 ± 1.4)THz],其他波长的定义可以参考 G.692 的 Annex B。OSC 信道信息可以在 OTN 的每个节点以及光放站获得。OSC 信道也有帧结构,和 OTU*k* 接口类似。在帧头位置打戳,可以满足 1588v2 的高精度要求。

因此在 OTN 网络传递时间同步,目前存在带外 OSC 和带内(开销)两种可行的方式,二者优缺点见表 3-2-1。鉴于带内、带外方式的优缺点,在条件许可的前提下,同时采用带内方式 + OSC的混合传送方式,实现互相备份,提高骨干核心层时间同步网的可靠性。

表 3-2-1　带外 OSC 和带内(开销)传递时间同步对比

方式	优　点	缺　点
带外 OSC 方式	同步和业务通道分离,网元业务配置相对简单,只需要使能 OSC 单板端口的同步功能;在本身已经配置 OSC 的场景,可以不要求业务板支持同步,网元单板配置相对简单	(1)无法支持长距跨段传输; (2)需要专门配置支持时间同步的 OSC 监控信道单板; (3)OSC 端口少,组网不灵活,只能实现简单的保护; (4)如果只配置一块 OSC 单板,则所有同步功能全部集中在 OSC 单板上,一旦 OSC 单板故障,整个 OTN 设备的同步功能全部瘫痪; (5)OSC 监控信道是私有接口,没有统一标准
带内开销方式	解决单跨长距场景传输同步问题;组成多点对多点的环网进行保护;和业务随路,不需要额外配置 OSC 单板	(1)由于和业务随路,在网元业务配置时需要同时考虑时间同步,主机软件、网管等需要支持同步的因素; (2)目前带内开销的时间同步没有统一标准

任务小结

本任务介绍了 OTN 频率同步的两种方式透明传送同步时钟和逐点处理传送同步时钟，以及 OTN 时间同步的三种方式，即客户信号承载（透传方式）、带外 OSC 方式和带内（开销）方式。

任务三　学习 OTN 同步实现方案

任务描述

本任务主要介绍 OTN 设备中以太网接口、OTU 接口和 1PPS + ToD 接口的同步实现方案、OTN 同步网的倒换保护以及 OTN 设备的应用场景。

任务目标

（1）领会：各种接口的同步实现方案、同步网的保护倒换机制。

（2）应用：OTN 设备的应用组网场景、IEEE 1588v2 光纤不对称补偿问题。

任务实施

一、各种接口的实现方案

（一）支路以太接口的实现方案

以太网接口的实现方案完全遵循 IEEE 1588v2 协议，整个以太网接口的 1588 报文处理流程如图 3-3-1 所示。

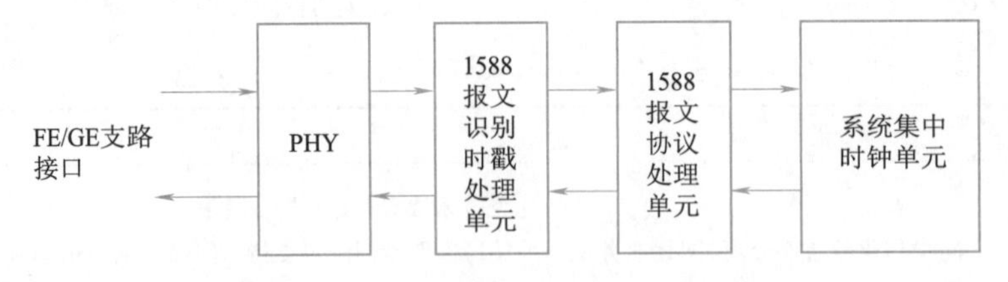

图 3-3-1　以太网接口的 1588 报文处理流程

1. 1588 报文处理流程

在 PHY 和 MAC 之间打戳，检测到前导码和报文头即开始打戳。

接收方向：在 MAC 层，对 1588 报文进行识别，只有和 1588 EVENT 报文匹配的时间戳才会上报给集中时钟板。识别出 1588 报文后，送给 1588 报文协议处理单元处理，进行报文解析和参数提取，并上报给集中时钟单元。

发送方向：1588 报文协议处理单元根据集中时钟单元下发的参数进行报文的构造，并发送给下游时间戳处理单元。时间戳单元对所有出口的报文进行打戳,只有和 1588 EVENT 报文匹配的时间戳才会插入到报文相应的域中,经过 PHY 发送出去。

2. 时戳位置

以太网接口的时间戳位置遵循 1588v2 协议,在 PHY 和 MAC 之间,检测到前导码后在报文头处打戳。如图 3-3-2 所示,时间戳位置在点 A 处,时间戳由硬件产生,可以很好地保证精度。

3. 报文类型

以太网接口支持 1588v2 协议定义的事件报文和通用报文,报文格式完全符合 1588v2 协议。以太网接口支持的 1588v2 报文见表 3-3-1。

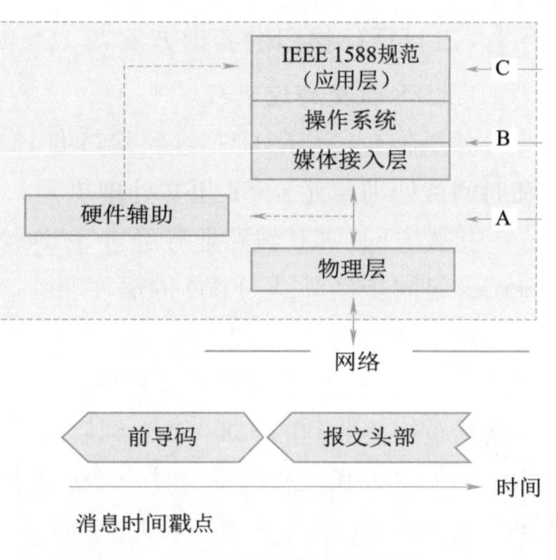

图 3-3-2　以太网接口的时间戳位置

表 3-3-1　以太接口支持的 1588v2 报文

事件报文	通用报文
Sync	Announce
Delay_Req	Follow_Up
Pdelay_Req	Delay_Resp
Pdelay_Resp	Pdelay_Resp_Follow_Up

4. 报文封装

以太网接口的 1588 报文封装格式支持 ETH Ⅱ封装和 IPv4 封装。ETH Ⅱ封装报文格式如图 3-3-3 所示。

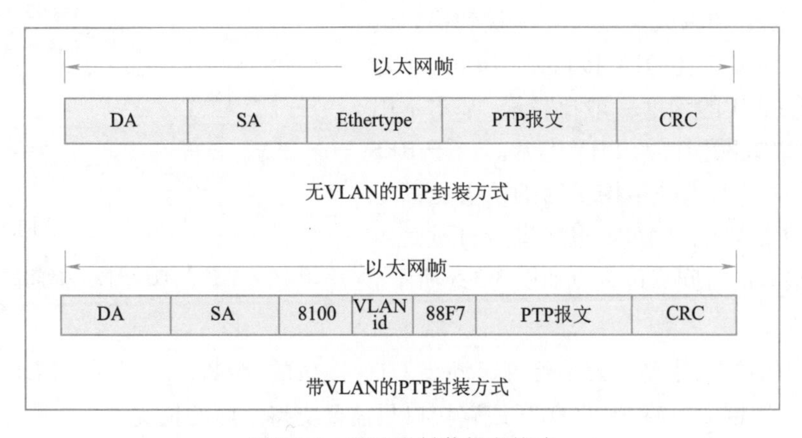

图 3-3-3　ETH Ⅱ封装报文格式

5. 发包间隔

以太网接口支持报文发送间隔可配置,配置范围为 1/16 ~ 1/256。

6. 延时机制

以太网接口支持 1588v2 协议定义的 E2E 和 P2P 延时机制。

(二)OTU 接口的实现方案

1. 1588 报文处理流程

如图 3-3-4 所示,OTU 线路接口的 1588v2 处理经过并串行与串并行转换器(SerDes)、开销和时间戳处理单元、1588 报文处理单元。

接收方向:OTU 线路业务经过 SerDes 完成串并转换后进入开销和时间戳处理单元。由于 SerDes 是同步接口,且 FIFO 的深度很小,基本不会引入延时误差,类似以太网接口的 PHY 芯片。时间戳处理单元根据收到的 1588 报文,对每一帧进行打戳。开销处理单元从开销中解析 1588v2 报文,只有和 1588v2 EVENT 报文匹配的时间戳才会上报给集中时钟单元。开销处理单元解析重构接收到的 1588v2,送到后面的 1588 报文处理单元,进行 1588 报文的解析,并将报文中的相关参数和状态送集中时钟单元进行处理。

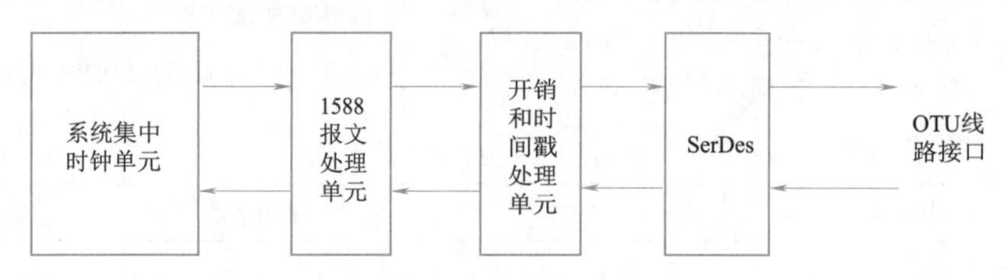

图 3-3-4　OTU 线路接口处理流程

发送方向:1588 报文处理单元根据系统集中时钟单元下发的各种参数,构造发送的 1588v2 报文,然后送给开销处理单元进行封装,将 1588v2 报文封装到 OTU 的开销中,以便在 OTU 线路上进行传输。时间戳单元仍然对每一帧进行打戳,只有和 1588v2 EVENT 报文匹配的时间戳,才会插入到相应的时间戳位置,传向下游节点。

2. 时间戳位置

1588v2 同步精度很大程度上依赖于打戳的位置,因此 OTN 能否和以太网业务一样找到稳定的时间戳点非常重要。在 OTN 接口,SerDes 由于是同步接口,且 FIFO 的深度一般比较浅,基本不引入误差,类似以太网接口的 PHY 芯片。由于 RES 开销字节位置在 OTUk 帧结构里面的位置是固定的,因此在 OH 模块中对 1588 报文进行打戳是可行的。OTU 接口的时间戳位置点如图 3-3-5 所示。

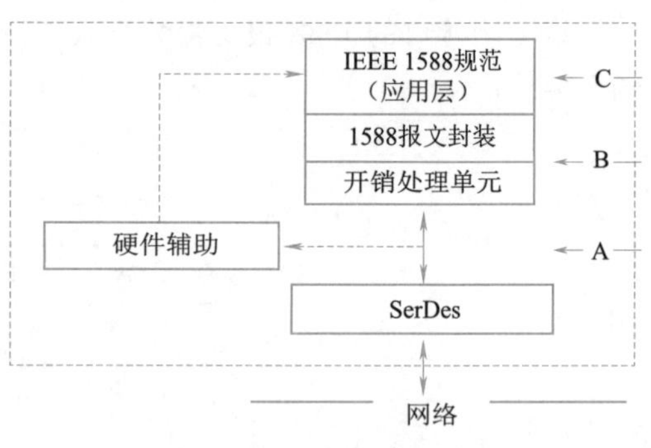

图 3-3-5　OTU 接口的时间戳位置点

3. 报文类型

报文类型的选取,主要考虑是否可以满足 OTU 接口的 1588v2 时间同步需求,同时尽可能节省 OTU 的开销带宽资源,因此 OTU 线路接口只需要支持下面的报文。

(1)时间同步:Sync、Delay_Req、Delay_Resp。

(2)BMC 选源:Announce。

4. 报文封装

OTU 线路接口不能直接传送 Sync、Delay_Req、Delay_Resp 和 Announce 报文,只能将 1588 封装在 OTN 的开销中进行传递。封装到 OTN RES 开销中的 PTP 报文格式如图 3-3-6 所示。

由图 3-3-6 可见,OTU 线路接口传递的 1588 报文和以太网接口的 1588 报文类似,并带 CRC 校验,可以有效保证传输的正确性。

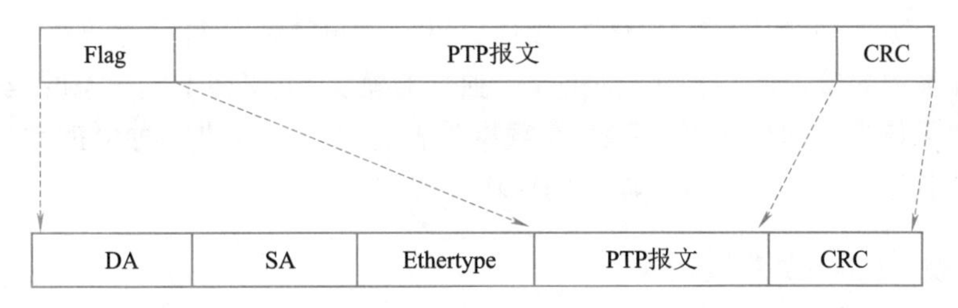

图 3-3-6　封装到 OTN RES 开销中的 PTP 报文格式

OTN 开销带宽的计算:根据 G.709 标准定义,OTU 接口帧速率,见表 3-3-2。

表 3-3-2　OTU 接口帧速率

OTU/ODU/OPU 类型	时间长度
OTU1/ODU1/OPU1/OPU1-*X*v	48.971 μs
OTU2/ODU2/OPU2/OPU2-*X*v	12.191 μs
OTU3/ODU3/OPU3/OPU3-*X*v	3.035 μs

据此计算出,完整利用一个 RES 字节将得到的带宽,见表 3-3-3。

表 3-3-3　传送时间同步信息所需带宽

OTU*k*	带宽	帧频
OTU1	19.9 ×8 kbit/s	20 420 帧/s
OTU2	80.1 ×8 kbit/s	82 027 帧/s
OTU3	321.7 ×8 kbit/s	329 498 帧/s

根据报文速率,E2E 模式下需要发送的报文间隔见表 3-3-4。

表 3-3-4　E2E 模式下需要发送的报文间隔

报文类型	报文间隔
Sync	128/s
Delay_Req	8/s
Delay Resp	8/s
Announce	8/s

报文占用典型字节数为(128Sync + 8Ann + 8DelayReq + 8DelayResp)/1 024 ≈9.5 KB < 10 KB。由于实际上不会同时发送 Delay_Req 报文和 Delay_Resp 报文,字节数小于 10 KB。因此,利用一个 OTN 开销 RES 字节传送 1588 报文是可行的。

5. 延时机制

考虑节省开销带宽资源,OTU 线路接口只支持最常用的 E2E 延时机制。

(三)1PPS + ToD 接口

1PPS + ToD 接口用于从 BITS 引入时间源以及测试输出，也可以用于和其他承载设备对接。

综上所述，以太接口、SDH 接口、OTU 接口、1PPS + ToD 接口，每种接口都具有一套完整的实现方案，每种类型的接口同步模块，都是一个独立的模块，可以在不同形态的设备上复制。再加上可复制的“系统集中时钟单元”模块，承载网设备完全可以提供一种可拆卸、可组合的同步解决方案。不同形态的设备，可以看作不同模块之间的任意组合。

二、OTN 设备的同步实现方案

由前面的分析可以看出，OTN 设备的同步功能是“以太同步接口模块” + “OTU 线路同步接口模块” + “辅助接口模块[1PPS + ToD 和 2 MHz/(bit/s)]” + “系统集中时钟单元模块”的组合。设备内部的各模块之间的通道由于不对外体现，因此并不影响对接。

同步处理模块组合的 OTN 同步设备的硬件架构如图 3-3-7 所示。

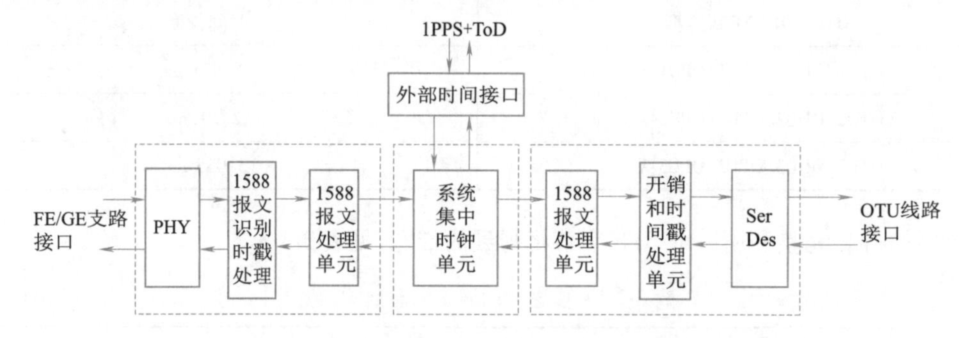

图 3-3-7　同步处理模块组合的 OTN 同步设备的硬件架构

同时，在逻辑关系上，OTN 设备的 1588v2 处理逻辑结构完全遵循 1588v2 协议定义，包含接口单元（Event、General 接口）、时间戳单元、PTP 协议引擎和同步环路控制单元，如图 3-3-8 所示。

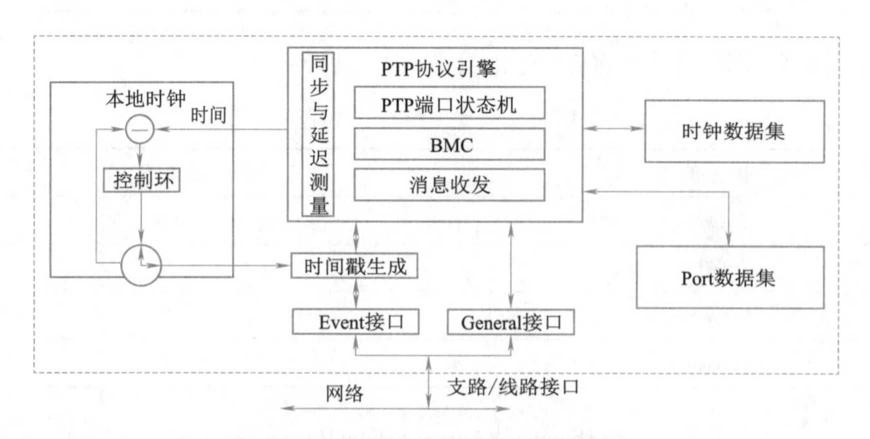

图 3-3-8　OTN 设备的 1588 处理逻辑框图

三、OTN 同步网的保护倒换机制

按照上面的分析，OTN 设备具有和 1588v2 协议完全吻合的逻辑处理层次，和 PTN 设备、

MSTP 设备完全一致的硬件架构。因此在保护倒换机制上,OTN 设备也完全遵循 1588v2 协议,通过 PTP 协议引擎的 BMC 算法实现跟踪路径的建立以及保护倒换功能。

OTN 设备的 1588v2 主从关系的建立主要依靠端口接收到来自其他设备中的 Announce 报文、端口数据集合、BMC 算法和端口状态机来实现,按照下面几个步骤来建立:

(1)接收和认证来自其他时钟端口的 Announce 报文。

(2)利用 BMC 算法决策出端口的推荐状态。

(3)根据端口状态决策算法中进入推荐状态的决策点完成端口数据集合的更新。

(4)按照推荐状态和"状态决策事件",根据端口状态机决定端口的实际状态,建立主从关系。

四、OTN 设备的应用组网场景

(一)组网模式——全网 BC 同步

全网 BC 组网模式如图 3-3-9 所示,BC 模式逻辑如图 3-3-10 所示。

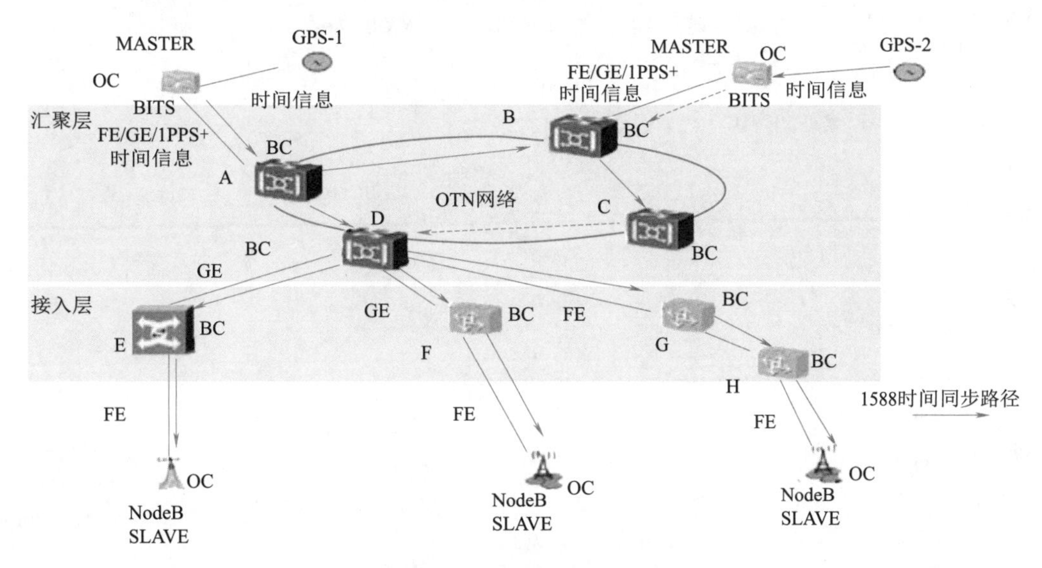

图 3-3-9 全网 BC 组网模式

注:1588 中的时钟模型有 BC(边界时钟)和 OC(普通时钟)两种,主时钟和从时钟属于 OC。图中 MASTER 为主时钟,SLAVE 为从时钟。全网采用统一时钟,OTN 设备和 PTN/MSTP 设备配置为 BC 模式。

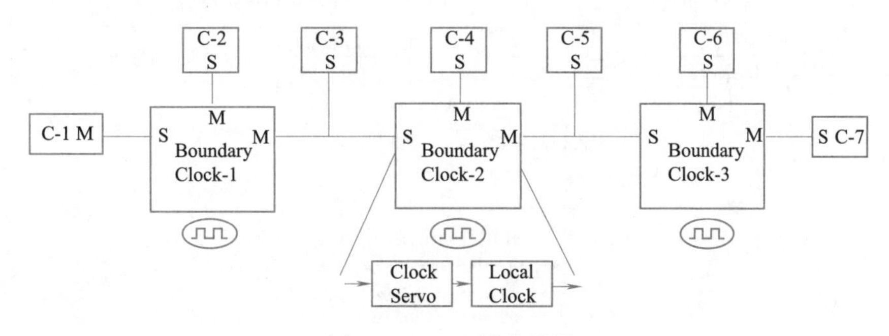

图 3-3-10 BC 模式逻辑

注:Clock Servo 表示时钟服务器,Local Clock 表示本地时钟,C 为时钟,C-1 为时钟 1,字母 M 为主用(主时钟),S 为备用(从时钟);Boundary Clock 即 BC,边界时钟。

BC 模式组网，BITS 设备部署在 OTN 网络上，一般通过 1PPS + ToD 接口注入时间源，OTN 设备和 PTN 设备均配置为 BC 模式。OTN 网络内部通过 OTU 线路接口进行同步，报文在每个 OTU 端口上产生和终结。OTN 网络通过 ETH 接口和 PTN 网络对接，即 OTN 设备在客户侧产生以太 1588 报文和 PTN 设备对接。PTN 网络内部所有网元均配置为 BC 模式，逐级同步。

BC 模式组网，可以实现全网同步功能，同时每个设备都执行 BMC 算法，可以提供完善的保护倒换机制，实现可靠的网络同步。由于每个设备都同步于源头 BITS 参考源，因此一旦同步性能发生故障，可以很方便地再追溯到故障节点。

(二)组网模式——TC 模式

TC 组网模式如图 3-3-11 所示，TC 模式逻辑如图 3-3-12 所示。

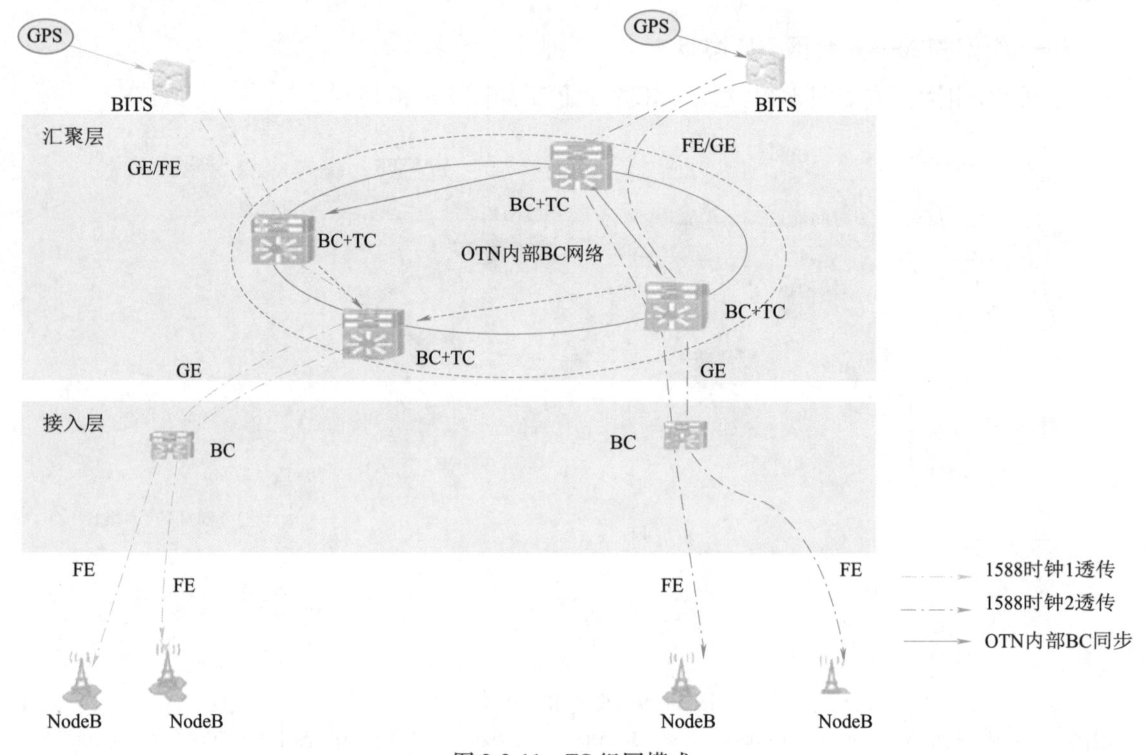

图 3-3-11　TC 组网模式

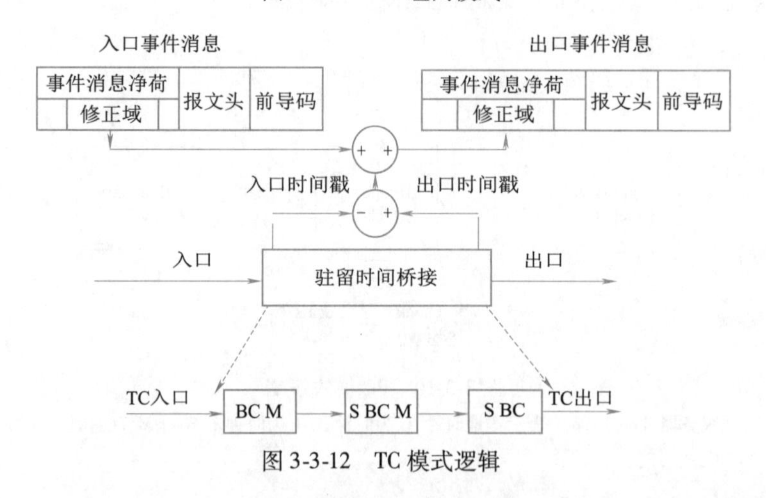

图 3-3-12　TC 模式逻辑

TC 组网模式，OTN 节点配置为 BC + TC 模式，PTN 节点配置为 BC 模式。OTN 网络内部通过 OTU 线路接口逐级同步，实现 OTN 网元之间的同步。PTN 网元的 1588 报文在穿越 OTN 网络时，进入 OTN 网络打上进入时间戳，离开 OTN 网络时打上离开时间戳，从而获得 PTN 网元的 1588 报文在整个 OTN 网络内部的驻留时间，实现 OTN 网络 TC 模式的驻留时间校正。

五、1588v2 光纤不对称补偿问题

1588 的理论依据是需要时间双向路径严格对称，物理长度上 1 m 光纤引入的延时为 5 ns 左右，400 m 的不对称就会引入 1 μs 的误差。在 1588 实际应用中，必须考虑不对称因素。前面所述现网使用仪表逐点测试，工程量较大。为减少测试工作量，可以结合网络实际情况，综合采用以下方法检测。

(一)环形网络自检时延

如果 OTN 或 PTN 设备具备环形网络自检时延的功能，可以通过在 BMC 算法运行得到的 Passive 节点或其他人为设置的测试节点分析环网两个方向得到的时间之间的偏差值来分析线路的不对称性。如果偏差过大，设备产生相应告警，需要测试查找不对称链路。

环形网络自检时延的功能，是通过在 Passive(被动的)节点分析环网两个方向得到的时间之间的偏差值来分析线路的不对称性，如图 3-3-13 所示。正常情况下，从左环和右环均得到和主 BITS 同步的时间，两者基本一致；如果其中一个方向某段光纤上下行不对称，则此方向存在时间偏差，导致两方向获得时间偏差值较大。

采用环网或者有保护路径的情况下，由于光缆割接等引起局部光纤不对称变化时，设备可提供自动补偿，不需要再利用仪表测试，如图 3-3-14 所示。当某段光缆断，系统倒换到备用路由，此时，从节点同步于备用时间节点，当光缆割接完毕恢复后，从节点又同步于原来的主用时间节点，计算时间路径倒换前后时间差异，即可进行相应补偿。

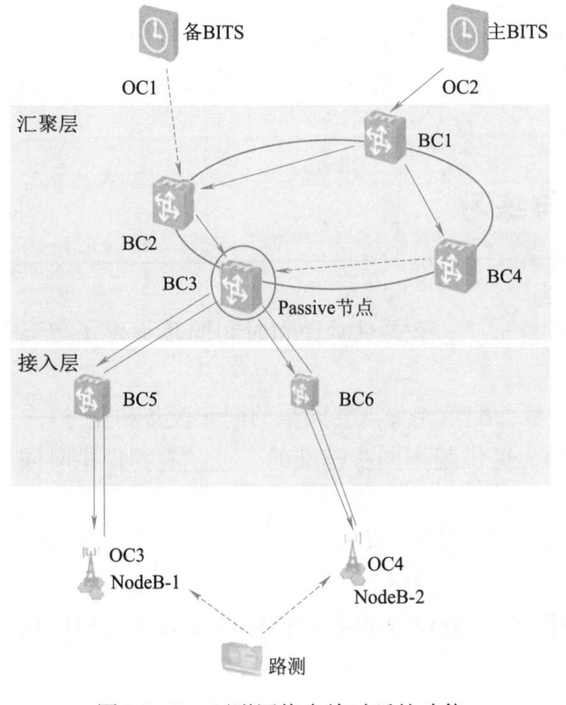

图 3-3-13　环形网络自检时延的功能

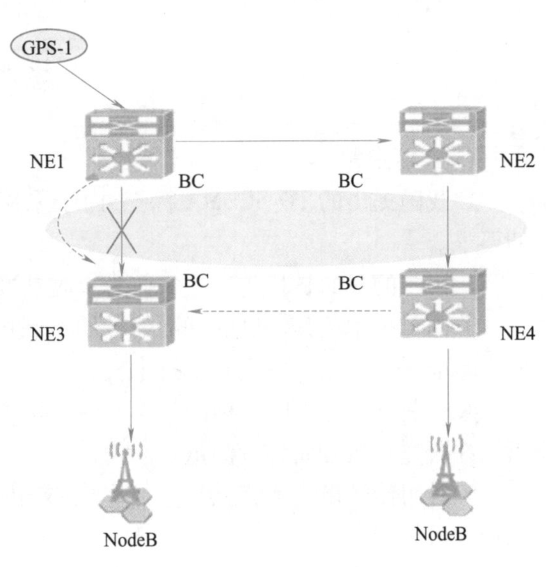

图 3-3-14　环形网络自动补偿时延

注：NE 表示网络单元。

（二）不对称性换纤时间戳测量法

两个节点之间存在两根光纤，光纤 1 和光纤 2，配置这两个节点时钟通过非测试路径锁定同一时间源，通过网管操作，启动测试，获取光纤 1 上的(t_2-t_1)数据。

$$t_2-t_1=T_{delay}+T_{slaveoffset}$$

式中，T_{delay}为光纤 1 带来的线路时延；$T_{slaveoffset}$为光纤连接的两节点之间的时间偏差值。

通知现场人员调换收发光纤后，换成另一根光纤 2，测试出第二组$(t_2'-t_1')$数据。

$$t_2'-t_1'=T'_{delay}+T'_{slaveoffset}$$

式中，T'_{delay}为光纤 2 带来的线路时延；$T'_{slaveoffset}$为光纤连接的两节点之间的时间偏差值。当保证两节点之间的时间偏差值稳定不变时，即

$$T_{slaveoffset}=T'_{slaveoffset}$$

就能方便地计算出光纤 1 与光纤 2 之间的不对称时延值，即

$$\begin{aligned}\Delta T&=T_{delay}-T'_{delay}\\&=(t_2-t_1-T_{slaveoffset})-(t_2'-t_1'-T'_{slaveoffset})\\&=(t_2-t_1)-(t_2'-t_1')\end{aligned}$$

读取网管显示的线路不对称时延值，补偿到相应端口即可。

其他方法还包括单纤双向方案，在链形网络中采用单纤双向光模块，从而保证收发延时对称；在双向光纤连接的设备侧安装光纤测距装置，两端设备分别进行上下行光纤长度的测量，并上报给网管系统，通过网管系统进行上下行光纤长度差值的补偿。

任务小结

本任务介绍了 OTN 设备接口的实现方案，包括支路以太接口、OTU 接口和 1PPS + ToD 接口的实现方案，在此基础上介绍了 OTN 设备的同步实现方案、同步网保护倒换机制和应用组网场景，最后分析了 1588v2 光纤不对称补偿问题。

※思考与练习

（一）填空题

1. 我国提出的 TD-SCDMA 标准，由于采用了________模式对时钟和时间同步提出了更高的要求。

2. 同步的目的是将________作为定时基准信号分配给相关需要同步的网元设备和业务。

3. 同步技术按其提供的基准信号的不同可分为提供频率同步基准的________和提供时间同步基准的________两大同步技术。

4. 目前涉及分组同步标准工作的国际标准组织主要包括 ITU-T、IEEE 和________，各标准组织在研究领域方面各有侧重。

5. 透明传送模式下，对于________报文也进行了透传，OTN 设备在传输同步以太过程中仅承担管道作用。

（二）判断题

1. 随着 TD-LTE 和 C-RAN 的广泛应用，对于同步的要求会越来越高。（　　）

2. 在城域网环境下，分组传送网 PTN 设备一般位于汇聚层和核心层，用以接入各类业务。（　　）

3. OTN 支持时钟同步可以实现城域内 BITS 汇聚共用。（　　）

4. OTN 承载的客户侧业务含有时间同步信息，当这些业务在 OTN 设备进行 ODU*k* 的映射、解映射，不同的方式对于传递同步没有影响。（　　）

5. 频率同步网结构要求所有的传输设备时钟都能最终跟踪一个基准时钟（PRC）。（　　）

（三）简答题

1. OTN 支持时间同步主要有哪些优势？

2. 滑码对不同业务会造成哪些不同的影响？

3. 定时参考信号优选顺序是什么？

4. 什么是 PTP 同步方式？

5. OTN 设备的 1588v2 主从关系的建立主要依靠端口接收到来自其他设备中的 Announce 报文、端口数据集合、BMC 算法和端口状态机来实现，如何建立步骤？

6. OTN 支持频率同步主要有哪两种方式？

7. OTN 设备时钟结构中的选择器 A 应具有哪些功能？

8. OTN 设备时钟结构中的外同步接口有什么要求？

9. 对于 OTN 而言，实现同步功能的方式有哪些？

10. 带内开销方式有哪些优点？

项目四 学习高速传输技术

任务 了解高速传输技术

任务描述

本任务主要介绍传输通道的特性，列举了常见高速传输技术，以及不同系统下的关键技术。

任务目标

(1)识记：传输通道特性与高速光传输需要攻克的技术难关。
(2)领会：40 Gbit/s、100 Gbit/s、超 100 Gbit/s WDM 系统关键技术。

任务实施

一、传输通道特性

光信号传输过程中，传输通道引起的损伤主要包括衰减、色度色散、偏振色散、非线性效应、强度噪声、相位噪声等。光传输速率的进一步提升使得光信号对色度色散、偏振模色散、光纤非线性效应、ROADM 级联窄带滤波效应以及光电器件缺陷更加敏感。随着光传输技术的发展，光衰减和损耗问题已得到有效的抑制，并可通过 EDFA 以及拉曼光纤放大器进行补偿。色散以及非线性效应成为限制光传输波特率进一步提升的关键因素。传统 WDM 系统是噪声受限系统，而 100 Gbit/s 等高速传输系统更多制约因素来自非线性干扰。

(一)光信噪比

光信噪比(optical signal noise ratio，OSNR)是指光在链路传输过程中光信号与光噪声的功率强度之比。当光信号 OSNR 大于某一阈值时，接收机才能有效地将承载信息的光符号从光强度噪声中分离并提取出来。

对于强度调制的光符号而言，足够的 OSNR 是光符号能够被接收并检测的充要条件；但对于包含相位调制的光符号，足够的 OSNR 仅是光符号能够被接收并检测的必要条件。除了

OSNR 以外，采用相位调制的光传输必须考虑非线性噪声的影响。

（二）色散

光脉冲通过光纤后脉冲变宽，其能量在时间上发散的现象称为色散。色散导致前后光脉冲重叠而无法区分引起符号间干扰，限制了光传输速率和距离。

单模光纤色散因其产生的机制不同，可分为色度色散（chromatic dispersion，CD）和偏振模式色散（polarization mode dispersion，PMD）。

色度色散为具有一定频谱线宽的光脉冲因介质折射系数以及芯覆层结构的频率相关性所导致的传播时延差异。

偏振模色散源于光纤制作工艺导致的非均匀轴对称结构以及外部应力所引起的双折射系数。光纤折射系数与光波的偏振态紧密相关，引起两正交偏振态光场的传播时延产生一定差异，即差分群时延（differential group delay，DGD），导致光脉冲能量在时间上发散，称为偏振模色散。差分群时延随时间、温度、波长以及外部环境变化。通常所说的 PMD 值为差分群时延归一化统计均值。

随着传输波特率的提升，基带带宽增大使得高阶偏振模色散的影响逐渐凸显，其中二阶偏振模色散（second order polarization mode dispersion，SOPMD）由波长相关的偏振色度色散（polarization chromatic dispersion，PCD）和波长相关的主偏振态（principle state of polarization，PSP）变化构成，其方差正比于差分群时延均值（即 PMD）的四次方。

（三）光纤非线性

光纤折射率与光信号功率密度的相关性导致光信号频率和相位随其功率非线性变化。光脉冲信号沿光纤通道传播过程中因 CD、PMD 以及与 ASE 相互作用引起脉冲形状发生改变，经光纤非线性效应引起非线性相位噪声（nonlinear phase noise，NPN），对相位调制的信号影响严重，并随着相位调制级数增加而恶化。

光纤内光功率变化引起折射系数波动对载波相位产生调制，称为自相位调制（self-phase modulation，SPM）。若自相位调制产生频率啁啾的方向与色度色散相反，两种效应相互抵消，即形成孤子。

交叉相位调制（cross-phase modulation，XPM）与自相位调制相似，因不同频率脉冲在时间和空间上叠加引起介质折射率产生波动，其间不产生能量转移。交叉相位调制对载波相位的影响强度是自相位调制的两倍，但因两脉冲间相位匹配条件满足概率较小，其累积影响较小。由于色散效应可使产生 XPM 的脉冲错位而减小影响强度，交叉相位调制在窄通道间隔和低色散光纤上更显著。

另外，由于产生机理的差异，自相位调制可通过均衡补偿，但交叉相位调制无法有效补偿。

交叉偏振调制对偏振复用传输系统危害较大，可引起两偏振态的相对相位发生变化，进而改变信号的偏振态，甚至会导致去极化，在偏振复用传输过程中体现为串扰噪声。偏振复用系统中，交叉偏振调制可以分为通道内交叉偏振调制以及通道间交叉偏振调制。通道内交叉偏振调制是同一波长不同偏振态之间非线性作用。DGD 的存在使得同一波长通道内两正交偏振支路的脉冲信号发生偏移，通道内交叉偏振调制对光脉冲各部分的影响程度不同，导致光脉冲相位和偏振态分布分散。通道间交叉偏振调制是邻近偏振复用波长通道上两波长之间的非线性作用。当两相邻偏振复用波长脉冲信号偏振态一致时，其交叉调制影响最强。保持邻近波长通道偏振态以相互正交的方式交替分布，可以减小通道间交叉偏振调制的影响。同一波长通道

内,两正交偏振态支路不宜交替发送,保持两支路脉冲信号同步可以有效减小 OSNR 代价。

二、高速传输技术

光传输性能的提升需从复用、调制、编码、均衡、线路等各个环节入手。对于光传输系统而言,光纤损耗窗口所导致的可用带宽限制和光传输通道光器件级联所引起的窄带滤波效应要求光传输的频谱效率最大化;光传输通道的非线性效应要求光传输功率的能效最大化。此外,光纤色散以及光电器件水平对光传输符号基带带宽也有限制。这就要求高容量光传输系统能充分利用光信号可调制维度(幅度、相位、偏振态)来承载数据以提高频谱效率;采用 OFDM 技术提高频谱利用率、降低符号传输的波特率以抑制色散的影响、减小对光电器件带宽的要求;采用数字相干接收技术提高接收机的灵敏度和信道均衡能力;采用更高增益的纠错编码提高系统的健壮性。

(一)调制技术

调制技术将数字信号映射到适合光纤传输特性的载波符号。光学调制可以在描述光信号的各个参数维度上进行,包括强度、频率、相位、偏振态、时间间隙等。从提高频谱效率和传输波特率的角度来看,可以利用的调制维度有强度、相位和偏振态。图 4-1-1 为各种维度的调制星座图。

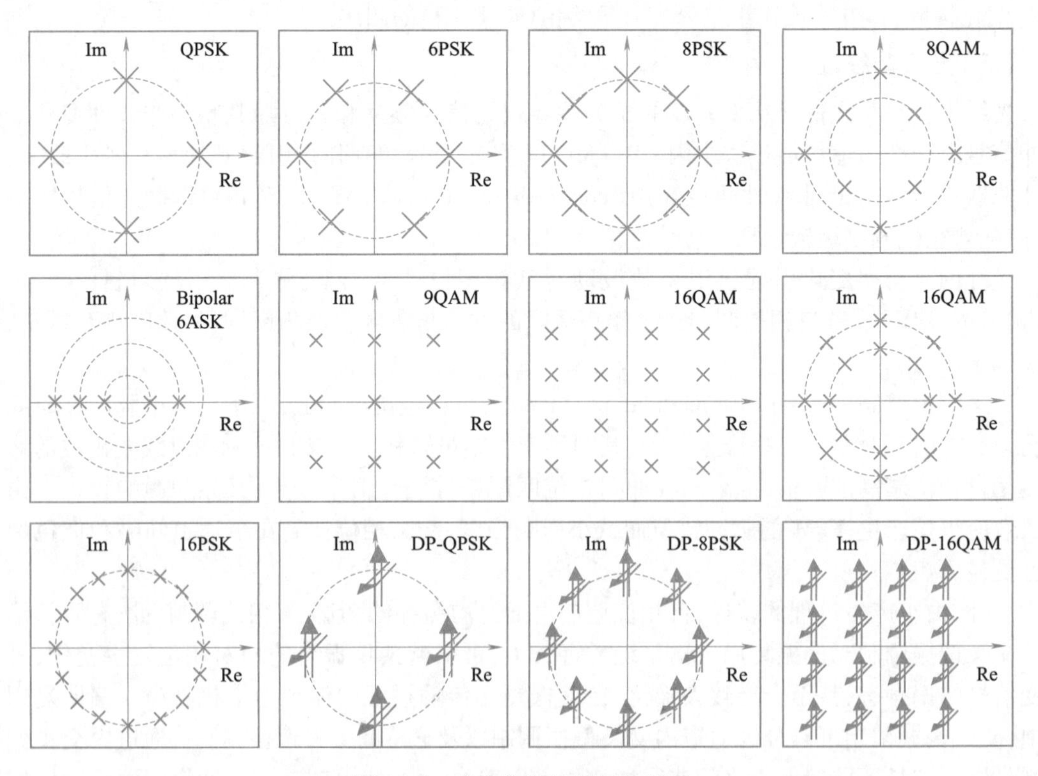

图 4-1-1　各种维度的调制星座图

多维度、多进制(M)调制技术可在一个符号上承载多个($\log_2 M$)比特信息,能够有效提高频谱效率,降低符号发送的波特率,减小基带带宽及与之相关的色度色散和偏振模色散,减小对传输通道和光电器件带宽的要求。在此基础上,充分利用两线性正交偏振态可有效复用的特性进一步降低数据传输的波特率,提高频谱效率和通道损伤容忍能力。需要指出的是,尽管低波特率可获得较好的光滤波容限,但多级调制会减小星座图上符号之间的最小间距,降低 OSNR 灵敏度以及非线性容忍能力,要求在频谱效率和接收灵敏度以及 OSNR 要求之间进行权衡。

(二)检测技术

根据发射机所采用的调制技术的不同,接收机可采用直接检测或相干检测技术。由于当前接收机所用的光电二极管仅对光强度敏感,直接检测主要用于强度调制的光符号检测;包含相位调制的调制格式,其光符号需采用光学相干的方式将相位调制信息转换为光强度调制,才能被光电二极管所检测。

图 4-1-2 显示的相干检测在实现上又可以分为无须参考光源的自相干检测和需要本振参考光源的相干检测。前者一般采用延时线干涉仪使时序上相邻两个光符号产生干涉,将两个光符号的相位变化信息转换为光强度调制信息;后者使所接收的传输光符号与本振参考光源的光信号产生干涉,将所接收的光符号映射到本振参考光源所构建的参考坐标系中。带本振参考光源的相干检测可将光信号的所有光学属性(偏振态、幅度、相位)映射到电域,可解析任意光调制格式的信息。

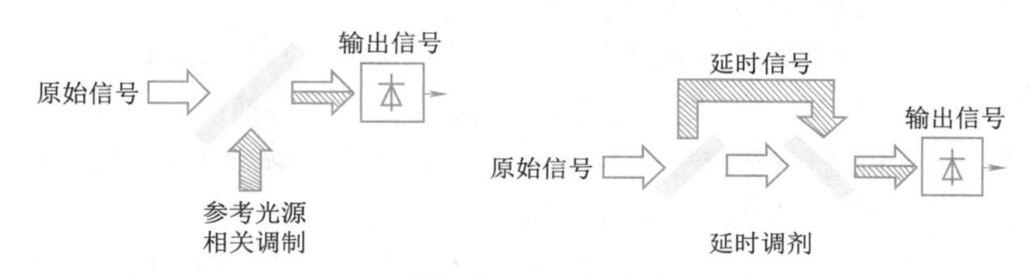

图 4-1-2　相干接收技术

带本振参考光源的相干检测在实现上可采用零差检测、外差检测和内差检测三种方式。其中,零差检测具有最优的接收灵敏度和波长选择能力,但要求通过锁频控制确保本振激光器的频率相位与所接收光信号保持一致,对激光器的线宽和稳定性要求极高;外差检测经中频转换将频率相位恢复的难题转移至电域,可以降低对激光器线宽的要求,但要求接收机光电器件带宽至少为信号基带带宽的两倍;内差检测与零差检测结构相似,放宽了对本振激光器与发射机激光器的频率相位一致性要求,而通过正交分量信号相位分集接收和电信号处理获取频率相位信息,兼具零差检测和外差检测的优点。

数字相干接收机采用偏振分集和相位分集方式将光脉冲信号所承载的数据信息映射转换为电信号,经高速模/数转换器在时间和幅度的离散化后通过数字信号处理实现色散(CD、PMD)补偿、时序恢复、偏振解复用、载波相位估计、符号估计和线性解码。数字相干接收发挥了微电子集成技术的巨大优势,利用廉价而成熟的数字信号处理技术提高了数据传输的可行性和可靠性。数字信号处理的自适应算法可动态补偿随时间变化的传输损伤,并可实现高效的前向纠错编码算法。不论是相干检测还是非相干检测,光信号在完成光电转换、经高速模/数转换器采样量化为数字信号后,可采用数字信号处理技术实现载波频率相位估计和线性相位噪声的均衡和补偿。载波恢复和数据提取后,可采用前向纠错编码对传输过程中产生的误码进行纠错恢复。

(三)复用技术

相互独立或正交的光学传输特性可用于复用,以提高传输容量或降低传输波特率。对于一

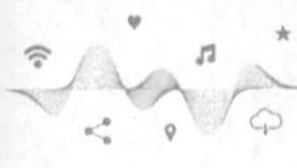

个单模传输纤芯或导播空间,可以从偏振态和频率入手进行复用。

单模光纤光传播过程中的两个线性正交偏振态可以实现有效复用。偏振复用可以将光信号传输波特率降低为未采用偏振复用前的一半,提高频谱效率和CD、PMD容忍度。偏振复用系统的损伤主要来自偏振相关损耗(PDL)、PMD和交叉相位调制(XPM)。PMD、PDL以及SOP的控制对偏振复用非常关键。

相对于波分复用(WDM)技术,光正交频分复用(OFDM)技术可以进一步压缩波长通道或子载波之间的频率间隔,提高频谱资源的利用率。

时间周期为T且中心频率间隔为$1/T$整数倍的脉冲信号在时域和频域具有正交性。基于上述认知,可将传统的宽带光载波通道细分为多个相互正交的窄带子载波分别进行编码调制后复用传输,以减小和消除宽带载波调制所固有的色度色散和偏振模色散,抑制同一载波通道上前后符号间的干扰。

OFDM具有如下优势:

(1)子频带分割降低了系统对光电器件的带宽要求,增强了光电器件和模块选择的灵活性。

(2)导频副载波便于信道和相位估计。

(3)提高了频谱资源利用率,具有很好的可扩展性。

OFDM根据检测接收实现方法的不同可分为相干检测(CO-OFDM)和直接检测(DDO-OFDM)两种方式。CO-OFDM采用光正交相位调制器作为电光转换前端,采用相干检测作为光电转换前端,兼具相干检测和正交频分复用的优点,具有优异的频谱效率、接收机灵敏度和偏振模色散容忍度,但其实现复杂度较DDO-OFDM高。

调制、传输和解调过程的线性变换是OFDM能够实现的关键。高峰均值功率比(PAPR)和对相位和频率噪声极其敏感是OFDM存在的主要问题。OFDM发射光信号的峰均值功率比值随着所分割子载波的数量增加而增大,导致光信号在光纤传输过程中的非线性效应严重,引起较大的非线性相位噪声。

(四)信道均衡及色散补偿

信道均衡根据光通道传输特性对通道物理损伤进行补偿,使光信号在光通道监测点上的光信号属性满足既定指标,便于接收机准确接收和检测。

信道均衡针对光传输通道的特性,包括光功率均衡、色散补偿、PMD补偿、非线性补偿等。信道均衡在实现上可以在光域或电域实现。例如,利用光放大器对线路衰减的补偿以及对波分复用系统各波长功率的校正,利用光学器件或电域算法对色度色散、偏振模色散补偿以及非线性效应的补偿均属于信道均衡。

光传输通道的色度色散会随器件啁啾特性、光信号功率、施工维护以及环境温度变化,色散补偿模块应具有动态调节补偿能力。色度色散补偿在实现上通常分为静态补偿和动态补偿两部分,其中静态补偿用于实现光信号在光纤传输过程中累积的量且基本固定不变的部分,动态补偿在静态补偿的基础上进一步修正,实现精确补偿和动态跟踪色度色散的微小变化。

最常用的色散补偿技术是采用色散补偿光纤(DCF)进行色散补偿。DCF技术成熟、稳定,可靠性高,可以同时对所有的波段进行补偿,以及同时对色散和色散斜率进行补偿。另外,还有啁啾光纤布拉格光栅(fiber bragg grating,FBG)、全通滤波器、虚像位阵列(VIPA)、预啁啾技术、光学相位共轭技术等色散和色散斜率补偿技术。

啁啾光纤布拉格光栅(FBG)可用于补偿传输链路中的色散以及系统接收端的残余色散。

FBG 无非线性作用,并具有可调整地补偿色散的灵活性,插损小,可以减轻放大器 ASE 噪声的影响。但由于制造工艺的不完善而具有的群时延纹波(GDR)会造成光信号的畸变,从而引入额外的系统损伤。该 GDR 在 FBG 级联时会累积,损伤更为严重。对 GDR 引起的损伤,目前已有较多研究。

理想的色散补偿模块要求低损耗、非线性效应小、频带宽、体积小、质量小、低功耗、低成本等特性。目前常用的色散补偿光纤(dispersion compensation fiber,DCF)仅满足宽带和低功耗要求,其细芯径所引起的非线性效应对相位调制影响严重,100 Gbit/s PM-QPSK WDM 系统应避免使用。啁啾光纤布拉格光栅色散补偿器器损耗低、体积小、非线性光效应小,但其频幅曲线不平坦且频相曲线呈非线性,目前尚未大规模商用。

电域色散补偿(electronic dispersion compensation,EDC)在光电转换后通过滤波等信号处理技术对数据脉冲进行恢复,其成本低、尺寸小、自适应能力强,可避免使用外部光可调色散补偿器和光 PMD 补偿器。早期基于硬件的 EDC 技术,如前馈均衡器(feed forward equalizer,FFE)、判决反馈均衡器(decision feedback equalizer,DFE)能力有限,基于数字信号处理的 EDC 技术可有效提高各种信道损伤容限。

电域色散补偿可置于发射端或(和)接收端。发射端电域色散补偿可用于色度色散预补偿和通道内非线性损伤补偿,其不足在于无法补偿 PMD,且在色度色散完全补偿的情况下容易引起通道间非线性容忍度的显著下降。接收端电域色散补偿可用于补偿色度色散、PMD、非线性损伤,实现偏振解复用,降低 OSNR 需求。

除采用高级调制格式和 FEC 编码外,PMD 的抑制和补偿可采用主偏振态(principle state of polarization,PSP)耦合、光学 PMD 补偿器以及电信号处理等方法来实现。采用 PSP 耦合技术将输入 SOP 与传输通道的 PSP 对齐,在 PDL 较小时可用于补偿 DGD,但无法补偿 SOPMD。另外,PSP 需要接收端提供反馈信息,无法及时响应 PMD 快速变化,其系统设计比较复杂。光学 PMD 补偿器一般由光补偿器件、反馈采样信号和控制单元三部分组成,其性能取决于其对偏振态调节的自由度(可调节 PC 及 DGD 单元的个数)。光学 PMD 补偿器的优势在于其对数据传输速率快和调制格式透明。

长距光传输速率达到 100 Gbit/s 后,光纤非线性抑制和补偿将是光传输性能进一步提高的关键。根据光纤非线性产生的机理,可在光域和(或)电域对其进行抑制和补偿。

(五)纠错编码

在调制、检测、均衡以及复用技术无法满足系统传输性能要求的情况下,可采用线性编码技术进一步改善系统性能。实践证明,FEC 可有效提高系统传输性能,优化 OSNR 要求,提高信号对通道损伤的容忍能力。近年来,迭代 FEC 编码如 Turbo、LDPC 编码以其高编码增益广受关注,其中迭代解码 LDPC 较 Turbo 编码具有更优的纠错特性和实现复杂度。

采用 FEC 编码无疑会引入编码开销,导致数据传输波特率以及基带带宽增大,给系统传输性能带来负面影响。在选用 FEC 算法时,需权衡其实现复杂度、处理时延以及编码开销所导致的速率增加对系统传输性能的影响,在满足编码增益要求的前提下尽可能减小编码开销及其所带来的硬件实现复杂度。

三、40G WDM 系统关键技术

(一)传输通道特性限制

相对于 10 Gbit/s WDM 系统而言,40 Gbit/s WDM 技术对系统提出了更高的要求,也面临严

重的传输损伤。关键的技术难题有 OSNR（光信噪比）、CD（色度色散）和色散斜率补偿、PMD（偏振模色散）、非线性效应等。

40 Gbit/s 系统所要求的 OSNR 比 10 Gbit/s 高 6 dB。PMD 对 40 Gbit/s 光通信系统的影响是 10 Gbit/s 的 4 倍，是限制高速光纤通信系统传输距离以及频谱效率提高的重要因素之一。40 Gbit/s 系统的色散容限仅是 10 Gbit/s 系统色散容限的 1/16。

在 40 Gbit/s 以上的高速传输的非线性效应中，信道内非线性作用占主导地位。

1. 调制格式

调制格式的改进是减小信号损伤、提高 40 Gbit/s 系统性能的一项关键技术。常用的码型有 NRZ（非归零码）、RZ（归零码）、CS-RZ（载波抑制 RZ）、RZ-DPSK（RZ 差分相移键控）、NRZ-DPSK、CSRZ-DPSK（载波抑制 DPSK）、DQPSK、DP-QPSK（偏振复用 QPSK）等。近年来，Multi-level DPSK（多电平 DPSK）、QAM（正交幅度调制）等调制方式的研究也逐渐增多。一般来说，NRZ 码的性能较差，但结构简单，成本最低；DPSK 系统达到相同的误码率，对接收端光信噪比的要求有 3 dB 的降低；CSRZ-DPSK 可提供更窄的谱宽，传输性能最优，但成本较高。

从调制器类型来看，已有的 40 Gbit/s WDM 系统基本采用 MZ（马赫-曾德尔）调制器。但是，40 Gbit/s 电吸收（EA）调制的低驱动电压、低偏振敏感性、小尺寸和低成本以及易于集成等优点使其具有很好的应用前景。但由于 EA 调制器相对于 $LiNbO_3$ 调制器来说有较差的消光比（ER）和啁啾特性，在已有的 40 Gbit/s WDM 系统中，极少有使用 EA 调制的 40 Gbit/s 发射机。

2. PMD 补偿

PMD 对 40 Gbit/s 长距离传输的限制已受到业内的广泛重视。目前较为成熟的技术是采用加偏振片的方法，即在光接收端增加偏振片，将两个偏振态分开并分别延时后再合并，从而补偿 PMD。PMD 的补偿分光域补偿法和电域补偿法。

然而真正商用的 PMD 补偿器件还不成熟。在已有的 40 Gbit/s 系统中，极少进行 PMD 的补偿。目前比较有效的方式是采取一些措施来避免或减缓 PMD 效应，而不是对 PMD 进行补偿。这些措施主要有以下几种。

（1）采用 PMD 系数较小的光纤。1995 年以后铺设的光纤 PMD 系数一般为 0.1，20 世纪 80 年代铺设的光纤中，PMD 系数一般为 0.2～0.5，也有高 PMD 的光纤，PMD 系数超过 0.5。新制造的光纤的 PMD 系数一般在 0.05 以下。以 40 Gbit/s NRZ 信号，可以在 PMD 系数为 0.05 的光纤上传输 2 500 km 而不需要 PMD 补偿。但在已经铺设的高 PMD 光纤上升级 40 Gbit/s 系统，PMD 的补偿就是一个不容回避的难题，需要进一步研究。

（2）PMD 效应的减缓。用于减缓 40 Gbit/s WDM 传输中 PMD 效应的方法已引起了业内的广泛重视。例如在传输链路上分布多个扰偏器，通过快速改变光信号的偏振态来减缓 PMD 效应，或者通过非线性效应的作用来减缓 PMD 效应。这方面的有效措施还需进一步研究。

（3）PMD 效应的电域均衡。由于电域均衡方法的灵活性和低成本，采用电域均衡方式缓解 PMD 效应是目前研究比较多的技术。

（4）偏振复用与相干检测。DPSK 信号的功率在时间上的分布更为均匀，可以更好地保持复用信号偏振态的正交性。由于 40 Gbit/s 情况下 XPM 效应的影响比 10 Gbit/s 要弱，所以 40 Gbit/s DPSK 偏振复用系统受 XPM 的影响更小。

（二）40 Gbit/s 主要技术

业内主推的 40 Gbit/s WDM 商用系统为 50 GHz 通道间隔的 ODB（光双二进制码）、PSBT

（相位整型二进制传输）、RZ-DQPSK、P-DPSK（部分 DPSK）、DP-QPSK 系统，以及 100 GHz 间隔的 NRZ、ODB、RZ-AMI（交替传号反转型归零码）、NRZ-DPSK 系统。

综合考虑各种码型的频谱宽度、OSNR 要求、色散容限、PMD 容限、非线性容限以及成本等各种因素可以得出，100 GHz 通道间隔时，NRZ、ODB、PSBT 适用于多跨段中短距离 WDM 系统，其他可用于多跨段中长距离传输系统；50 GHz 通道间隔时，ODB、PSBT、P-DPSK 适用于中短距离传输系统，RZ-DQPSK、DP-QPSK 适用于多跨段中长距离传输系统。

对于以上各种类型的 40 Gbit/s WDM 系统，在 OSNR、色散容限、PMD 容限等性能以及定位在业内已基本达成一致，此处不再详述，仅对实际应用中可能出现的几个问题做简要说明。

1. ODB系统

对 40 Gbit/s ODB 信号的主要优点在于频谱效率的提高，此时它对非线性效应的容忍能力与相同占空比的 OOK 信号没有明显的不同。ODB 信号由于频率宽度为相同占空比的 OOK 信号的一半，色散容限提高 4 倍，因此可用于 50 GHz 通道间隔的 WDM 系统。但在非线性效应影响下，其色散容限将明显下降，在非线性效应增强时色散容限接近相同占空比的 OOK 信号。此时将不能再用于 50 GHz 通道间隔的 WDM 系统。考虑到现网中可能已有 OOK 信号传输，在新增加 ODB 信号与 OOK 信号混合传输时，该效应更加明显。

2. P-DPSK系统

DPSK 光接收机先将接收到的 DPSK 信号分为两路，将两路信号的时延差设定为 1 bit 周期，然后耦合进行后续处理。将两路 DPSK 信号的时延差设定为不等于 1 bit 周期，从而起到增大色散容限、抑制非线性效应的效果，即称为 P-DPSK 系统。

P-DPSK 系统在用于 50 GHz 通道间隔时，由于相邻信道间存在一定的串扰，对光信号 OSNR 的要求将增大约 1.7 dB。若要降低该 OSNR 差值，可在发射端对 DPSK 信号进行滤波，减小其频谱宽度。但同时，该方式也引起 DPSK 信号一定的畸变，降低接收灵敏度。

3. DP-QPSK系统

该系统通过将两路 20 Gbit/s QPSK 信号偏振复用，达到单波长 40 Gbit/s 速率，符号速率为 10G symbol/s。PMD、PDL（偏振相关损耗）、XPM、XPolM（交叉偏振调制）对系统性能影响较大。在接收端采用相干检测和电处理技术可极大提高系统的抗噪声性能、灵活补偿色度色散、有效减缓 PMD 效应和自相位调制（SPM）效应，但无法有效减缓 XPM 等信道间非线性效应，而非线性效应，特别是信道间非线性效应恰是影响此类系统传输性能的主要因素。在与 OOK 信号混合传输时该效应会更加明显。

另外，该系统采用多个 10 Gbit/s 光收发模块、偏振复用/解复用模块和相干检测模块，技术相对复杂，目前看来成本下降空间较小。

总体来说，40 Gbit/s WDM 系统技术已经成熟并开始商用，但规模商用之前仍有部分技术问题需要进一步研究。调制方式、色散和色散斜率补偿、PMD 效应减缓、FEC、电域均衡是提高 40 Gbit/s WDM 系统传输性能的关键技术。

在 100 GHz 通道间隔时，NRZ、ODB、PSBT 适用于中短距离传输，RZ-AMI、DPSK、QPSK、DP-QPSK 适用于中长距离传输，NRZ-DPSK 综合性价比较优，但无法满足 50 GHz 通道间隔的中长距离传输；在 50 GHz 通道间隔时，ODB、PSBT、P-DPSK 适用于中短距离传输，RZ-DQPSK、DP-QPSK 适用于中长距离传输，RZ-DQPSK 综合性价比较优。目前来看，在 40 Gbit/s WDM 领域，还没有一个在传输性能、容量和成本方面都具有优势的技术，应该根据不同的应用场合选用合适的技术。

四、100G WDM 系统关键技术

(一)概述

100 G WDM 光传输关键技术包括相位调制、偏振复用、相干接收、数字信号处理(FEC、EDC)以及多载波技术,主要方案有相干检测偏振复用正交相移键控(PMC-QPSK)、直接检测偏振复用差分正交相移键控(PM-DQPSK)和相干光正交频分复用(CO-OFDM)。表 4-1-1 所示为以上调制检测技术的性能对比。PMC-QPSK 调制检测方案已得到业界的广泛认同。

表 4-1-1 100 Gbit/s 调制码型性能对比

性能参数	PMC-QPSK	PM-DQPSK	CO-OFDM
OSNR 灵敏度	+ + +	+ +	+ + +
色散容限	+ + + +	+ +	+ + + +
PMD 容限	+ + + +	+ +	+ + + +
非线性容限	+ + +	+ +	+
50 GHz 间隔	+ + +	+ +	+ + + +
技术复杂度	+ + +	+ +	+ + + +

注:符号“ + ”代表性能强度,符号的增加为强度的增强。

与传统的二进制调制不同,PM-QPSK 同时在偏振态、相位和幅度多个维度进行调制,具有较大的自由度且每个维度的复杂度较低。100G PM-QPSK 采用恒定幅度四级相位调制和正交偏振复用相结合的方式获得十六进制(4 bit)调制的效果,将传输符号的波特率降低为二进制调制的 1/4,以较小的功率代价获得 35 GHz 的带宽容限。此外,PM-QPSK 调制的低波特率降低了 ADC 采样速率的要求,提高了数字信号处理技术可实现性。

PM-QPSK 调制要求接收机从偏振态、相位中提取数据信息,其在实现上分为直接检测和相干检测两种方式。直接检测利用偏振态对准控制完成解偏振复用,利用延时自相干检测相位。相干检测可将光信号的所有光学属性(偏振态、幅度、相位)映射到电域,可解析任意光调制格式的信息。

除 PM-QPSK 调制技术外,以光正交频分复用(OFDM)为代表的多载波技术以其窄带载波所具有的极低色散特性和优异的频谱效率倍受业界关注。相干检测光 OFDM 兼具相干检测和正交频分复用的优点,可有效估计和抑制光传输通道的色度色散和偏振模色散,具有极高的频谱效率和极好的可扩展性,其极窄的基带便于收发机电信号处理。值得注意的是,相干检测光偏振复用 OFDM 收发机具有与相干检测 PM-QPSK 相同的光/电、电/光转换结构,不同之处在于基带数字电信号处理及其驱动方法。OFDM 传输系统要求其调制、传输和解调过程为线性变换,高峰均值功率比(PAPR)和对频率相位噪声极其敏感是其存在的主要问题。目前,光正交频分复用技术处于前期可行性验证和演示阶段,待技术成熟和完善后可望在新一代光传输系统中得到应用。

在现有光电器件水平下,要在 10G 线路上成功实现 100G 光传输,除了充分利用光信号的可调制维度和相干检测技术以提高频谱效率和接收灵敏度外,还需要最大限度地发挥微电子技术的巨大优势,利用廉价而成熟的数字信号处理技术提高数据传输的可行性和可靠性。数字信号处理的自适应算法可动态补偿随时间变化的传输损伤,并可实现高效的前向纠错编码算法。

不论是相干检测还是非相干检测，光信号在完成光电转换、经高速模/数转换器采样量化为数字信号后，可采用数字信号处理技术实现载波频率相位估计和线性相位噪声的均衡和补偿。载波恢复和数据提取后，可采用前向纠错编码对传输过程中产生的误码进行纠错恢复。

此外，传输线路上放大器（EDFA、拉曼光纤放大器）的选用和配置关系到光信号 OSNR 和非线性效应引起的物理损伤，频谱特性不一致的非矩形带通频谱 ROADM 级联所导致的窄带滤波效应，不同速率、不同调制方式数据混传所引起的串扰问题有待进一步研究和解决。

（二）调制码型及接收技术

1. 相干接收偏振复用（差分）正交相移键控［coherent PM-（D）QPSK］

偏振复用正交相移键控（PM-QPSK）采用恒定幅度四级相位调制和正交偏振复用相结合的方式将传输符号的波特率降低为二进制调制的 1/4，减小了信号基带带宽，提高了色度色散和偏振模色散容限，降低了对传输通道和光电器件带宽的要求。

相干检测 PM-QPSK 调制 OTU 结构（TxOTU，RxOTU）如图 4-1-3 所示，其工作过程如下：连续激光器发出的光信号等分后作为两个 QPSK 调制器的载波光源；数据经 QPSK 编码、驱动放大和低通滤波驱动后驱动 QPSK 调制器；两路经 QPSK 调制后输出的光信号在偏振态正交化后由偏振合束器汇聚为一路光波信号进入线路。为了便于接收机消除相位估计的不确定性，数据编码可采用差分编码。另外，可在连续激光器和分光器之间引入脉冲发生器，通过改变光脉冲形状进一步抑制和补偿光传输损伤。

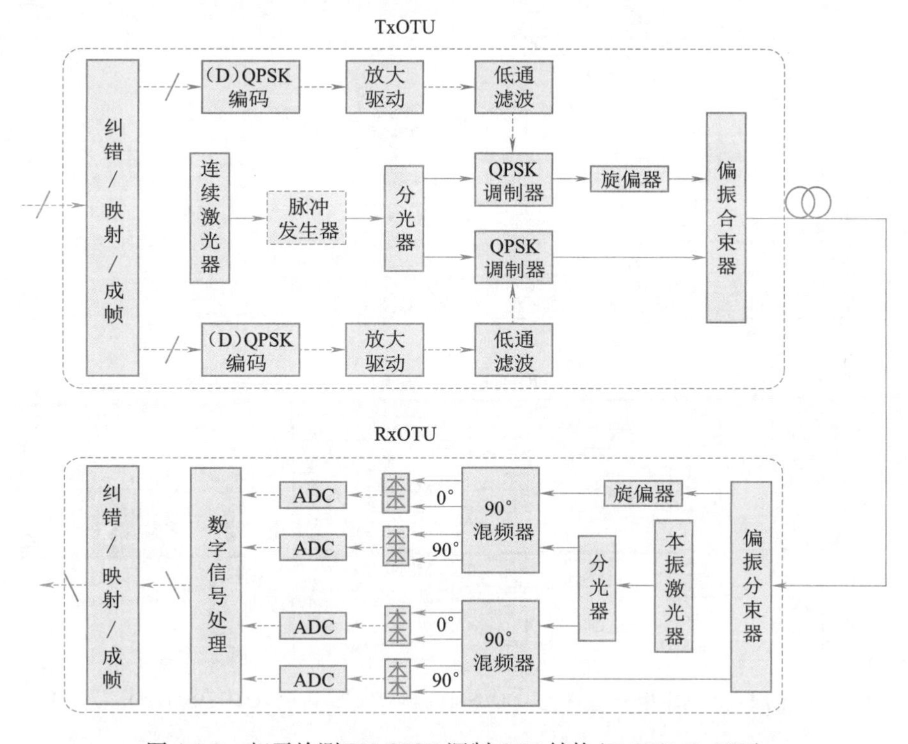

图 4-1-3　相干检测 PM-QPSK 调制 OTU 结构（TxOTU，RxOTU）

数字相干接收机将传输通道设计的复杂度转移到了接收机。相干接收偏振复用正交相移键控（PM-QPSK）采用数字相干接收机，通过相位分集和偏振态分集将光信号的所有光学属性映射到电域，利用成熟的数字信号处理技术在电域实现偏振解复用和通道线性损伤（CD、PMD）

补偿，简化传输通道光学色散补偿和偏振解复用设计，减少和消除对光色散补偿器和低 PMD 光纤的依赖。

相干检测与直接检测方式相比，其对接收机 OSNR 需求降低了约 2～3 dB。PM-QPSK 调制数字相干接收机工作过程如下：本振激光器发出的光信号等分后作为两个 90°混频器的相干光源；线路输入光信号经偏振分束器分为两路偏振态相互正交的光信号分别进入两个 90°混频器与本振光信号产生干涉；混频器输出光信号经平衡接收光电二极管转换为模拟电信号，经高速模/数转换器采样量化后转换为数字信号；数字信号在数字信号处理器中完成数据恢复。受限于当前电子技术水平，高速 ADC 和 DSP 为数字相干接收实现的关键和难点，其电源完整性设计和低功耗设计非常关键。

2. 非相干接收偏振复用差分正交相移键控（non-coherent PM-DQPSK）

PM-DQPSK 调制 OTU 结构与 PM-QPSK 基本相同，非相干检测 PM-DQPSK 调制 OTU 结构（TxOTU，RxOTU）如图 4-1-4 所示，其工作过程如下：连续激光器发出的光信号等分后作为两个 QPSK 调制器的载波光源；数据经 DQPSK 编码、驱动放大和低通滤波驱动后驱动 QPSK 调制器对载波进行调制；两路经 QPSK 调制后输出的光信号在偏振态正交化后由偏振合束器汇聚为一路光波信号进入线路。在连续激光器和分光器之间引入脉冲发生器，可通过改变光脉冲形状进一步抑制和补偿光传输损伤。

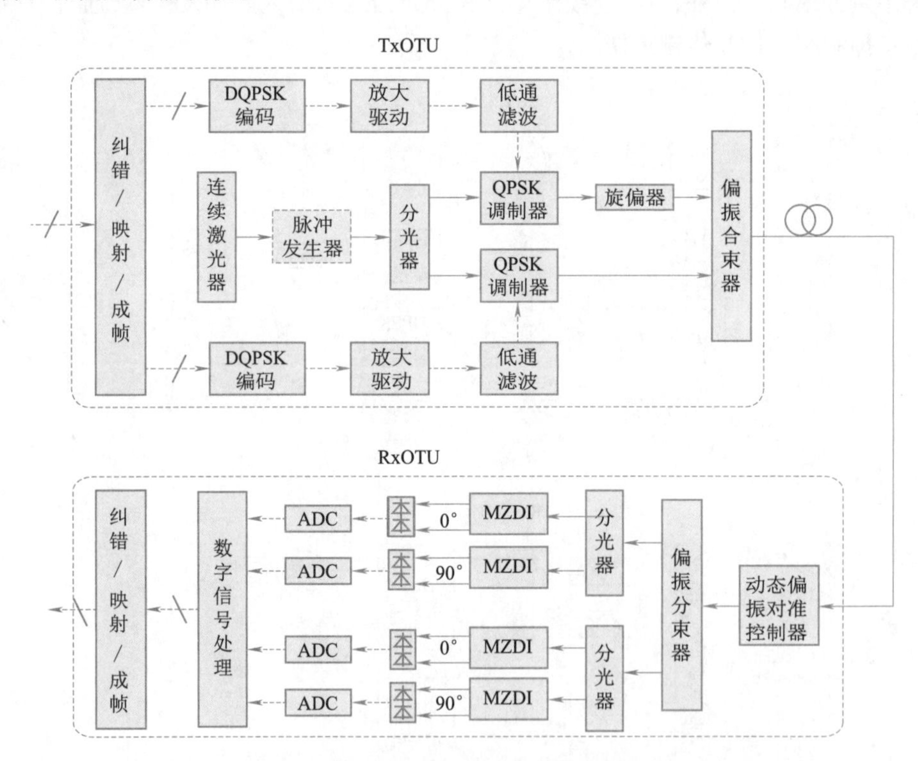

图 4-1-4　非相干检测 PM-DQPSK 调制 OTU 结构（TxOTU，RxOTU）

非相干接收偏振复用差分正交相移键控（PM-DQPSK）通过动态偏振对准控制器和偏振分离器将线路输入光信号分离为两束偏振态相互正交的光信号实现偏振解复用，接收机无须本振激光器和混频器；差分编码的相位调制信号经马赫-曾德尔干涉仪自相干转换为模拟电信号；电信号经模/数转换后由数字信号处理抑制和消除非线性相位噪声，完成色度色散以及偏振模色散的均衡补偿、符号相位重构和数据恢复。

由于光纤双折射的随机性使其对信号偏振态的旋转不可预测，传输通道上 PMD、PDL 的存在及其与非线性、色度色散等相互作用，负面影响大于各单独作用之和。采用偏振对准的方式实现解偏振复用时，DGD 的存在导致脉冲前、中、后各部分偏振态各异，接收端自动偏振控制器（automatic polarization controller，APC）若无法实时调整各部分偏振态与接收机偏振分束器（polarization beam splitter，PBS）的主偏振态（PSP）对准耦合，未对准的脉冲部分会在偏振解复用过程产生“幻影”脉冲，“幻影”脉冲与原脉冲相干或消或长产生串扰。仅当两偏振支路与接收机偏振分束器（PBS）的 PSP 恰好完全对准耦合时，DGD 的影响表现为两支路的时延，其偏振解复用过程不产生功率代价。因此，接收机需动态校准输入光信号偏振态，使之与偏振分束器的偏振态主轴耦合，以减小和消除主偏振态失准而引起的噪声和功率代价。

直接检测非相干接收偏振复用差分正交相移键控（non-coherent PM-DQPSK）通过相邻符号相位差解调数据信息，对相位噪声容忍度较高，降低了对激光器线宽的要求，但其偏振解复用动态对准控制实现比较复杂。

（三）相干接收电处理技术

数字相干接收机采用偏振分集和相位分集方式将光脉冲信号所承载的数据信息映射转换为电信号，经高速模/数转换器在时间和幅度的离散化后通过数字信号处理实现色散（CD、PMD）补偿、时序恢复、偏振解复用、载波相位估计、符号估计和线性解码。

相干接收机实时检测的光信号，其相位由三部分构成：

（1）收发端激光器频率相位偏移和噪声；

（2）传输过程中引入的线性相位噪声（CD、PMD）和非线性相位噪声（nonlinear phase noise，NPN）；

（3）承载数据的符号调制相位。

要有效地提取载波调制相位并实现载波恢复，需消除收发端激光器频率相位偏移和噪声、传输过程中引入 CD、PMD 和 NPN。若将收发端激光器的线宽控制在兆赫范围内，其频率相位偏移及其变化比数据传输波特率（如 100 Gbit/s PM-QPSK 调制加 20% 的 FEC 开销其波特率约 30 Gbit/s）低约四个数量级，收发端激光器频率相位偏移对一小段连续的检测符号的相位而言可近似认为不变。同理，光脉冲序列传输过程中，通道特性的变化速度非常缓慢，相对于数据传输波特率而言可以忽略不计，其所引起的色度色散和偏振模色散等线性相位噪声对一小段连续的检测符号的相位而言也可近似认为不变。基于以上认知，可采用自适应均衡的方式对载波频率和相位进行估计。

根据滤波器参数获取和更新的方法不同，频率相位估计在实现上分为前导训练序列和自适应盲均衡两种方式。基于前导训练序列的频率相位估计在传输数据之前先发送训练序列，将训练序列所对应的滤波器参数作为其后数据的滤波器参数，此方法的不足在于训练序列的引入势必导致传输波特率增加而使得频谱效率降低。基于自适应盲均衡的频率相位估计充分利用了传输通道和调制信号自身特性，无须额外辅助数据，具有较好的频谱效率，其缺点是数据处理实现较复杂，算法收敛速度对初始条件敏感。

五、超 100G WDM 系统关键技术

超 100 Gbit/s 光传输意在可用频带资源不变的情况下进一步提升单根光纤的传输容量，其

关键在于提高频谱资源的利用率和频谱效率。超 100 Gbit/s 光传输将继承 100 Gbit/s 光传输系统的设计思想，采用偏振复用、多级调制提高频谱效率，采用 OFDM 技术规避目前光电子器件带宽和开关速度的限制，采用数字相干接收提高接收机灵敏度和信道均衡能力。关于下一代超 100 Gbit/s 的传输速率，目前有两种提法，分别为 400 Gbit/s 和 1 Tbit/s，但从当前的光传输技术和器件工艺水平来看，400 Gbit/s 的可行性更大一些。

光电器件是超 100 Gbit/s 光传输实现的基础，其工艺水平所决定的带宽和功耗是影响超 100 Gbit/s 光传输设计方案可行性和系统性能的关键因素。

基于 OFDM 技术和软件定义光传输架构的超 100 Gbit/s 光传输系统，其光电、电光以及模/数转换部分的实现与基于相干接收 PM-QPSK 调制的 100 Gbit/s 光传输系统基本相同，不同之处在于数字信号处理单元的算法以及新增的数/模转换器件。

QAM 调制的级数对发射机激光器以及本振激光器的线宽有要求：在符号传输波特率相同的情况下，QAM 的调制级数与 1 dB 代价下允许的最大线宽成反比。收发机激光器的线宽限制了频谱效率的提升。另外，QAM 调制的级数也要求收发机中模/数、数/模转换器的有效比特位数随之增加。

尽管 OFDM 多载波传输级数可以降低系统对光电器件的带宽要求，将器件功耗由二次方增长降低为线性增长，但其带宽和功耗要求仍然惊人，几近当前工艺水平的极限。高速大规模数字信号处理、模/数转换器、数/模转换器的功耗直接影响系统电源完整性设计和散热设计。

对于光传输系统而言，光纤损耗窗口所导致的可用带宽限制和光传输通道光器件级联所引起的窄带滤波效应要求光传输的频谱效率最大化；光传输通道的非线性效应要求光传输功率的效率最大化。此外，光纤色散以及光电器件水平对光传输符号基带带宽亦有限制。这就要求高容量光传输系统充分利用光信号可调制维度（幅度、相位、偏振态）来承载数据以提高频谱效率。采用 OFDM 技术提高频谱利用率并降低符号传输的波特率以抑制色散的影响，减小对光电器件带宽的要求，采用数字相干接收技术提高接收机的灵敏度和信道均衡能力，采用更高增益的纠错编码提高系统的健壮性。

在具体实现上，光正交频分复用发射机可将数据分块后分别对子载波进行映射编码，然后利用逆向离散傅里叶变换将其转换为离散的时域波形描述序列，经数/模转换、放大驱动、低通滤波后驱动调制器实现电光转换。在接收端，OFDM 光信号经光电转换后由模/数转换器采样量化为数字信号，经离散傅里叶变换转换为频域信号，完成各子载波符号恢复和数据提取。为抑制和消除色散引起的载波间干扰，可在符号间插入保护时隙。在保护时隙间隔大于色度色散和最大差分群时延所导致的时延扩展情况下，OFDM 可以有效地解决色度色散和偏振模色散所引起的符号间干扰问题。相干接收光正交频分复用系统结构如图 4-1-5 所示。

下一代超 100 Gbit/s 光传输将继承基于相干接收 PM-QPSK 调制的 100 Gbit/s 光传输的设计思想，采用偏振复用、多级正交幅度调制提高频谱效率。采用 OFDM 多载波技术提高频谱利用率、抑制色散影响、降低对光电器件带宽的要求，采用数字相干接收技术提高接收灵敏度和信道均衡能力，采用基于软判决的纠错编码技术进一步提高编码增益。

鉴于当前光传输技术和光电器件工艺水平，400 Gbit/s 较 1 Tbit/s 的光传输速率具有更高的可行性。400 Gbit/s 光传输在具体实现上可采用相干接收光正交频分复用、偏振复用 16 级正交幅度调制（CO-OFDM-PM-16-QAM），波特率为 50 GBaud，若每一个传输通道占用 75 GHz 带宽,其频谱效率可以达到5.3(bit/s)/Hz,较100 Gbit/s光传输2(bit/s)/Hz的频谱效率有较大提高。

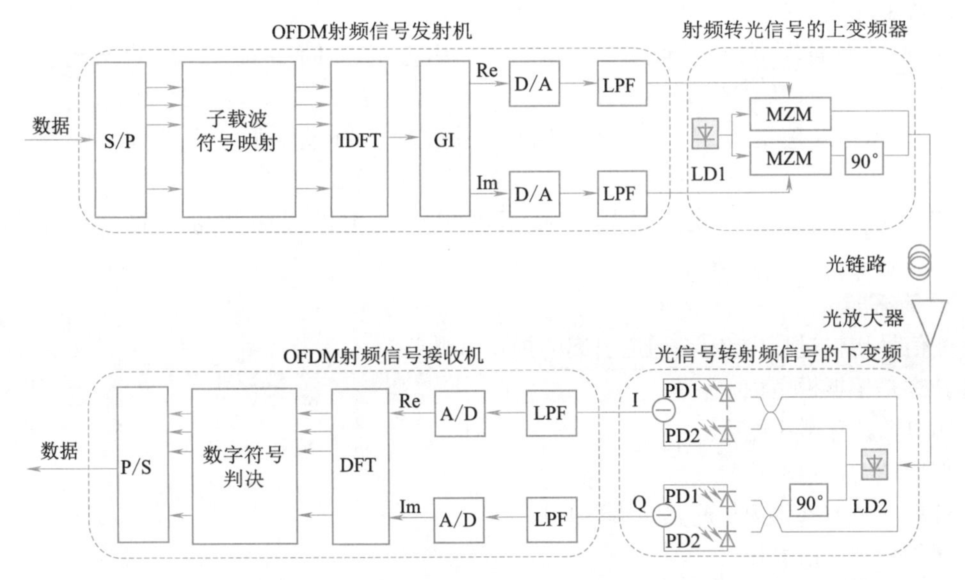

图4-1-5 相干接收光正交频分复用系统结构

注:S/P表示串并转换,GI表示保护时间插入,DFT表示离散傅里叶变换,D/A表示数/模转换,LPF表示低通滤波器,PD表示光电二极管,MZM表示马赫-曾德尔调制器,LD表示激光二极管,OFDM表示正交频分复用技术,Re、Im是复数的表示符号,Re是实部,Im是虚部。

任务小结

本任务主要介绍了传输通道特性,高速光传输技术的调制、检测、复用、信道均衡、色散补偿、纠错编码等技术,40G、100G、超100G系统的关键技术。

※思考与练习

(一)填空题

1. 随着光传输技术的发展,光衰减和损耗问题已可得到有效的抑制,并可通过________以及拉曼光放大器进行补偿。

2. 单模光纤色散因其产生的机制不同,可分为________和________。

3. 光学调制可以在描述光信号的各个参数维度上进行,包括强度、________、________、偏振态、时间间隙等。

4. 根据发射机所采用的调制技术的不同,接收机可采用直接检测或________检测技术。

5. OFDM发射光信号的________随着所分割子载波的数量增加而增大,导致光信号在光纤传输过程中的非线性效应严重,引起较大的非线性相位噪声。

(二)判断题

1. 光传输速率的进一步提升使得光信号对色度色散、偏振模色散、光纤非线性效应、

ROADM 级联窄带滤波效应以及光电器件缺陷更加敏感。(　　)

2. 当光信号 OSNR 小于某一阈值时,接收机才能有效地将承载信息的光符号从光强度噪声中分离并提取出来。(　　)

3. 色散导致前后光脉冲重叠而无法区分引起符号间干扰,限制了光传输速率和距离。(　　)

4. 由于产生机理的差异,自相位调制可通过均衡补偿,但交叉相位调制无法有效补偿。(　　)

5. 相互独立或正交的光学传输特性不可用于复用以提高传输容量或降低传输波特率。(　　)

(三)简答题

1. 光信号传输过程中,传输通道引起的损伤有哪些?

2. 什么是偏振模色散?

3. OFDM 具有哪些优势?

4. 如何理解信道均衡?

5. 理想的色散补偿模块应具备哪些特性?

6. 简要介绍光信噪比。

7. 简述检测技术的分类。

8. 简述带本振参考光源的相干检测的实现方式。

9. 简述信道均衡技术。

10. 简述色度色散补偿的分类及区分。

实践篇 OTN网络建设与运维

引言

当前通信网业务的主体已经由传统的TDM业务转为IP业务，为了更好地承载IP数据业务，光传送技术一直在发展各种IP承载技术，如PTN、IPRAN等。在干线传输网层面，传统的DWDM在组网能力和波长业务调度方面均比较固定，灵活性远不能真正高效地承载IP业务，OTN(光传送网)技术则可以较好地解决大颗粒IP业务的灵活承载问题。

OTN技术是DWDM的发展与面向全光网技术的过渡技术，在产品形态上以DWDM为基础平台，增加了OTH交换模块和G.709接口。在工程应用中，早期的OTN设备主要应用于本地网、城域网。随着OTN设备在电交叉能力上的提升，在一些省级干线中也开始使用具备电交叉能力的OTN设备。据有关方面的数据显示，经过多年的发展，OTN设备已经基本取代了传统的DWDM设备。即使是在国家一级干线中，也基本上采用了简化版的OTN设备，即不支持电交叉功能、具备G.709接口功能的OTN设备。

1. OTN应用于干线传输网的规划思路

干线传输网的主要作用就是完成各业务节点的业务在长途网络中的传送，为了实现OTN在干线传输网的合理规划，主要考虑的因素包括中继段设计、网络容量选择、设备选用、保护方式选择和波长分配，各因素的规划思路简要阐述如下。

(1)OTN中继段的设计。OTN源于DWDM的技术体制，在光域上与DWDM基本没有差异，所以OTN在中继段的设计完全可以照搬DWDM成熟的经验，重点需要考虑的是线路的衰减、色散、系统的非线性效应、OSNR预算以及不同波长速率的系统容限等，同时也要结合实际的线路条件和各节点的机房条件。

当然，由于OTH电交叉单元的加入，OTN中大量的业务在OTN节点上完成了天然的电再生过程，所以OTN干线的中继段设计往往比传统的DWDM更简单。

(2)网络容量选择。网络容量的选择一方面要确定波长数，另一方面要确定单波长的速率。用一句话来概括，“网络容量的选择，要结合现有业务的速率、网络中最大复用段的波长数量以及面向未来的可扩展能力进行多方面考虑”。

(3)各节点 OTN 设备选用。OTN 设备的选用需要分别从光层和电层能力上进行考虑。光层能力主要依据网络容量来确定,如 40×10 Gbit/s 的网络容量,就必定要求选择支持至少 40 个波长和单波 10 Gbit/s 速率的 OTN 设备。而对电层能力的考虑有两个思路:一个是直接按满容量来预算电交叉容量的需求,如 40×10 Gbit/s 的环网节点,满容量的交叉能力需求就是 2×40×10 Gbit/s=800 Gbit/s;另一个是按各节点需要完成的现有业务电层交叉所需要的容量来预算,同时考虑给予一定扩容空间。最好的办法是两者相结合,先看最大可能需要的电交叉容量,然后再对现有业务的容量进行分析,综合分析两种容量需求后,最终确定在各节点上需要采用什么能力的 OTN 设备。

(4)保护方式选择。OTN 的保护方式非常丰富,在工程应用中,最主要的保护方式有基于业务层的保护,基于光层的 OCh(1+1)、OMSP 和 OLP(1:1、1+1)保护以及基于电层的 ODU*k* SNC(1+1)和 ODU*k* SPRing 保护。不同的保护方式特点不同,在选择 OTN 的保护方式时,一定要分析业务对于保护的需求是什么。一般的规律是:SDH 业务(如 10 Gbit/s、2.5 Gbit/s 环网业务)采用基于业务层的保护,集中式专线业务(如 GE、10 GE、2.5 Gbit/s 专线业务)采用电层 ODU*k* SNC(1+1)保护,分布式专线业务采用电层 ODU*k* SPRing 保护。当然,考虑到电交叉单元容量的问题,也可以适当地选用光层的 OCh 和 OMSP 保护。

(5)波长分配。OTN 的波长规划思路与 DWDM 类似,但有所不同,总体来说,OTN 波长规划综合了 DWDM 波长规划和 SDH 时隙规划两者的特点。笔者通过多个工程设计的实践,总结了一套较为容易掌握的规划思路。OTN 波长规划可以从速率的级别、保护方式和是否跨环业务三个维度来逐级规划各类业务在 OTN 中的分布,基本规律如下。

速率的级别:按由高到低的顺序,即既有 10 Gbit/s 又有 2.5 Gbit/s 的时候,先规划 10 Gbit/s 业务波道。

保护方式:按业务层保护、复用段环保护(如 ODU*k* SPRing)和子网连接保护[如 ODU*k* SNC(1+1)]的顺序进行规划。

是否跨环业务:按先环内业务再跨环业务的顺序进行规划。

通过以上思路进行的波道规划,不论是在设计环节还是在工程应用环节均较为清晰,不易出现波长混乱的问题。同时由于一个工程往往是分多期建设,在实际工程设计中可以考虑给不同的业务类型按波长编号进行预留式规划,如 1~10 号波长规划为 10 Gbit/sSDH 业务,11~15 号波长规划为 10GE 业务,16~20 号波长规划为 2.5 Gbit/s 波长租用业务,其余波道规划为 GE 业务。

2. OTN 应用于干线传输网的优势

OTN 在传送能力、保护能力以及业务承载能力方面相对于 DWDM 均有明显的优势,主要表现在以下三方面:

(1)传送距离更远,组网能力更强,且线路设计更简单。传统的 DWDM 没有定义 G.709接口,其传输距离的提升主要依靠光放大器实现,但光放大器的叠加,会迅速累积噪声,造成 OSNR 的下降,所以其传输距离有限,一般在网络规划时每 600 km 就要考虑电再生以延长传输距离。而 OTN 一方面具备了 G.709 接口,在 OSNR 容限上要优于 DWDM;另一方面,由于引入了 OTH 电交叉模块,在每个节点上所有波长均经过了天然的光-电-光的过程，所以在传输距离和组网能力上均优于传统的DWDM网络。在干线传输网的规划设计中，OTN对于OSNR的预算的复杂性要比DWDM少得多，从而大大简化了干线传输网的设计工作。

(2)保护能力更完善。OTN支持基于电层的ODU*k* SNC(1+1)和SNRing保护方式，电层的保护在判决条件方面非常丰富，包括ODU*k*层面的各类告警信号，如RS-LOF、RD-SD、OTN-LOF、ODU*k*-AIS、PM-BIP8-SD等，而DWDM只支持基于光层的保护，倒换主要依赖于光功率的判决，所以采用OTN，可以给干线传输网更全面的保护。尤其在有多个环网(环切环、环套环)的情况下，对于单个跨环业务信号，DWDM无法做到完善的端到端保护，而OTN采用电层的ODU*k*保护则可轻松实现。

(3)业务承载能力更强。在干线网络中，往往存在波长速率大于业务速率的问题，如采用10 Gbit/s的波长速率来承载GE或2.5 Gbit/s接口。在传统的DWDM系统中，由于所有的波长业务均为点对点开通，所以GE和2.5 Gbit/s业务在DWDM网络中的承载只有两种方案，一种是直接调制，此方案简单易实现，但单个波长的速率与业务速率相同，对于网络容量是一个极大的浪费；另一种是多个业务接口采用T-MUX的方式复用为一个完整的波长速率，此方式解决了容量浪费的问题，但灵活性极差，尤其是在多个节点之间均有少量的GE或2.5 Gbit/s业务时，每个节点经过复用和解复用后才能充分利用波长速率，且保护极难于规划。而OTN采用了基于ODU*k*的电交叉模块，所有的业务接口只需要接入OTN设备的支路接口单元，就能够通过ODU*k*交叉单元复用到线路单元进行传送，一方面业务的规划简化了，另一方面业务保护也易于实现，且大量地减少了建网成本。

学习目标

(1)熟悉U31 R22功能特点。
(2)掌握网元初始化与业务配置步骤。
(3)具备OTN网元初始化与OTN业务配置能力。

知识体系

实践篇　OTN网络建设与运维 —— 项目五　OTN网元管理系统实战
- 学习U31 R22网元管理平台
- 掌握网元初始化
- 熟悉OTN业务配置

项目五

OTN网元管理系统实战

任务一　学习U31 R22网元管理平台

任务描述

本任务主要介绍U31 R22网管平台及其特点,以及可以管理的OTN网元类型。

学习目标

(1)了解:U31 R22产品特点。
(2)熟识:网元管理系统的特点及可管理OTN网元类型。

任务实施

一、产品概述

U31 R22是中兴通讯承载网相关设备(如CTN、SDH、WDM/OTN等)的统一管理平台,定位于网元管理层/子网管理层,具备EMS/NMS管理功能。可统一管理CTN、SDH、WDM/OTN、BRAS、Router、Switch系列设备,支持LCT(激光通信终端)功能,可通过NBI接口与BSS/OSS进行通信。

U31 R22在网络中的位置如图5-1-1所示。

二、产品特点

(一)可统一管理多种网元

U31 R22可统一管理CTN、SDH、WDM/OTN、Router、BRAS、Switch等系列的通信设备。

(二)采用分布式体系结构,插件化设计

U31 R22采用分布式体系结构,客户端、服务器端、数据库,可以运行在一台计算机上,也可以分布在不同的计算机上。

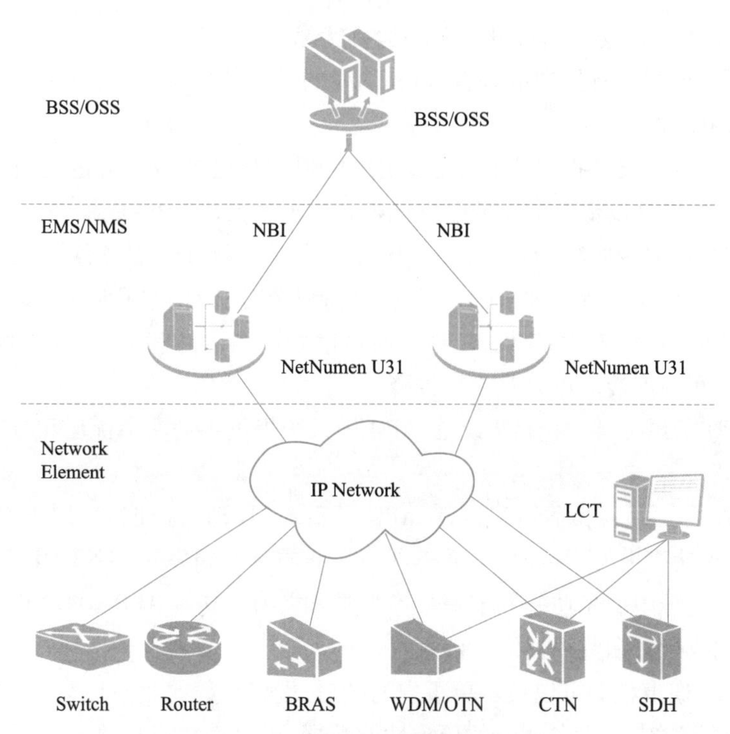

图 5-1-1　U31 R22 在网络中的位置

注：BSS/OSS 即业务支撑系统/运营支撑系统；EMS/NMS 即网元管理系统/网络管理系统；NBI 为北向接口。以下为该网管管理的各种设备的技术类型：Switch 为交换机、Router 为路由器、BRAS 为宽带接入服务器、WDM 为波分复用技术、OTN 为光传送网技术、CTN 为分组传送网技术、SDH 为同步数字体系；LCT 指显示设备；NetNumen U31 是中兴公司的一款统一网元管理系统。

U31 R22 内核采用插件化设计，通过插件加载并可进行功能组件的任意分布。

（三）支持多种标准的北向接口

（1）支持符合 SNMPv1、SNMPv2c 及 SNMPv3 协议标准的 SNMP 接口。

（2）支持符合 TMF 814 标准建议的 CORBA 接口。

（3）支持 FTP 接口。

（4）支持符合 Bellcore GR-831 标准建议的 TL1 接口。

（5）支持基于 MTOSI V2.0 标准的 XML 接口。

（四）业务部署

（1）支持单点、端到端两种方式开通业务。

（2）支持 CTN 和 IP、CTN 和 MSTP、CTN/MSTP 和 WDM/OTN 的跨域业务管理。

（3）支持离线配置和在线配置方式。

（4）支持多种业务部署策略。

（五）增值功能特点

公共部分增值功能如下：

（1）远程、在线升级：支持使用 FTP 的方式远程下载单板软件，并在线升级单板软件。

（2）故障分析及诊断：具有告警相关性分析系统，在网络出现紧急故障的情况下，可根据网络资源及业务关系，自动完成根源告警及衍生告警的分析定位。网络告警及业务数据之间可实现多样化的关联、导航，快速了解和评估网络运行状况。

(3)资源视图：该视图可呈现端口、隧道和伪线的带宽使用率统计，以拓扑图的方式呈现物理链路的带宽使用信息。

(4)报表管理功能：支持报表模板功能，用户可根据自己的需求自定义报表。支持报表任务管理功能，用户可根据设定好的任务触发规则和模板参数，自动生成报表。

(5)支持多时区、夏令时功能：支持多时区和夏令时，客户端、服务器端和设备的时间统一表示，便于设备的维护。支持三种时区方式：仅支持夏令时、UTC 方式和多时区夏令时方式。

(6)OTN 信号流图：针对 OTN 设备，用户通过信号流图，可查看网元内单板的 OTN 信号走向，获取单板端口间的连接信息以及单板告警。

(7)OTN APO 子系统：针对 OTN 设备，APO 子系统提供手动功率优化和自动功率优化两种方式。

(8)OTN APC 子系统：针对 OTN 设备，APC 子系统（自动保护控制）用于 OTN 主光通道的一个光传输段内光功率丢失的情况下，系统自动降低或者关闭发送端的输出光功率，保证设备维护人员安全，使光纤中的光功率处于安全等级要求之内。支持 APR-APSD 保护组的集中管理功能，可自动检测执行器和监视器端口信息。

(9)通道视图：通道视图可以展示单板内的端口、端口承载的业务状态、告警状态等信息。

(10)性能分析系统：对设备运行的历史性能数据，可自动完成趋势分析、预警提示，提前发现网络隐患。对一些可能影响设备正常运行的操作，提供定时取消功能。

IP 设备增值功能如下：

(1)巡检工具：U31 R22 提供远程、集中的设备巡检，并输出巡检报告，巡检报告输出每款设备的详细信息以及存在的问题，并针对健康度进行评分。

(2)WEB 方式的网络性能分析：针对 IP 设备，支持 WEB 方式的网络性能分析和报表功能，可以对 IP 网络中的资源性能数据进行采集、汇聚、加工、存储。

(六)安全性

(1)网管备份路由：当 ECC 通道中断时，网管信息可以通过备用 DCN 网络通信，提高了网络的可靠性。

(2)符合国际化标准的安全机制：实施三级安全机制，在客户端、服务器端、适配器有相应的安全措施。

①支持 SSL、TLS 安全协议（客户端和服务器接口）。

②支持数字证书 AAA 认证、Radius 统一安全认证。

③支持 PAP 和 CHAP 密码认证协议。

④支持 LDAP 目录访问协议。

(3)支持数据一致性保护：支持数据库备份和数据库同步机制，确保数据的一致性。

三、可管理 OTN 网元类型

针对 U31 R22 网元管理平台，其中 WDM/OTN 技术部分，具体设备类型，见表 5-1-1。

表 5-1-1　可管理 OTN 网元类型

网元类型	网元及硬件版本
WDM/OTN	ZXWM-32(V1.00/V1.10) ZXMP M600(V1.00/V2.05/V2.20/V2.20P01) ZXMP M800(2M)/M800(100M)(V1.00/V2.00/V2.10/V2.20/V2.30) ZXWM M900(2M)/M900(100M)(V1.00/V2.00/V2.10/V2.20/V4.00/V4.10) ZXMP M720(V1.00/V1.10) ZXMP M721(V1.00/V1.10/V1.11/V1.20) ZXMP M820(V2.40/V2.50/V2.51/V2.52/V2.52P02/V3.0) ZXWM M920(V4.10/4.20/V4.20P01/V4.30/V5.00/V5.10) ZXONE 8000(V1.00/V1.10/V2.00/V2.10/V2.20/V3.00/V3.10/V3.20/V4.00) ZXONE 8200(V1.00/V1.10) ZXONE 8300(V1.00/V1.1) ZXONE 8500(V1.00/V1.10/V1.20) ZXONE 8700 (V1.00/V1.01/V1.10/V1.20/V1.30/V3.00) ZXONE 9700(V1.00/V3.00/V3.10) ZXUCP A200(V1.20/V2.00/V2.10)

任务小结

本任务主要介绍了 U31 R22 网元管理平台,并针对网元管理平台的特点及可管理网元类型做了详细介绍。

任务二　掌握网元初始化

任务描述

本任务从工具准备、U31 R22 网元管理平台的使用两个方面来介绍 OTN 网元的初始化过程。

学习目标

(1)领会:网元初始化。
(2)了解:前期准备工作及安全注意事项。
(3)应用:学会使用常用工具。

任务实施

OTN 组网前,需先对单站完成初始化设置,完成 OTN 网元的管理 IP 配置,并要求管理 IP

地址与网管计算机南向接口地址在同一网段内，初始化配置图如图 5-2-1 所示。

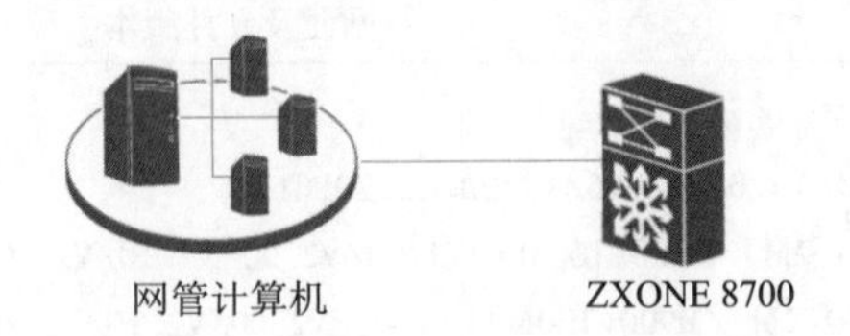

图 5-2-1 ZXONE 8700 组网初始化配置图

网元初始化即通过配置 SNP、SOSC 或 SOSCB 单板，实现成功管理网元的操作过程。SNP 是网元监控系统的核心单板，完成网元管理、保护控制、数据转发和通道维护功能。ZXONE 8700 设备采用硬件版本为 M2 的 SNP 板，M2SNP 单板面板图如图 5-2-2 所示。

图 5-2-2 M2SNP 单板面板图

为了完成网元的初始化，需要一系列的准备工作，接下来就从工具准备、网管软件 U31 的使用两个方面学习网元的初始化。

一、工具准备

需要准备好表 5-2-1 所示的工具和仪表，仪表应经国家计量部门调校合格。

表 5-2-1 常用的工具和仪表

工具或仪表名称	用 途
光功率计	该仪表应用于测试光接口实际接收或发送光功率测试、光接口接收灵敏度测试、光接口过载光功率等测试中
便携式计算机	安装 U31 R22 网管平台，应用于设备调试过程中
万用表	该仪表应用于电源调试过程中，可以进行电压、电阻、电流强度的测试
光纤跳线	在进行一些光接口光功率测试时，需要在 ODF 侧进行测量，这时可以使用光纤跳线进行转接
法兰盘	用于调试时光纤跳线的转接
固定衰减器	该器件可以对接收到的较强的光功率进行衰减，在设备调试中应用在收光接口，保护光接口免受强光功率的破坏及复用段的通道光功率均衡
可调衰减器	该仪表应用于光接口接收灵敏度和过载光功率测试
多波长计	用于精确测量单板发送信号中心频率及中心频率偏差
光谱分析仪	用于测量信号的 OSNR（光信噪比）、SMSR（边模抑制比）、-20 dB 谱宽等光谱性能
SDH 分析仪	该仪表应用于 SDH 业务系统调试和指标测试（STM-16/STM-64/STM-256）
IP 测试仪	该仪表应用于数据业务指标测试
OTN 分析仪	该仪表应用于 OTU1/OTU2/OTU3/OTU4 业务指标测试
配套工具	设备附件包装箱里的擦纤器用于清洁尾纤接头，拔纤器用于插拔尾纤

(一)收集工程信息

调试开始之前,需要按照表 5-2-2 收集工程信息。

表 5-2-2　需要收集的工程信息

信息	说　明
项目总体信息	查询相关负责人的准确地址和联系方式。 了解安装设备的类型。 了解工程前期的准备情况。 了解设备的详细配置情况、发货情况和到货情况。 了解为系统调试准备的人员分配情况
网络规划信息	查阅组网图:包括站点分布拓扑图、每个跨段的距离及相应的光缆类型及光缆性能,光缆性能包括光缆衰耗、色散、跳纤点位置及可用的 ODF 端口资源。 查阅收集网络配置数据表:包括每个网元的网元 IP 地址,网元 ID,网元名称,SOSC 光口、电口地址,IP 电话号码。 查阅收集光纤连接图:每个站点的光纤连接图样。 查阅波长资源分配表:包括总的波道数及单波起始、终止站点,还应标示出工作通道及保护通道。 了解保护策略:包括整个网络的保护类型及保护方式,例如要确定使用的是 OP 还是 OPCS 保护,电层子波长保护、通道保护、还是复用段保护

(二)安全注意事项

安全注意事项见表 5-2-3。

表 5-2-3　安全注意事项

操作	注 意 事 项
防静电要求	进行设备操作(即存储、安装、拆封等)或插拔单板时,应佩戴防静电手环。 进行插拔单板操作时,切勿用手接触单板上器件、布线或连接器引脚。 确保不使用的配件保存在静电袋内。 配件应远离食品包装纸、塑料和聚苯乙烯泡沫等容易产生静电的材料
拔插电源板要求	电源板不支持热插拔,不能带电插拔电源板。 严禁直接操作连接着电源线的电源板。应先插入电源板再连接电源线,先拔掉电源线再拔电源板
设备接地要求	机柜、子架外壳有接保护地。 机柜与机房接地铜排通过保护地线相连。 子架与机柜后立柱紧密固定
其他安全要求	系统运行时,请勿堵塞通风口。 安装面板时,如果螺钉需要拧紧,必须使用工具操作。 单机设备调试时严禁影响其他在网业务设备

(三)测试单板接收/发送光功率

接收/发送光功率是光接口的一个重要性能指标,在故障检测或调测时,需要使用光功率计测试光功率。测试前,激光器必须为关闭状态,在连接尾纤后方可开启激光器。本测试涉及的相关项目及测试原理图如下。

平均接收/发送光功率测试连接图如图5-2-3所示。

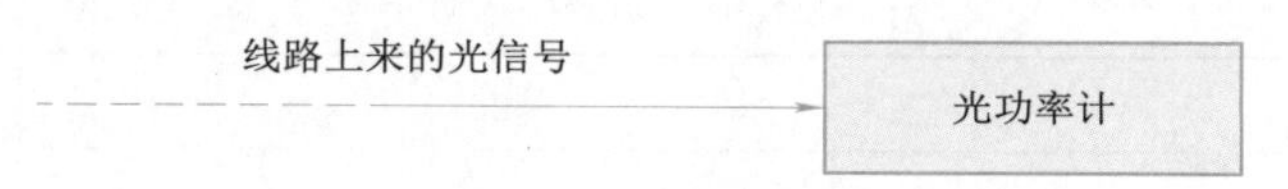

图5-2-3　平均接收/发送光功率测试连接图

步骤如下:

(1)设置光功率计的接收波长与被测单板光接口的发送波长一致。

(2)清洁并插入光接头,并保证连接处连接良好。

①测试接收光功率,则拔下接收光口上的尾纤,将拔下的尾纤连接到光功率计。

②测试发送光功率,则拔下发送光口上的尾纤,将预先准备的完好的光纤跳线一端连接到发送光口,另一端连接光功率计。

注:激光会对眼睛造成伤害,甚至失明,测试时应避免人眼直视光接口。

(3)打开激光器,待测得的光功率稳定后,记录光功率值。

(4)多次测试取平均值,去除尾纤衰减,即为该光接口的光功率值。

(5)关闭激光器,将拔下的尾纤插入原来的光口。

(四)测试合分波类单板插入损耗

合分波类单板包括OMU、ODU、VMUX、SOAD等。需要测试插入损耗(简称"插损"),若单板插损超出单板指标范围,则需要清洁或修复法兰盘,如果无法修复则应及时更换。ODU和OMU单板插损操作步骤类似,此次以测试OMU插损为例介绍操作步骤。

OMU的插损测试连接图如图5-2-4所示。步骤如下:

(1)用光功率计测试OTU单板的单波输出光功率。

(2)将此波接入OMU单板对应的chn口。

(3)测试单波接入时OMU单板OUT口的输出光功率。

(4)将步骤(1)和步骤(3)测试得到的数值相减,差值即为这一波在OMU的插损值。

(5)重复上述步骤,检查OMU其他通道的插损。

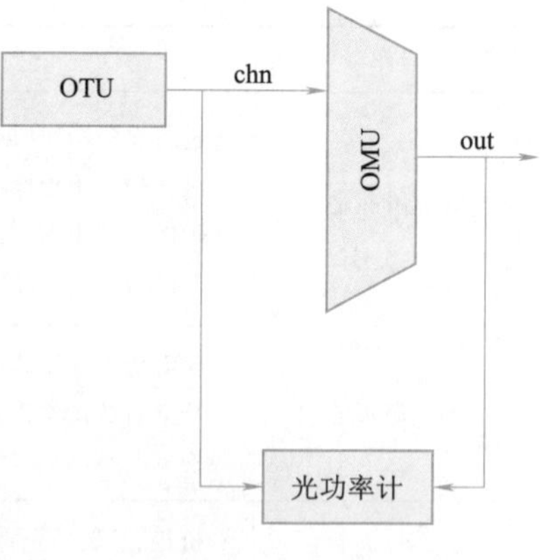

图5-2-4　OMU的插损测试连接图

(五)检查设备内部尾纤连接

在系统调试之前,需要检查设备内部尾纤的连接情况,确保设备内部尾纤连接正确。步骤如下:

(1)现场核查设备尾纤连接是否与连纤图一致。

(2)通过网管告警检查设备实际尾纤连接情况是否与连纤图一致。

说明:分析网管上报的性能数据或者光功率计直接测得的数据,判断尾纤连接是否正确以及连接是否满足质量要求。设备内部尾纤衰耗应小于1 dB。

(六)查询M2SNP外部临时IP地址

EIC单板为子架对外接口板,计算机需要通过EIC单板的ETH1~ETH2以太网口中的任意一个接口与NX41/DX41子架相连,才能对M2SNP单板外部的临时IP进行查询操作。

网元之间通信采用的 IP 地址称为外部 IP 地址，每台设备在出厂时，为 M2SNP 分配了一个临时外部 IP 地址，M2SNP 临时的外部地址作为新建网元的 IP 地址。施工现场需要将临时的外部 IP 地址修改为规划的外部 IP 地址。网管服务器 IP 与修改后 M2SNP 临时的外部 IP 地址在相同网段。步骤如下：

（1）合并 VLAN。长按 EIC 单板上的 TST 按钮 5 s 左右，当 EIC 板上的 NOM 灯快闪时松开 TST 按钮。当 M2SNP 单板 NOM 和 ALM 指示灯同时闪烁，可以 ping 通 M2SNP 单板内部 IP 192.168.1.4 时，表明 VLAN 合并成功。

（2）在计算机上选择“开始”→“运行”命令，在弹出的对话框中输入 cmd，按【Enter】键后进入 DOS 命令窗口。

（3）在 DOS 命令窗口中输入 telnet 192.168.1.4 9023 命令，如图 5-2-5 所示，按【Enter】键后登录 M2SNP 单板。

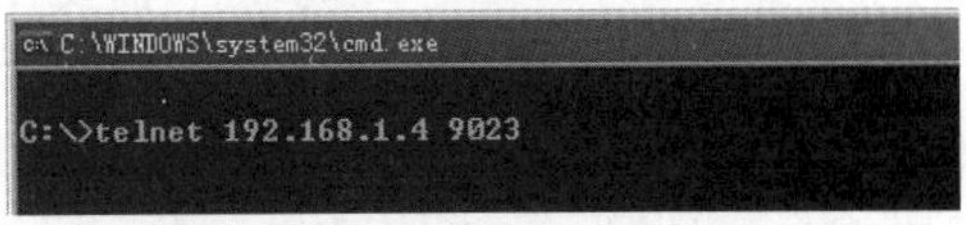

C:\WINDOWS\system32\cmd.exe

C:\>telnet 192.168.1.4 9023

图 5-2-5　登录 M2SNP 单板

（4）在登录界面输入用户名 zte，密码 zte，按【Enter】键后登录单板。

（5）登录成功后，输入命令 ifconfig eth0:1，按【Enter】键后查询当前 M2SNP 的外部 IP 地址为 192.100.10.1，如图 5-2-6 所示。

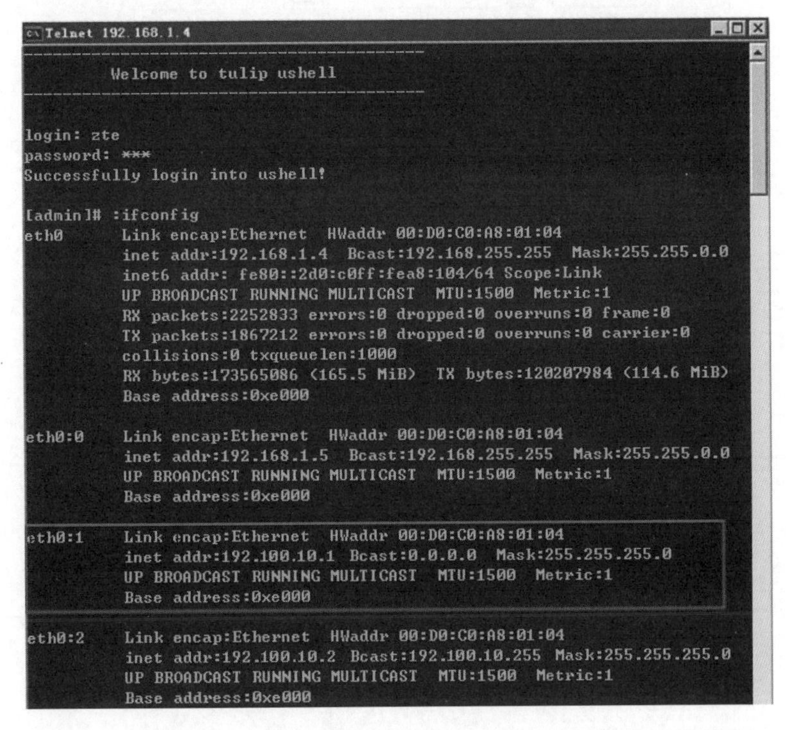

图 5-2-6　M2SNP 登录界面

二、U31 的使用

（一）登录网元管理系统客户端

启动 NetNumen U31 网管系统的服务器和客户端，并登录客户端，步骤如下：

(1)启动 NetNumen U31 服务器。在安装了 NetNumen U31 服务器端软件的网管主机中,选择“开始”→“程序”→NetNumen U31→“服务器”命令,将弹出控制台对话框并自动启动全部控制台进程。

(2)登录 NetNumen U31 客户端。在安装了客户端软件的主机中,选择“开始”→“程序”→NetNumenU31→“客户端”命令,弹出登录对话框。输入用户名、密码、服务器地址,单击“确定”按钮可登录网管系统。

说明:默认用户名为 admin,密码为空。

(二)创建网元

当查询到外部临时 IP 地址后,需要在网管中创建网元,建立网管与网元的管理关系。步骤如下:

(1)在拓扑管理视图中,右击空白处,选择快捷菜单中的“新建对象”→“新建承载传输网元”命令,弹出新建承载传输网元对话框。

(2)在新建承载传输网元对话框左侧设备列表中选择待创建网元的设备类型,如图 5-2-7 所示,各项参数说明见表 5-2-4,其他参数选择默认值。

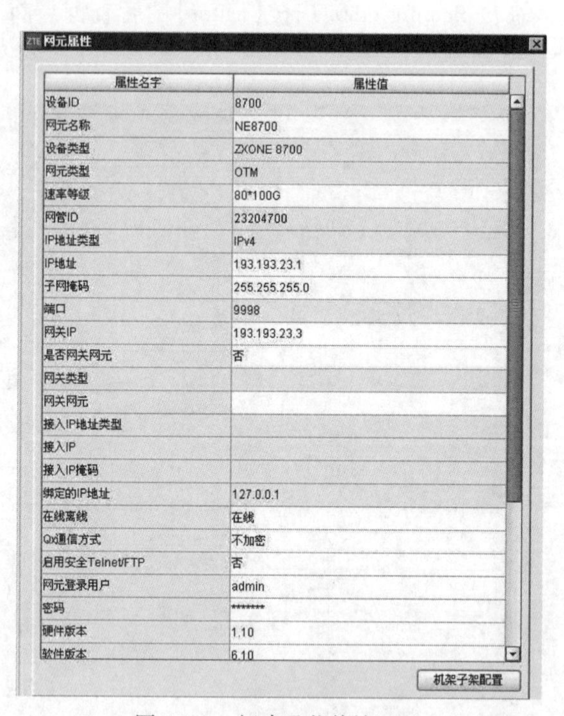

图 5-2-7　新建承载传输网元

表 5-2-4　新建承载传输网元(OTN 设备)参数说明

参数名称	说　明
网元类型	根据该网元在组网中的位置进行选择,各类型说明如下: OADM:位于网络的中间局站,完成上、下电路功能。 OXC:提供以波长为基础的连接功能、光通路的波长分插功能。 OTM:位于线形网的端站,把客户侧信号复用成 DWDM 线路信号,或反之。 OLA:位于网络的中间局站,用于延长传输距离,但不能上、下电路

续表

参数名称	说　　明
速率等级	即系统的设计容量，根据实际规划配置
IP 地址	主子架 M2SNP 单板临时外部 IP 地址
子网掩码	根据实际规划配置
网关 IP	根据实际规划配置
网元登录用户	默认网元用户为 admin，最大允许输入 32 字节长度
密码	管理员访问该网元的鉴权密码，默认密码为空，最大允许输入 16 字节长度。如果该网元在某个网管服务器上设置该密码，那么在其他网管服务器上需在此处输入这个密码才能管理该网元
硬件版本	V3.00(V3.10)
软件版本	与所配置的 M2SNP 单板 Agent 软件版本匹配

(3)单击右下角“机架子架配置”按钮，进入“机架子架配置”对话框。

说明：网管中选择的子架类型必须与实际机柜中安装的子架类型保持一致。

(4)在左侧的网元列表中，单击“主子架”，如图 5-2-8 所示，参数配置说明见表 5-2-5。

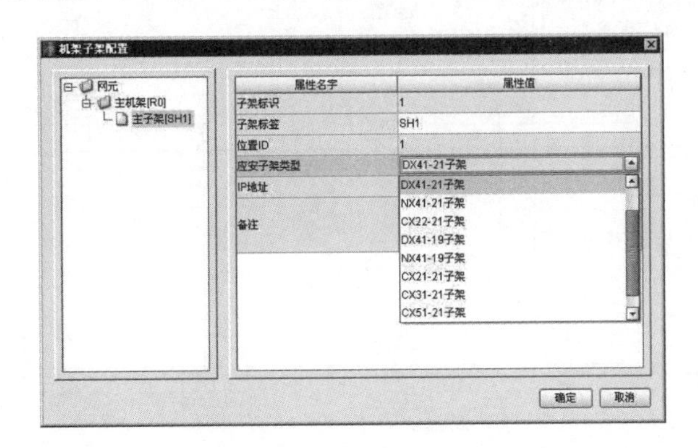

图 5-2-8　配置主子架

表 5-2-5　主子架参数配置说明

参数	说　　明
子架标识	与子架拨码保持一致，主子架必须为 1
子架标签	为方便记忆和区别不同的子架，为子架设置一个标签
子架类型	根据实际情况选择 DX41/NX41
IP 地址	为每个站点配置一个 IP 地址，要求每个 IP 地址处于不同的网段。例如：网元 A 的 IP 地址为 192.192.20.1，掩码为 255.255.255.0；网元 B 的 IP 地址可配置为 192.192.30.1，掩码为 255.255.255.0

说明：子架背板上有一个 8 位的拨码开关(标识为 S1)用于设置子架标识，如图 5-2-9 所示，设置说明见表 5-2-6，在同一个网元中，网管通过子架标识来区分不同的子架。

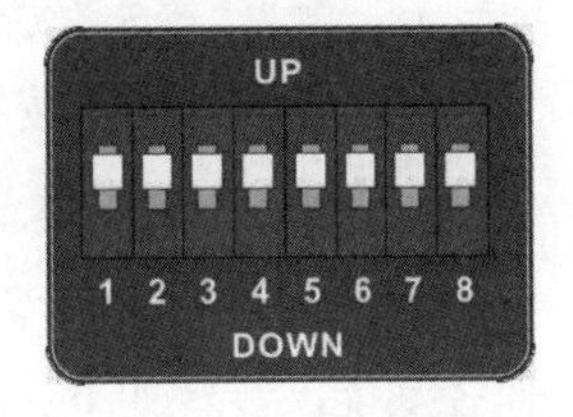

图 5-2-9　子架拨码开关

表 5-2-6　子架号设置说明

子架号	拨码开关位						
	2	3	4	5	6	7	8
子架 1	up	up	up	up	up	up	down
子架 2	up	up	up	up	up	down	up
子架 3	up	up	up	up	up	down	down
…	…	…	…	…	…	…	…
子架 127	down	down	down	down	down	down	down

说明:拨码开关第 1 位保留,暂时不使用。up 表示拨码开关拨至上方,同时表示二进制 0;down 表示拨码开关拨至下方,同时表示二进制 1。

(5)右击“主机架[R0]”,选择“从机架[SH2]”并配置相关参数,从而增加从子架,如图 5-2-10所示,从子架参数配置说明见表 5-2-7。

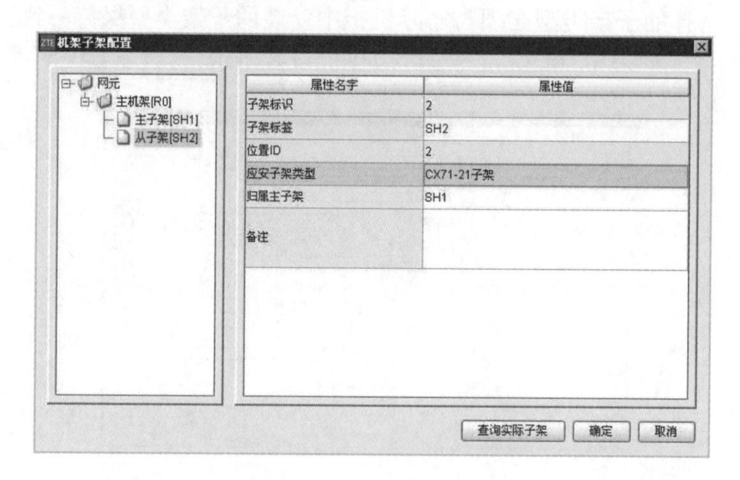

图 5-2-10　配置从子架

表 5-2-7　从子架参数配置说明

参数	说　明
子架标识	从子架标识范围为 2 ~ 127
子架标签	为方便记忆和区别不同的子架,为子架设置一个标签
应安子架类型	根据实际情况选择
归属主子架	设置隶属的主子架

(6)单击“确定”按钮,完成机架子架配置。

(7)单击“应用”按钮,完成网元创建。

(三)配置监控类单板

网元创建完成后,需要在子架中配置 SNP、SOSC 或 SOSCB 监控类单板,才能实现对网元的监控功能。步骤如下:

(1)在拓扑管理视图中,双击网元,弹出单板视图对话框。

(2)单击 按钮,打开单板视图对话框右侧的插板类型页面。

(3)在插板类型页面内,选择 SNP,选中左下角的预设属性选项,单击单板视图的 1 号槽位,插入 SNP 单板,弹出"单板预设属性"对话框,如图 5-2-11 所示。

说明:SNP 必须设置 APS"在位",否则保护组配置时无法选择 APS 控制器。

(4)(可选)单击单板基本属性页面查看单板 Agent 软件版本,如图 5-2-12 所示。

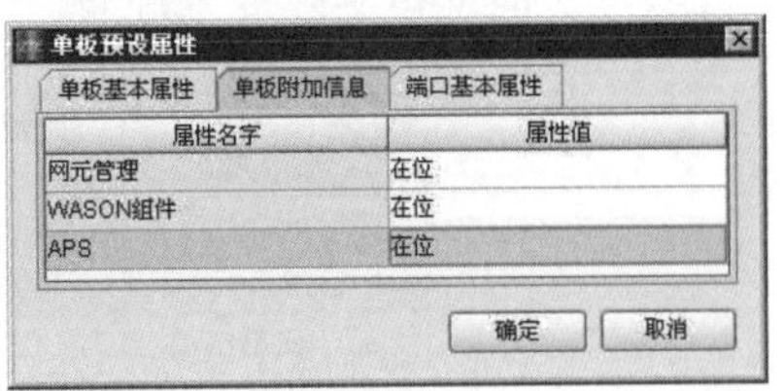

图 5-2-11　"单板预设属性"对话框

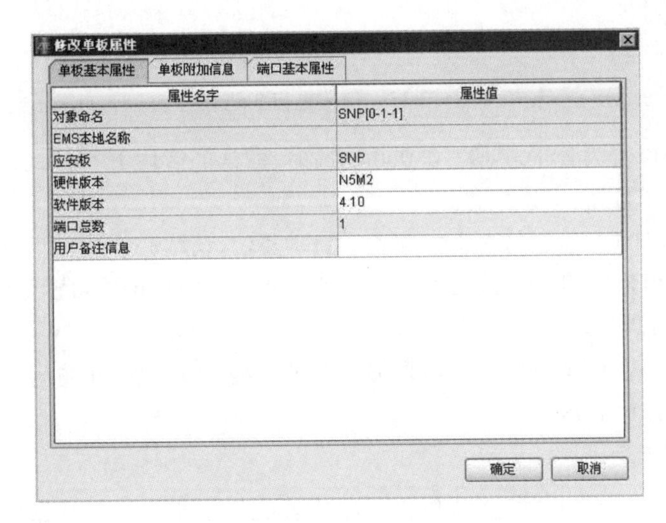

图 5-2-12　查看单板 Agent 软件版本

(5)单击"确定"按钮,插板成功。

(6)在拓扑管理视图中,右击网元,在弹出的快捷菜单中选择"网元属性"命令,在弹出的网元属性对话框中修改软件版本。

(7)右击网元,在弹出的快捷菜单中选择"在线/离线"命令,修改为在线状态,单击"确定"按钮。

(8)在网元属性对话框中,修改 IP 地址为规划的 IP 地址。

(9)单击"应用"按钮,SNP 单板复位。

(10)在拓扑管理视图中,双击网元,弹出单板视图窗口,在插板类型栏内,选择 SOSC 或 SOSCB 单板,单击单板视图的 3 号槽位,插入 SOSC 或 SOSCB 单板。

说明:主用 SOSC 或 SOSCB 建议配置在 3 槽位,备用 SOSC 或 SOSCB 配置在 5 槽位。

(11)在拓扑管理视图中,右击网元,在弹出的快捷菜单中选择"网元管理"命令,弹出"网元管理"对话框。

(12)在定制资源导航树中选择 SOSC 或 SOSCB 单板,在单板操作导航树中选择"通信维护"→"单板 IP 地址配置"节点。

(13)在单板 IP 地址配置窗口中,按规划值修改电口 3 的 IP 地址、子网掩码、区域 ID,如图 5-2-13 所示。

说明:在网元需要做接入网元时,SOSC 或 SOSCB 单板电口 3 的 IP 地址需要配置。如果网元和网管服务器是通过网线直连的情况,电口3的IP地址必须与网管PC的IP地址在同一网段;如果网元和网管服务器是通过DCN网络连接的情况,需要配置网管PC到DCN网络的路由,电口3地址按实际规划配置。

行号	端口	IP地址类型	IP地址	子网掩码	区域ID
1	监控电口1	IPV4	192.192.32.3	255.255.255.255	0.0.0.0
2	电口2	IPV4	192.192.22.3	255.255.255.0	0.0.0.0
* 3	电口3	IPV4	10 . 10 . 10 . 1	255.255.255.0	0.0.0.0
4	监控电口2	IPV4	192.193.32.3	255.255.255.255	0.0.0.0
5	光口1	IPV4	192.194.32.3	255.255.255.255	0.0.0.0
6	光口2	IPV4	192.195.32.3	255.255.255.255	0.0.0.0
7	光口3	IPV4	192.196.32.3	255.255.255.255	0.0.0.0
8	光口4	IPV4	192.197.32.3	255.255.255.255	0.0.0.0

图5-2-13　修改电口3地址

在网元IP地址设置为骨干域192.0.0.0网段时,默认的区域ID为0.0.0.0。

(14)单击“确定”按钮,下发配置。

说明:SOSC或SOSCB单板将在下发配置后自动复位,请耐心等待。

(15)长按EIC单板上的TST按钮5 s左右,当EIC板上的NOM灯慢闪时,松开TST按钮。此时网管可以正常管理网元。

说明:SNP单板NOM和ALM指示灯同时闪烁或ping不通SNP单板内部IP地址192.168.1.4,表明已取消VLAN合并。

(四)清空数据库

修改外部IP后,网管重新管理上网元,需要对网元进行清空NCP数据库操作,以防止SNP插入网元后,其残留的配置信息对网元有影响。步骤如下:

(1)在拓扑视图中,右击网元,在弹出的快捷菜单中选择“网元管理”命令,弹出网元管理窗口。

(2)在网元操作导航树中选择“网元数据管理”→“清空NCP数据库”节点。

(3)在弹出的确认框中单击“确定”按钮,完成清空NCP数据库操作,如图5-2-14所示。

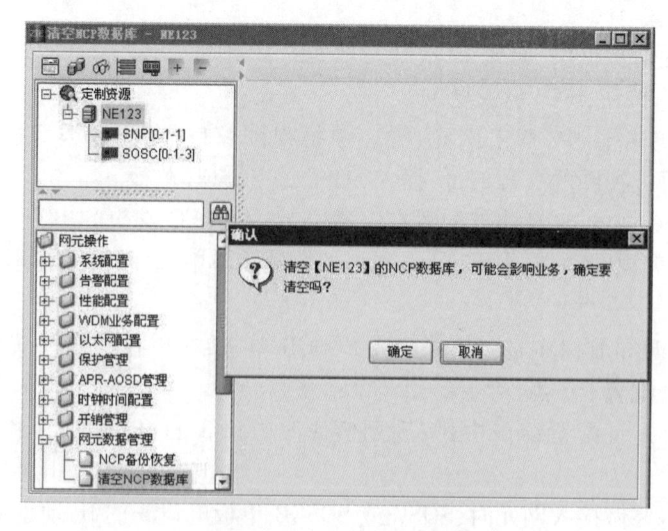

图5-2-14　清空NCP数据库

(五)下载数据库

为保证网元数据库与网管数据库一致,需要将网管数据库下载到网元数据库,进行数据同步。步骤如下:

(1)在拓扑视图中,右击网元,在弹出的快捷菜单中选择"数据同步"命令,弹出数据同步窗口。

(2)选择"下载数据"选项卡,选择网元和主备板,如图5-2-15所示。

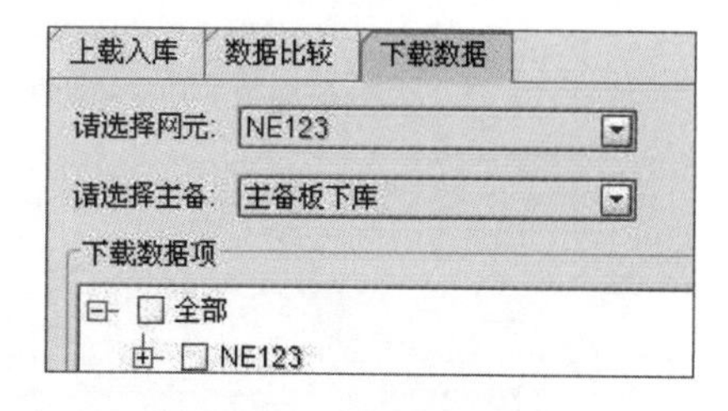

图5-2-15 下载数据库

(3)开始下载,待进度条显示100%时,完成下载数据库操作。

(六)自动发现单板

网管支持单板自动发现功能,可以将设备实际安装的单板自动安装到网管所创建的网元。步骤如下:

(1)双击网元,打开机架图窗口。

(2)在机架图窗口中,根据情况执行单板自动发现操作。如果自动发现选定槽位的单板转至步骤(3)。如果自动发现全部槽位的单板转至步骤(4)。

(3)右击待插板槽位,在弹出快捷菜单中选择"单板自动发现"命令,如图5-2-16所示,自动发现对应槽位的单板。

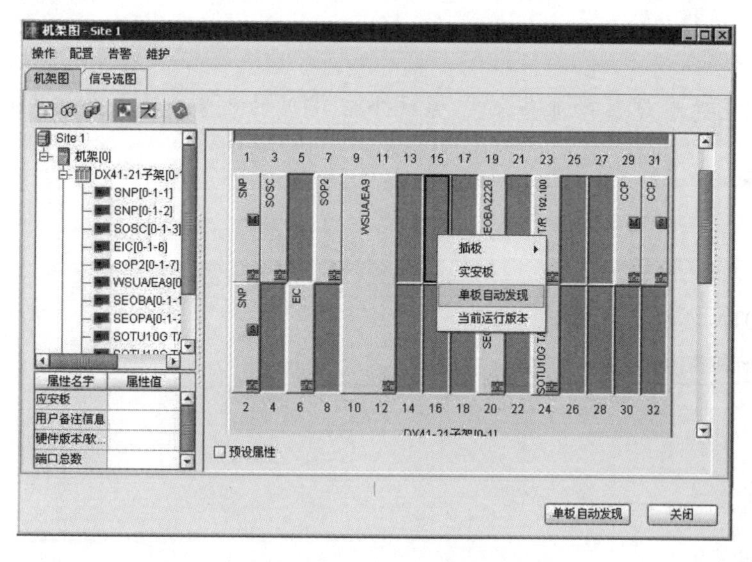

图5-2-16 单板自动发现

(4)单击右下角的"单板自动发现"按钮,弹出"单板自动发现"窗口。

(5)在"状态/操作"栏中选中操作项,如图5-2-17所示,选择"插板"→"更新应安板"命令,批量自动发现单板。

(6)关闭该窗口,返回单板视图窗口。

(7)右击单板,在弹出的快捷菜单中选择"属性"命令,确认自动发现的单板属性与实插单板情况一致。

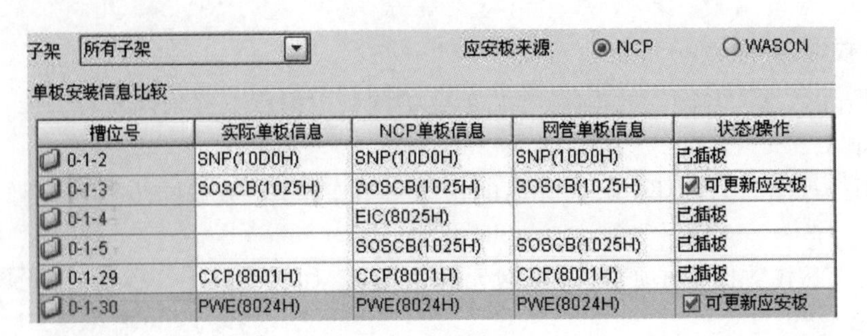

子架 所有子架　　应安板来源: ◉ NCP　○ WASON

单板安装信息比较

槽位号	实际单板信息	NCP单板信息	网管单板信息	状态/操作
0-1-2	SNP(10D0H)	SNP(10D0H)	SNP(10D0H)	已插板
0-1-3	SOSCB(1025H)	SOSCB(1025H)	SOSCB(1025H)	☑ 可更新应安板
0-1-4		EIC(8025H)		已插板
0-1-5		SOSCB(1025H)	SOSCB(1025H)	已插板
0-1-29	CCP(8001H)	CCP(8001H)	CCP(8001H)	已插板
0-1-30	PWE(8024H)	PWE(8024H)	PWE(8024H)	☑ 可更新应安板

图 5-2-17　槽位选择

任务小结

本任务介绍网元初始化工作的两个阶段:初始化前的工具准备以及网元管理平台的具体使用,其中尤为重要的是一般性能参数的测量和网元管理平台的常见功能。

任务三　熟悉 OTN 业务配置

任务描述

本任务主要是熟悉 OTN 的业务配置,系统介绍 OTN 的业务分类以及相关业务的配置过程和注意事项。

学习目标

(1)领会:OTN 各种业务类型。
(2)应用:如何配置业务。

任务实施

一、OTN 业务

(一)基本概念介绍

1. 客户层和服务层

客户层和服务层是一对相对的概念。客户层到服务层业务,分以下几种情况:

(1)无 ODU*k* 级联:OAC 业务→ODU*k* 业务→OTU→OCH→OMS→OTS。

(2)ODU*k* 级联:OAC 业务→ODU*i* 业务→…→ODU*j* 业务→OTU→OCH→OMS→OTS。

(3)无 OMS 和 OTS:OAC 业务→ODU*k* 业务→OTU→OCH→OPS。

例如,ODU*k* 业务的客户层业务为 OAC 业务,服务层业务为 OTU 业务。

2. 业务形成方式

WDM/OTN 业务有两种形成方式:自动发现和创建。WDM/OTN 的各层业务都支持自动发现。自动发现又分为增量发现和全量发现。WDM/OTN 业务中除 OTS 业务和 OMS 业务外都支持创建,OTS 业务和 OMS 业务只支持自动发现。

(1)增量发现:每次发现对既有的业务信息不产生任何影响,只对尚未形成业务的交叉连接进行分析,进而形成新的业务。

(2)全量发现:删除全部已有业务,重新发现所有业务。

3. 固定/非固定业务

非固定业务:经过交叉板的业务或者经过 WSU 类(可波长支配)单板的业务都称为非固定业务。除非固定业务外的其他业务为固定业务。

4. 投入/退出业务

(1)投入业务。从网管上对业务的服务状态进行主动切换的操作,对网元上的业务没有影响。激活和维护中业务可投入服务,投入之后业务可能是服务中或者服务失效的状态。

(2)退出服务。从网管上对业务的服务状态进行主动切换的操作,对网元上的业务没有影响。业务退出服务成功后,其状态自动切换为维护中。所有业务在进行其他配置维护操作时都要先退出业务,被退出的业务处在维护中状态。

5. 解除/删除业务

(1)解除业务。仅从网管上将业务删除,不下发到设备,解除操作不影响业务通断。

(2)删除业务。不仅从网管上删除,也要将相关的配置下发到设备,删除成功之后,设备传输的业务也将断开。

6. 激活/去激活业务

去激活业务将命令下发到设备上,将交叉连接删除,因此会使业务中断。从业务通断方面来说,去激活操作和删除操作的结果是一样的,但是去激活的业务在业务视图中是可以查询到的,而删除的业务在业务视图中查询不到。

(二)OTN 业务分类

WDM/OTN 业务有七种业务类型:OTS 业务、OMS 业务、OPS 业务、OCH 业务、OTU 业务、ODU*k* 业务和 OAC 业务。七种业务类型在组网中的划分如图 5-3-1、图 5-3-2 所示。

OTS 业务:光放大类单板之间形成的路径业务。

OMS 业务:合分波类单板端口之间形成的路径业务。

OPS 业务:两个光转发类、光汇聚类单板或者线路侧业务板直接对接形成的业务。

OCh 业务:一个单板的 OCh 源端口和另外一个单板的 OCh 宿端口形成的路径业务。

OTU 业务:是一个或多个物理端口绑定成一个逻辑端口后,在逻辑端口上形成的业务。

ODU*k* 业务:ODU*k* 业务可以单级或者逐级映射,也可以对 ODU*k* 业务进行拆分,例如 ODU1 业务、ODU2 业务等。

OAC 业务:OAC 业务也称为客户业务,例如 SDH 业务、GE 业务等。业务类单板的 OAC 端口配置不同的接入业务,则生成不同层速率的 OAC 业务。

1. OTS/OMS/OPS 业务

OTS 业务、OMS 业务和 OPS 业务不支持创建,只支持自动发现,当网元间和网元内的纤缆连接正确之后，自动形成OTS和OMS业务。OTS业务和OMS业务是其他业务的服务层，所以在创建其他业务前，要保证OTS业务和OMS业务已经自动发现并且是一致的。OPS业务的组网中无OMS层和OTS层，此时OPS业务是其他业务的服务层。

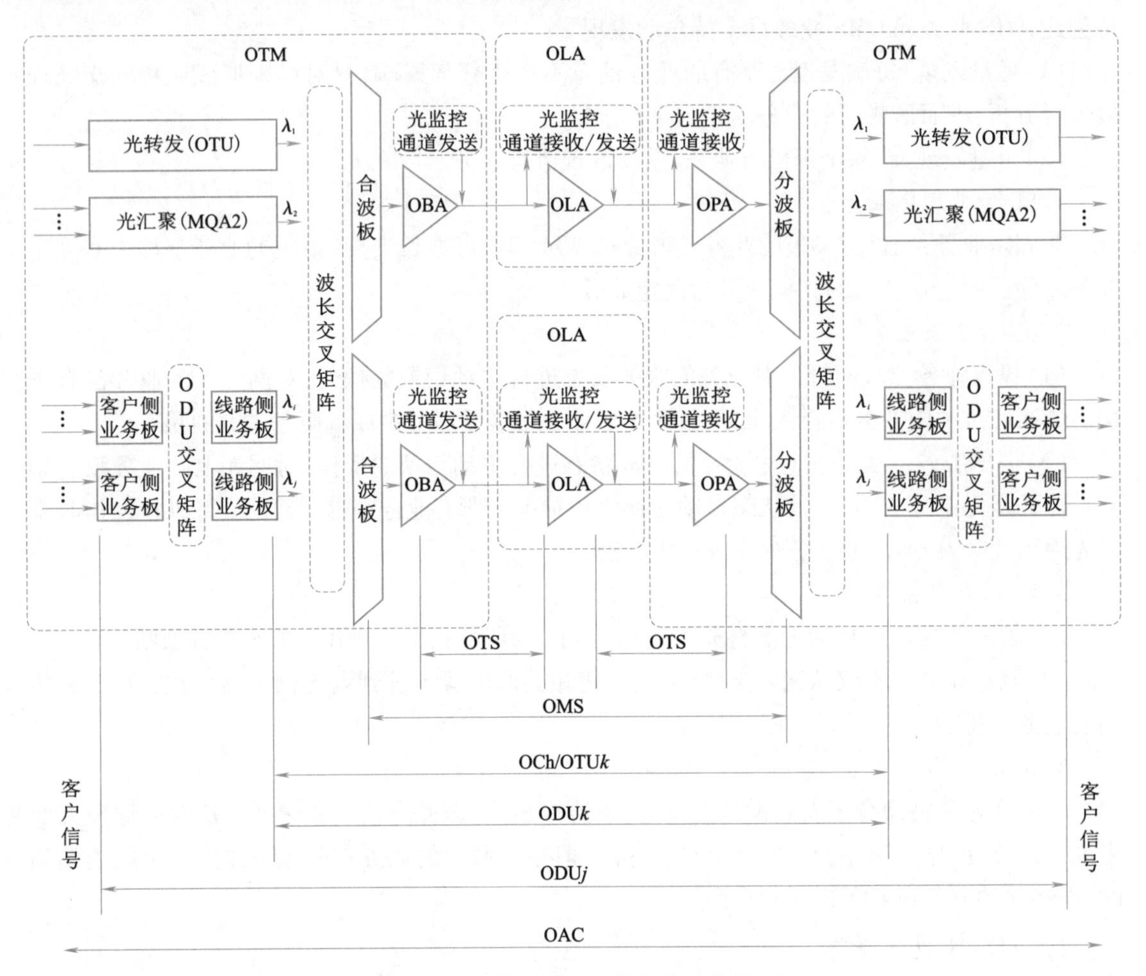

图5-3-1 WDM/OTN业务划分示意图1

注：OBA、OLA、OPA均为放大器，根据位置不同，依次为后置放大器、线路放大器、前置放大器。

2. OCh业务

OCh业务是一个单板的OCh源端口到另外一个单板的OCh宿端口形成的路径。OCh业务只支持单层创建。OCh业务创建前不需要手工进行波长调谐，创建OCh业务时自动下发波长调谐信息。创建OCh业务时要保证OTS层和OMS层速率是双向一致的。

3. OTU业务

OTU只有部分单板支持，只有支持OTU*k*端口绑定的单板支持配置OTU业务。OTU业务是一个或多个物理端口绑定成一个逻辑端口后，在逻辑端口上形成的业务。

4. ODU*k*业务

配置ODU*k*业务有两种组网方式：集中式交叉和分布式交叉。

(1)集中式交叉。通过集中式交叉单板CSUB单板、XCA单板等实现，客户侧单板和线路侧单板之间的交叉信息配置在交叉单板上，交叉单板所在的子架组成一个交叉容量。

(2)分布式交叉。通过板内部把信号指配到不同的背板端口来实现交叉,不同的背板端口对应着指定槽位的单板,不需要没有交叉单板实现。子架的某几个槽位之间有固定的连接关系,组成一个交叉容量。

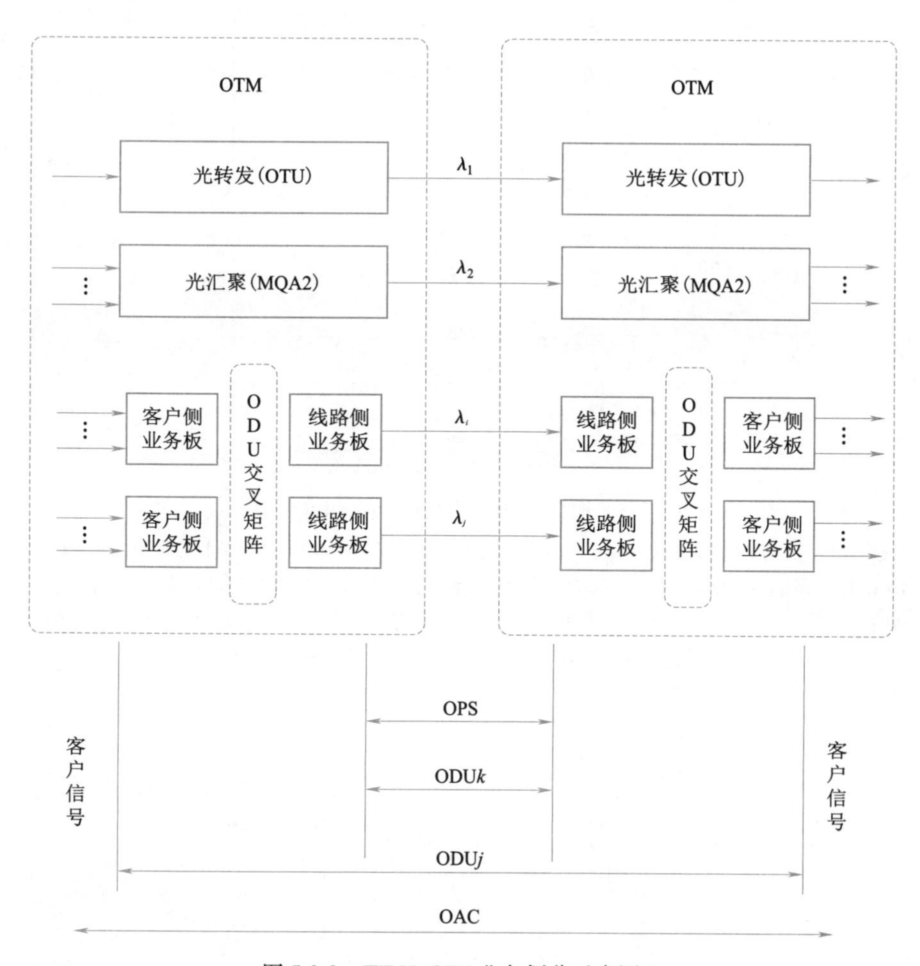

图 5-3-2 WDM/OTN 业务划分示意图 2

5. OAC 业务

业务类单板的 OAC 端口配置不同的接入业务,则生成不同层速率的 OAC 业务。业务的组网有两种情况:承载于 OCh 和承载于 ODU*k*。

(1)承载于 OCh。组网示意图如图 5-3-3 所示。

(2)承载于 ODU*k*。承载于集中式交叉的 ODU*k* 的组网图如图 5-3-4 所示。承载于分布式交叉的 ODU*k* 的组网图如图 5-3-5 所示。

二、配置业务

(一)配置 OCh 业务

以 2 个 ZXONE 8700 设备的 NE-10 网元和 NE-20 网元组成的链型为例,介绍配置 OCh 业务的操作,信号流向如图 5-3-6 所示。

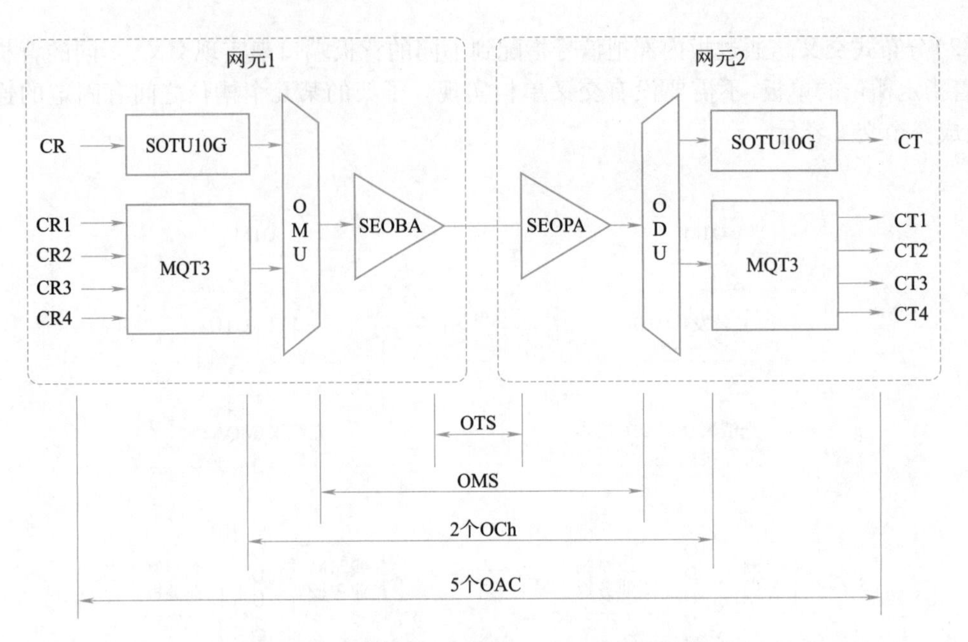

图 5-3-3 承载于 OCh 的 OAC 业务组网示意图

注:C 指的是客户侧信号;R 指的是接收侧信号;T 指的是发送侧信号;SOTU10G、MQT3 均为客户侧业务板,其字母含义为中兴公司 OTN 设备的单板名;SEOPA、SEOBA 均为放大器,其字母含义为中兴公司 OTN 设备的单板名;OMU 为合波单板;ODU 为分波单板。

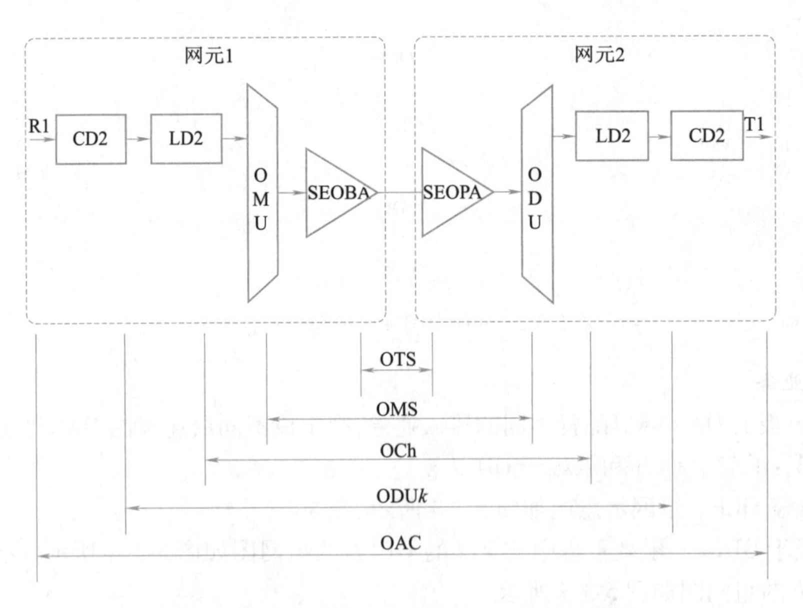

图 5-3-4 承载于集中式交叉的 ODUk 的组网图

注:R 表示接收;T 表示发送;CD2、LD2 表示单板名称。

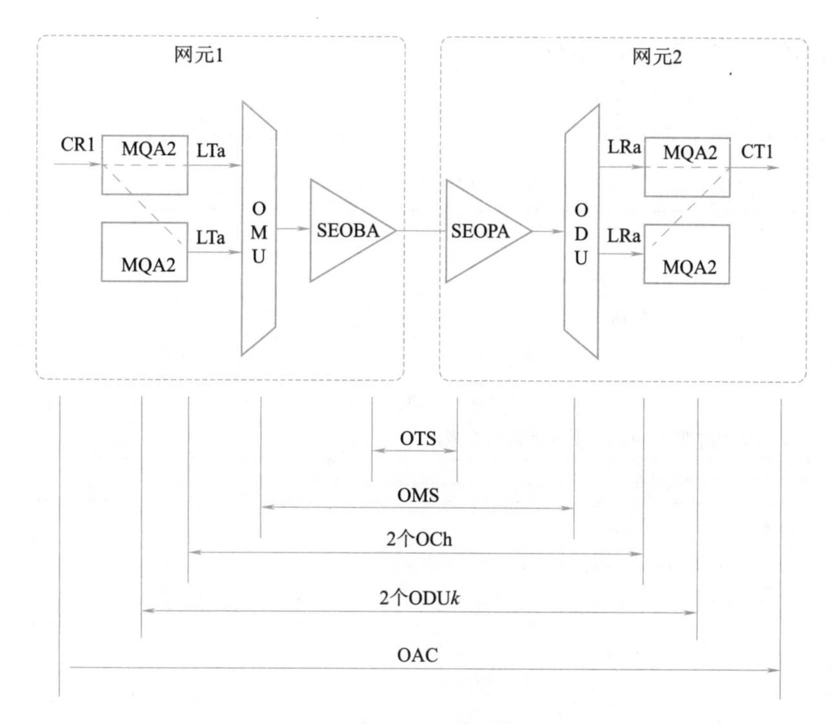

图 5-3-5　承载于分布式交叉的 ODUk 的组网图

注:C 表示客户侧信号;LTa 为发送接口;LRa 为接收接口。

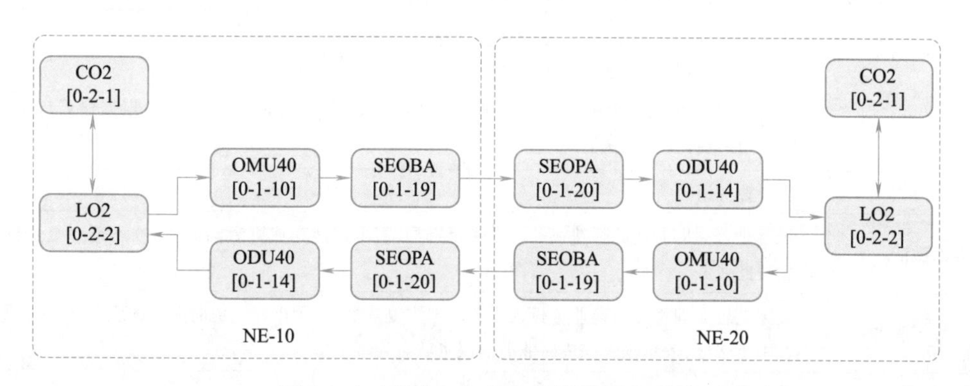

图 5-3-6　配置 OCh 业务信号流向示意图

需保障已完成网元基础数据配置,包括创建网元、安插单板和纤缆连接。步骤如下:

(1)在拓扑管理视图中,选择“业务”→“新建”→“新建 WDM/OTN 业务”命令,打开业务配置窗口。

(2)在业务分组栏中,单击下拉菜单,选择 OCh。

说明:业务分组配置为 OCh 业务时,业务速率固定为 OCh,无须配置。

(3)设置 A1 端点和 Z1 端点。

①在 A1 端点栏中,单击“选择”按钮,打开资源选择器对话框。

②展开左侧设备资源导航树,选择待创建业务的单板,本例中选择网元 NE-10 的 LO2 单板。

③在右侧端口区域,选择待创建业务的端口号。本例中选择输出端口 OCh 源:1(L1T)。

④根据所创建业务的速率等级,在逻辑终端点中,选择需要使用的频率。

⑤本例中,在逻辑终端点中选择频率 Tunable:1。

⑥单击"确定"按钮,退出资源选择器。

⑦重复步骤①~⑤,设置 Z1 端点。A1、Z1 端点的频率选择必须一致。

表 5-3-1 新建 WDM/OTN 业务参数说明

参数	说明
业务方向	表示业务的传输方向
业务分组	业务分组包括:OCh、ODU、OTU、OAC、子波长和 ODUflex
业务速率	表示业务的传输速率,即创建的业务类型,根据实际情况进行选择
光功率调整模式	在创建 OCh 业务时有效。选择手工调整光功率则可以在网元管理界面调整衰减值,选择不调整光功率则系统自动下发默认的衰减值
A1 端点	业务的源端点
Z1 端点	业务的宿端点
波长选择	创建 OCh 业务时,出现此参数。 默认为自动选择,路由计算后系统会自动匹配业务波长,也可以根据实际情况选择对应的波长
映射类型	创建 OTU 业务、ODU/ODUflex 业务时,出现此参数。 默认为省略,可以配置为实际映射类型
路由策略	物理路由最小跳:业务经过的网元节点数最少。 最短距离:业务经过的光纤的长度之和最小。 默认为省略,可以按照实际要求配置
用户标签	作为业务的用户识别标识,设置方法如下: 在用户标签栏内,手动输入用户标签,取值范围为 0~120。 单击用户标签栏的"选择"按钮,在弹出的业务资源命名规则配置窗口内,根据命名规则自行设置,或直接选择使用默认值
客户	选择业务所属客户
立即激活	设置是否立即激活此新建业务。选中复选框,表示创建完成则激活此业务;不选中复选框,表示仅创建此业务
立即投入服务	设置是否立即将此新建业务投入服务。选中复选框,表示创建完成时业务的服务状态为服务中;不选中复选框,表示创建完成时业务的服务状态为维护中
配置保护	是否配置保护
服务质量模板	选中配置保护项时,出现此参数。默认为 SNCP 保护-必须
SNCP 起点	选中配置保护项时,需配置此参数
SNCP 终点	选中配置保护项时,需配置此参数
自动创建保护组	设置是否自动创建保护组

(4)设置客户参数:

①在客户栏中,单击"选择"按钮,打开资源选择器对话框。

②按照实际业务类型选择,本例中选择名称为 Customer[0]的资源,单击"确定"按钮。

在"新建 WDM/OTN 业务"对话框中,业务方向、光功率调整模式、波长选择、路由策略、用户标签、立即激活、立即投入服务和配置保护的参数配置见表 5-3-1。配置 OCh 业务基本参数设置完成如图 5-3-7 所示。

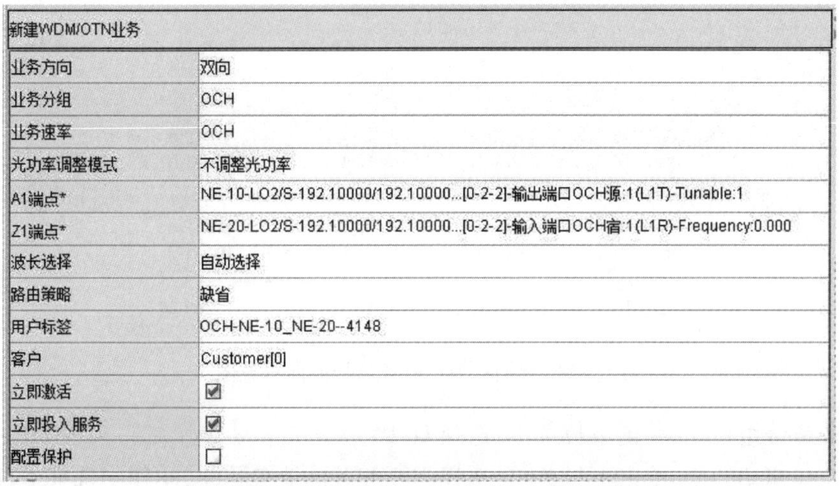

新建WDM/OTN业务	
业务方向	双向
业务分组	OCH
业务速率	OCH
光功率调整模式	不调整光功率
A1端点*	NE-10-LO2/S-192.10000/192.10000...[0-2-2]-输出端口OCH源:1(L1T)-Tunable:1
Z1端点*	NE-20-LO2/S-192.10000/192.10000...[0-2-2]-输入端口OCH宿:1(L1R)-Frequency:0.000
波长选择	自动选择
路由策略	缺省
用户标签	OCH-NE-10_NE-20--4148
客户	Customer[0]
立即激活	☑
立即投入服务	☑
配置保护	☐

图 5-3-7　配置 OCh 业务基本参数设置完成示意图

(5)在路由页面的路由计算区域,单击“计算”按钮,计算路由信息。

计算出的工作路由以蓝色路径显示在视图中,并且在路由计算结果区域显示计算出的路由信息。

(6)(可选)在路由约束区域,单击“约束”按钮,添加需要的路由约束。

①单击添加下拉按钮,选择所需的约束粒度并设置约束资源。约束的粒度包括网元、单板、端口、端点。路由约束信息列表中增加一条约束信息。

②在列表的约束类型中,选择所需的约束类型。约束类型说明见表 5-3-2。

表 5-3-2　约束类型说明

约束类型	说　明
工作必经	表示业务的工作路由必须经过该资源
保护必经	表示业务的保护路由必须经过该资源
禁止	表示业务的工作路由禁止经过该资源

说明:根据实际网络的连接情况,可以对业务的工作路由设置约束条件,设置约束条件后需重新计算路由。本例中,不设置约束条件。

(7)单击“应用”按钮,弹出信息对话框。

(8)单击“关闭”按钮,完成业务的创建。

(二)配置 OTU 业务

以两个 ZXONE 9700 设备的 NE-10 网元和 NE-20 网元组成的链型为例,介绍配置 OTU 业务的操作,信号流向如图 5-3-8 所示。

需保障已完成网元基础数据配置,包括创建网元、安插单板和纤缆连接。步骤如下:

(1)配置 OCh 业务。

(2)在拓扑管理视图中,选择“业务”→“新建”→“新建 WDM/OTN 业务”命令,打开业务配置窗口。

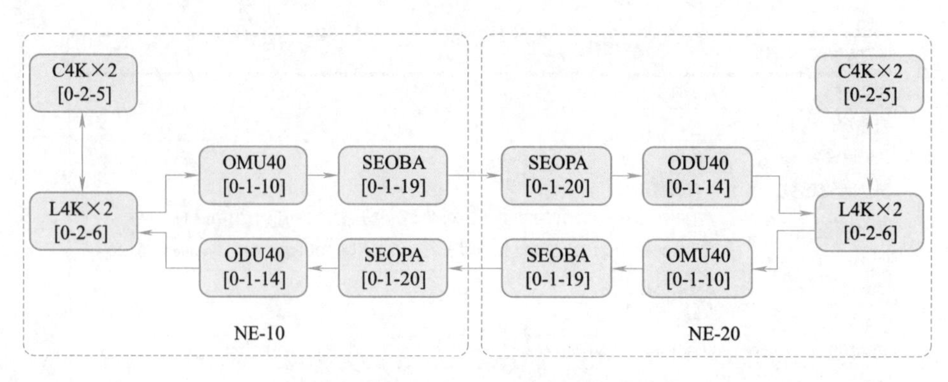

图 5-3-8　配置 OTU 业务信号流向示意图

(3)在业务分组栏中,单击下拉菜单,选择 OTU。

(4)在业务速率栏中,单击下拉菜单,选择需要配置的业务速率,本例中选择 OTU4。

(5)设置 A1 端点和 Z1 端点:

①在 A1 端点栏中,单击“选择”按钮,打开资源选择器对话框。

②展开左侧设备资源导航树,选择待创建业务的单板,本例中选择网元 NE-10 的 L4Kx2 单板。

③在右侧端口区域,选择待创建业务的端口号。本例中选择 OTU 发送端口:1。

④根据所创建业务的速率等级,在逻辑终端点中,勾选需要使用的端点。本例中勾选频率 OTU4:1。

⑤单击“确定”按钮,退出资源选择器。

⑥重复步骤①~步骤⑤,设置 Z1 端点。A1、Z1 端点的端口选择必须一致。

(6)设置客户参数:

①在客户栏中,单击“选择”按钮,打开资源选择器对话框。

②按照实际业务类型选择。本例中选择名称为 Customer[0]的资源,单击“确定”按钮。

在“新建 WDM/OTN 业务”对话框中,设置业务方向、映射类型、路由策略、用户标签、立即激活和立即投入服务的参数。配置 OTU 业务基本参数设置如图 5-3-9 所示。

新建WDM/OTN业务

业务方向	双向
业务分组	OTU
业务速率	OTU4
A1端点*	NE-10-L4Kx2-S-192.10000/192.20000...[0-2-6]-OTU发送端口:1-OTU4:1
Z1端点*	NE-20-L4Kx2-S-192.10000/192.20000...[0-2-6]-OTU接收端口:1-OTU4:1
映射类型	缺省
路由策略	缺省
用户标签	OTU4-NE-10_NE-20-39
客户	Customer[0]
立即激活	☑
立即投入服务	☑

图 5-3-9　配置 OTU 业务基本参数设置

(7)在路由页面的路由计算区域,单击“计算”按钮,计算路由信息。

计算出的工作路由以蓝色路径显示在视图中,并且在路由计算结果区域显示计算出的路由信息。

(8)单击“应用”按钮,弹出信息对话框。

(9)单击“关闭”按钮,完成业务的创建。

(三)配置 ODU*k*/ODUflex 业务

以两个 ZXONE 8700 设备的 NE-10 网元和 NE-20 网元组成的链型为例,介绍配置 ODU*k*/ODUflex 业务的操作。信号流向如图 5-3-10 所示。需保障已完成网元基础数据配置,包括创建网元、安插单板和纤缆连接。

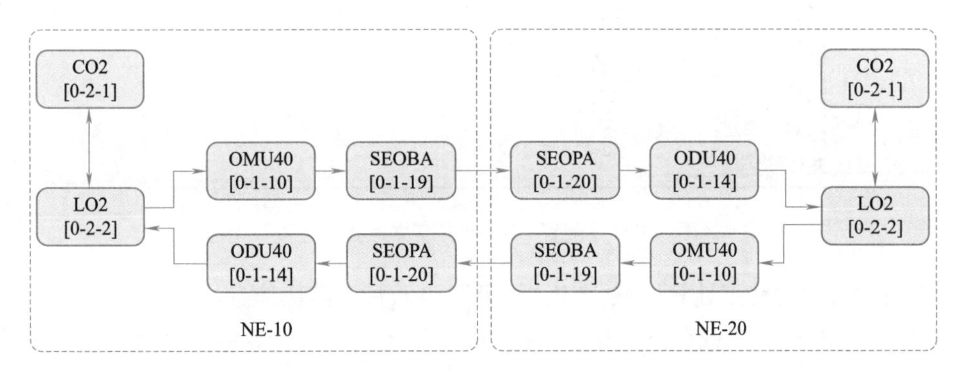

图 5-3-10　配置 ODU*k*/ODUflex 业务信号流向示意图

由于配置 ODU 业务和配置 ODUflex 步骤一样,以配置 ODU 业务为例介绍其配置步骤。步骤如下:

(1)配置 OCh 业务。

(2)在拓扑管理视图中,选择“业务”→“新建”→“新建 WDM/OTN 业务”命令,打开业务配置窗口。

(3)在业务分组栏中,单击下拉菜单,选择 ODU。

(4)在业务速率栏中,单击下拉菜单,选择需要配置的业务速率,本例中选择 ODU0。

(5)设置 A1 端点和 Z1 端点:

①在 A1 端点栏中,单击“选择”按钮,打开资源选择器对话框。

②展开左侧设备资源导航树,选择待创建业务的单板,本例中选择网元 NE-10 的 CO2 单板。

③在右侧端口区域,选择待创建业务的端口号。本例中选择输入端口 OAC 源:1(C1R)。

④根据所创建业务的速率等级,在逻辑终端点中,勾选需要使用的端口。本例中勾选频率 ODU2:1-ODU0:8。

⑤单击“确定”按钮,退出资源选择器。

⑥重复步骤①~步骤⑤,设置 Z1 端点。A1、Z1 端点的端口选择必须一致。

(6)设置客户参数:

①在客户栏中,单击“选择”按钮,打开资源选择器对话框。

②按照实际业务类型选择,本例中选择名称为 Customer[0]的资源,单击“确定”按钮。

在“新建 WDM/OTN 业务”对话框中,设置业务方向、映射类型、路由策略、用户标签、立即激活、立即投入服务和配置保护。配置 ODU 业务基本参数示意图如图 5-3-11 所示。

新建WDM/OTN业务	
业务方向	双向
业务分组	ODU
业务速率	ODU0
A1端点*	NE-10-CO2/S[0-2-1]-输入端口OAC源:1(C1R)-ODU2:1-ODU0:8
Z1端点*	NE-20-CO2/S[0-2-1]-输出端口OAC宿:1(C1T)-ODU2:1-ODU0:8
映射类型	缺省
路由策略	缺省
用户标签	ODU0-NE-10_NE-20-36
客户	Customer[0]
立即激活	☑
立即投入服务	☑
配置保护	☐

图 5-3-11　配置 ODU 业务基本参数示意图

(7)在路由页面的路由计算区域,单击“计算”按钮,计算路由信息。

计算出的工作路由,以蓝色路径显示在视图中,并且在路由计算结果区域显示计算出的路由信息。

(8)单击“应用”按钮,弹出“信息”对话框。

(9)单击“关闭”按钮,完成业务的创建。

(四)配置 OAC 业务

以两个 ZXONE 9700 设备的 NE-10 网元和 NE-20 网元组成的链型为例,介绍配置 OAC 业务的配置操作。信号流向如图 5-3-12 所示。

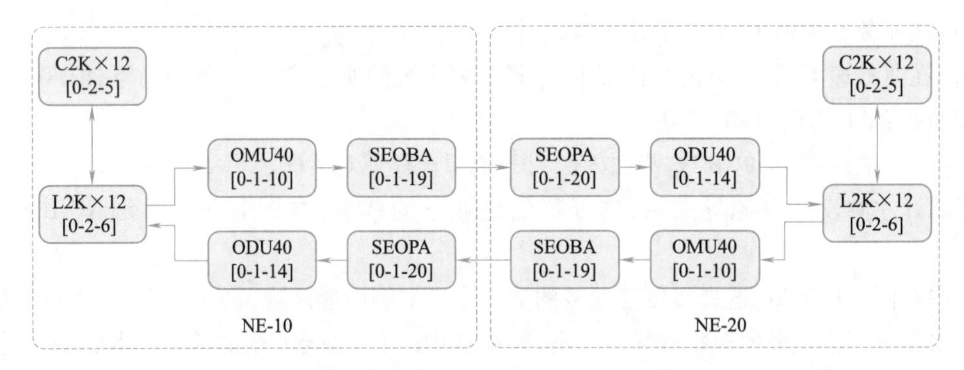

图 5-3-12　配置 OAC 业务信号流向示意图

需保障已完成网元基础数据配置,包括创建网元、安插单板和纤缆连接。步骤如下:

(1)配置 OCh 业务。

(2)在拓扑管理视图中,选择“业务”→“新建”→“新建 WDM/OTN 业务”,打开业务配置窗口。

(3)在业务分组栏中,单击下拉菜单,选择 OAC。

(4)在业务速率栏中,单击下拉菜单,选择需要配置的业务速率,本例中选择 10GE。

(5)设置 A1 端点和 Z1 端点。

①在 A1 端点栏中,单击“选择”按钮,打开资源选择器对话框。

②展开左侧设备资源导航树,选择待创建业务的单板,本例中选择网元 NE-10 的 C2Kx12 单板。

③在右侧端口区域,选择待创建业务的端口。本例中选择输入端口 OAC 源:1(R1)。

④根据所创建业务的速率等级,在逻辑终端点中,勾选需要使用的端点。本例中在逻辑终端点中勾选 10GE:1。

⑤单击“确定”按钮,退出资源选择器。

⑥重复步骤①~步骤⑤,设置 Z1 端点。A1、Z1 端点的选择必须一致。

(6)设置客户参数:

①在客户栏中,单击“选择”按钮,打开资源选择器对话框。

②按照实际业务类型选择,本例中选择名称为 Customer[0]的资源,单击“确定”按钮。

在“新建 WDM/OTN 业务”对话框中,设置业务方向、路由策略、用户标签、立即激活、立即投入服务和配置保护的参数配置。配置 OAC 业务基本参数示意图如图 5-3-13 所示。

新建WDM/OTN业务	
业务方向	双向
业务分组	OAC
业务速率	10GE
A1端点*	NE-10-C2Kx12[0-2-5]-输入端口OAC源:1(R1)-10GE:1
Z1端点*	NE-20-C2Kx12[0-2-5]-输出端口OAC宿:1(T1)-10GE:1
路由策略	缺省
用户标签	10GEthernet-NE-10_NE-20-127
客户	Customer[0]
立即激活	☑
立即投入服务	☑
配置保护	☐

图 5-3-13　配置 OAC 业务基本参数示意图

(7)在路由页面的路由计算区域,单击“计算”按钮,计算路由信息。

计算出的工作路由以蓝色路径显示在视图中,并且在路由计算结果区域显示计算出的路由信息。

(8)单击“应用”按钮,弹出“信息”对话框。

(9)单击“关闭”按钮,完成业务的创建。

任务小结

本任务介绍了 OTN 网络中的各种业务配置方法,学生通过本任务的学习,可掌握 OTN 网络维护过程中的两种业务配置:OTN 业务、配置业务,并详尽介绍了各业务配置流程。

※思考与练习

（一）填空题

1. U31 R22 是中兴通讯承载网所有设备统一管理平台，定位于网元管理层/子网管理层，具备________管理功能。

2. OTN 设备的合分波类单板包括________、________、VMUX、SOAD 等。

3. 合分波类单板端口之间形成的路径业务，称为________。

4. 配置 ODU*k* 业务有两种组网方式：________和________。

5. NetNumen U31 网管客户端登录的默认用户名为________，密码为空。

（二）判断题

1. U31 R22 采用分布式体系结构，客户端、服务器端、数据库可以运行在一台计算机上，也可以分布在不同的计算机上。（　　）

2. OCh 业务是指两个光转发类、光汇聚类单板或者线路侧业务板直接对接形成的业务。（　　）

3. OTS 业务和 OMS 业务是其他业务的服务层，所以在创建其他业务前，要保证 OTS 业务和 OMS 业务已经自动发现并且是一致的。（　　）

4. 只有当收端 OUT 出现 LOS 告警时才可触发光支路 1 + 1 保护的保护倒换。（　　）

5. 业务类单板的 OAC 端口配置相同的接入业务，则生成不同层速率的 OAC 业务。（　　）

（三）简答题

1. U31 R22 网管具备哪些特点？

2. 说出四五种 U31 网关平台支持的 OTN 网元类型。

3. 关于设备操作安全性，防静电危害，应注意哪些？

4. 测量平均光功率的步骤是什么？

5. WDM/OTN 业务有哪几种业务类型？

6. 简述 U31 R22 业务部署功能。

7. 请简单列举六个公共部分增值功能。

8. 设备拔插电源板要求有哪些？

9. 简述测试合分波类单板插入损耗的步骤。

10. 简述检查设备内部尾纤连接的步骤。

工程篇 光传输网运维实例分析

引言

某运营商地市本地网，用于承载数据和语言业务，对 GE 业务采用电层 EPCS 子波长保护。

如下图所示，该城域平面采用双下挂多环组网模式，拓扑结构一般采用两个核心站点下挂多个环网，每个环网采用 2 +3 或 2 +4 模式，也即两个核心站点下挂 3 ~4 个汇聚节点。

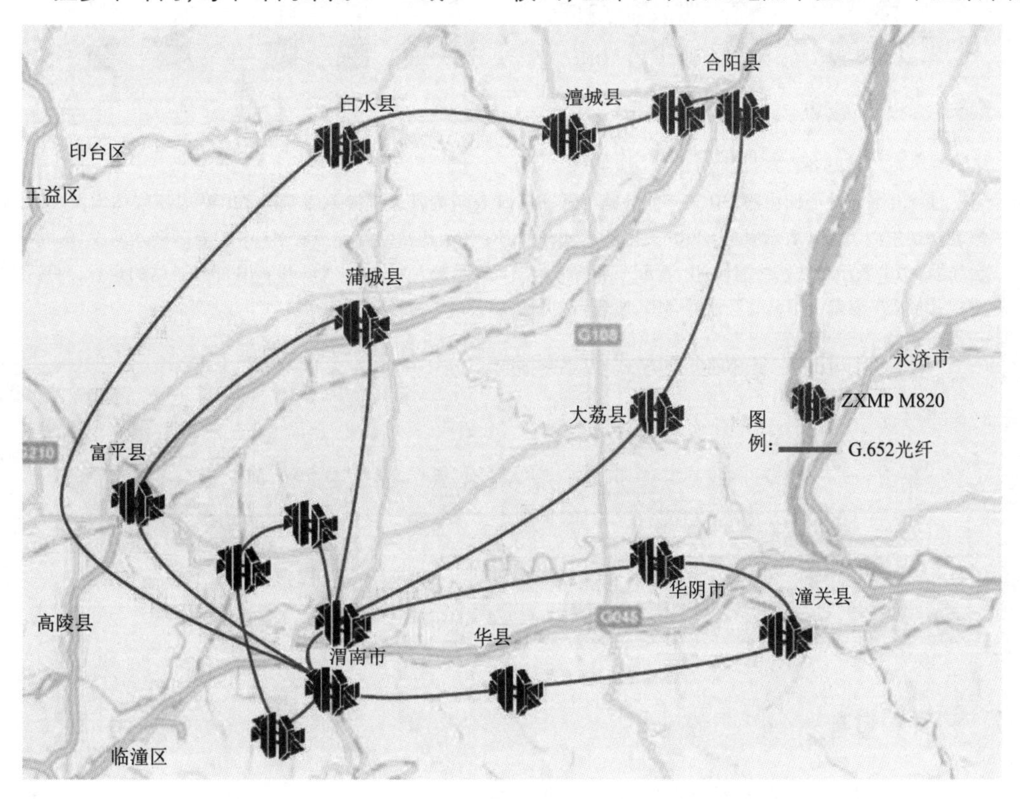

注：ZXMP M820 为中兴公司的设备产品型号。

每个汇聚环上的节点建议控制在 4 ~6 个。34 业务颗粒主要为 GE/2.5G/10G 颗粒；业务流向基本上是各个汇聚节点双归属到核心节点，属于汇聚型业务，因而称为双核下挂多环组网模式。

网络全局结构如：城域汇聚层、城域核心层、骨干网之间的线路均可采用 OTN 网络连接。可实现 OTN + PTN 联合组网。

局部结构如下图所示：

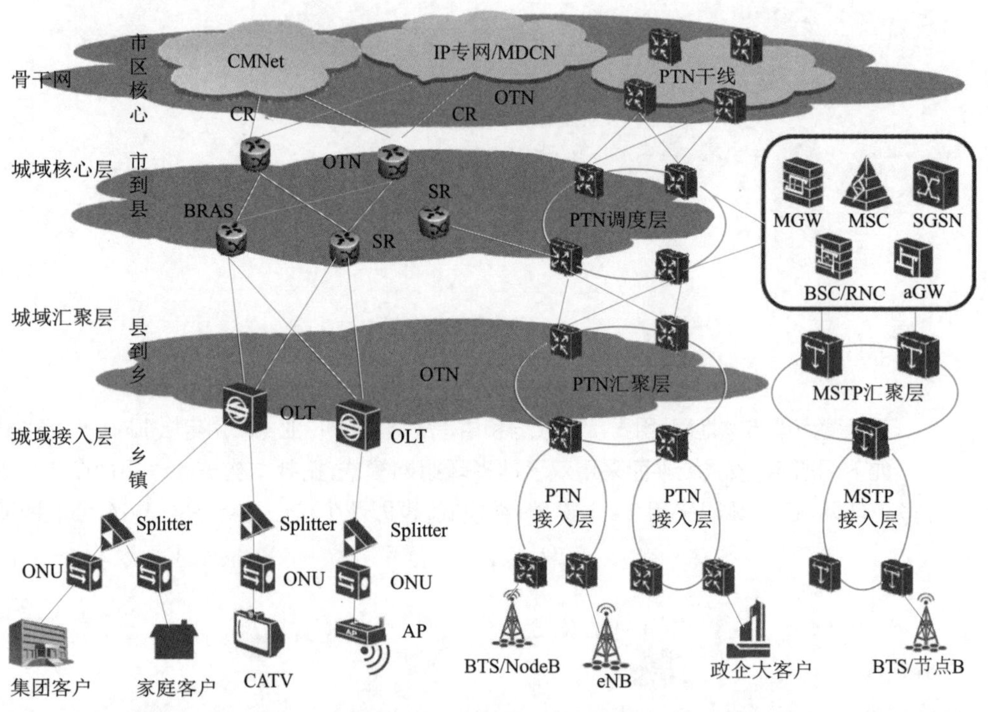

注：CR 表示核心路由器，SR 表示业务路由器，BRAS 表示宽带远程接入服务器，MGW 表示媒体网关，MSC 表示移动交换中心，SGSN 表示服务 GPRS 支持节点，BSC/RNC 表示基站的管理控制器，aGW 表示接入网关，Splitter 表示分光器，OLT 表示光线路终端，ONU 表示光网络单元，AP 表示接入点，BTS/NodeB/eNB 都是基站的意思，对应不同的制式，CMNET 表示中国移动互联网，MDCN 表示中国移动公司综合数据通信网。

联合组网时业务的经过方式如下图所示：

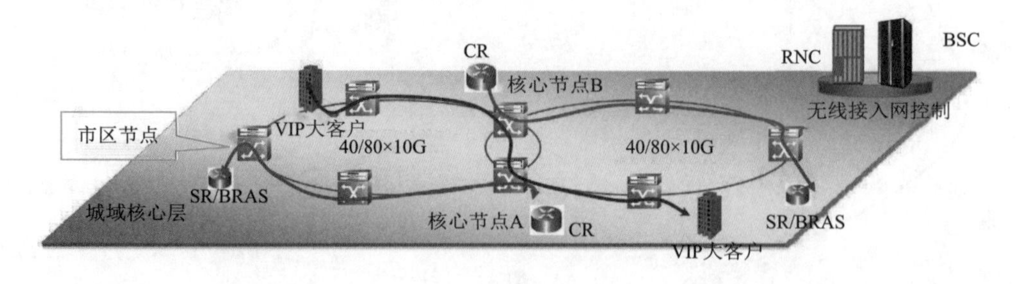

学习目标

(1) 掌握 OTN + PTN 联合组网模式的运用。

(2)熟悉 5G 移动业务 OTN 承载解决方案。

(3)具备 OTN 网络的告警查询、性能查询、简单故障排查能力。

知识体系

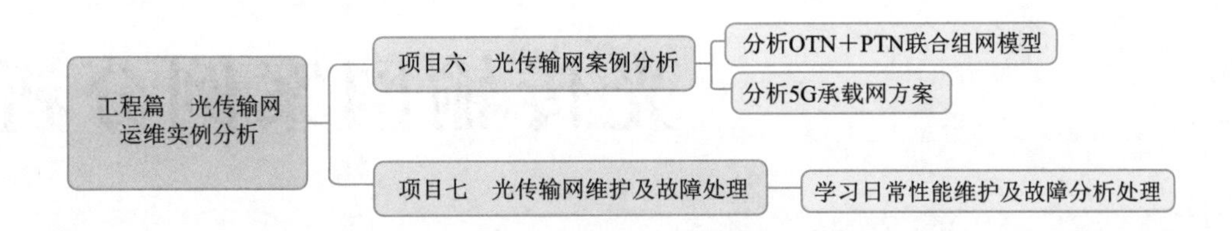

项目六

光传输网案例分析

任务一　OTN + PTN 联合组网模式分析

任务描述

本任务主要介绍 OTN、PTN 技术及优势，分析如何利用 OTN 和 PTN 进行组网以及在组网过程中应注意的问题。

学习目标

(1)识记：OTN + PTN 联合组网模式分析。
(2)掌握：OTN 和 PTN 技术及优势。
(3)领会：OTN 和 PTN 如何组网。

任务实施

一、OTN 和 PTN 技术简析

(一)OTN 技术

OTN 是由 DWDM 技术演进而来，并在其基础之上，遵循 G.709 协议制定的标准，重新对 OTU 的线路侧接口进行封装，而且可以按需灵活地引入电交叉和光交叉。这一改变使其在 OAM、业务调度能力等方面大幅领先 DWDM，因此 OTN 技术被看作是最有竞争力的下一代骨干网传送技术。

(二)PTN 技术

PTN 的出现在一定程度上颠覆了传统光传输产品的许多特性，其保留了 MSTP 的易管理、维护和多种业务保护能力，同时对传统的交叉核心部分进行了全面的改造，实现了由电路交换机制向分组交换机制的演进，具备了弹性带宽分配、统计复用和差异化服务能力。PTN 的核心

技术决定了其在承载 IP 类业务上具备天然的优势。

二、采用 OTN 和 PTN 联合组网的优势

在探讨 OTN + PTN 联合组网问题之前，首先分析一下各自技术的优缺点，做到善用其长，优势互补，组建一个高效、安全的下一代传送网。

（一）OTN 技术优势

OTN 优势在于擅长解决 IP 业务的超长距离、超大带宽传输问题，可以为大量的 2.5 Gbit/s、10 Gbit/s 甚至 40 Gbit/s 等大颗粒业务提供传输通道，这是 PTN 难以达到的。但是 OTN 的带宽分配也是刚性的，带宽利用率不高，难以对较小颗粒业务进行处理。

（二）PTN 技术优势

PTN 技术的妙处在于完美地结合了数据技术与传输技术，来自数据方面的大容量分组交换/标签交换技术、QoS 技术，来自传送的 OAM 管理、50 ms 保护和同步，可以使运营商的基础网络设施获得最大的技术优势，增强未来快速部署新应用的灵活性和降低成本。PTN 的优势体现在小颗粒 IP 业务的灵活接入、业务的汇聚收敛上，而并不擅长对大量的大颗粒业务的传送。

无论是从业务的长距传输，还是从未来 IP 类业务的迅猛增长角度来考虑，采用 OTN + PTN 联合组网模式均显得非常必要。考虑到联合组网模式的诸多优势，除了在没有 OTN 或者短期内 OTN 无法覆盖至骨干核心点的地区，均建议采用联合组网的方式进行城域本地网的建设。OTN + PTN 联合组网模式凭借其强大的 IP 业务接入、汇聚及灵活调度能力，将有利于推动城域传输网向着统一的、融合的扁平化网络演进，是各个运营商组建下一代传输网的最佳选择。

三、采用 OTN 和 PTN 如何组网

OTN 作为具有光电联合调度的大容量组网技术，电层实现基于子波长的调度，如 GE、2.5 Gbit/s、10 Gbit/s 颗粒；光层调度以 10 Gbit/s 或 40 Gbit/s 波长为主，主要定位于网络中的骨干/核心层。而 PTN 与 MSTP 类似，多应用于网络的汇聚/接入层。

在现网中，往往核心骨干层采用 OTN，汇聚层及以下采用 PTN 组网，充分利用 OTN 将上联业务调度至 PTN 所属业务落地站点。在联合组网模式中，OTN 不仅仅是一种承载手段，还通过其对骨干节点上联的 GE/10GE 业务与所属交叉落地设备之间进行调度，其上联 GE/10GE 通道的数量可以根据该 PTN 中实际接入的业务总数按需配置，从而极大地简化了骨干节点与核心节点之间的网络组建，避免了在 PTN 独立组网模式中，因某节点业务容量升级而引起的环路上所有节点设备必须升级的情况，极大地节省了网络投资，其典型的组网模式如图 6-1-1 所示。

四、OTN 和 PTN 联合组网中应注意的问题

OTN 和 PTN 作为新的技术形态，还没有长时间的大规模的组网经验，往往在实际组网中两者互相影响、相辅相成，因此，在采用 OTN + PTN 联合组网模式时要考虑的问题往往较多，既有各个层面技术本身的限制，又有 OTN、PTN 之间相互牵连，需要在规划建设时进行周密考虑，统一部署。

（一）设备互通性问题

PTN 和 OTN 都是新兴的技术，OTN 继承了 DWDM 的大容量传送功能的同时，引入了基于

波长、子波长的灵活调度功能,其最大的特点在于采用全开放式的系统架构,与其承载的业务是客户层与服务层的关系,可以说是先天的透明的传输平台。对于 OTN + PTN 联合组网的方式也不例外,OTN 作为透明的传送平台,为汇聚层及接入层的 PTN 提供传送通道,两者之间如服务层和客户层的关系,相互独立,非常类同于已经大量部署的 WDM 和 SDH 网络关系。OTN 承载 PTN,就像 WDM 承载 SDH 一样。

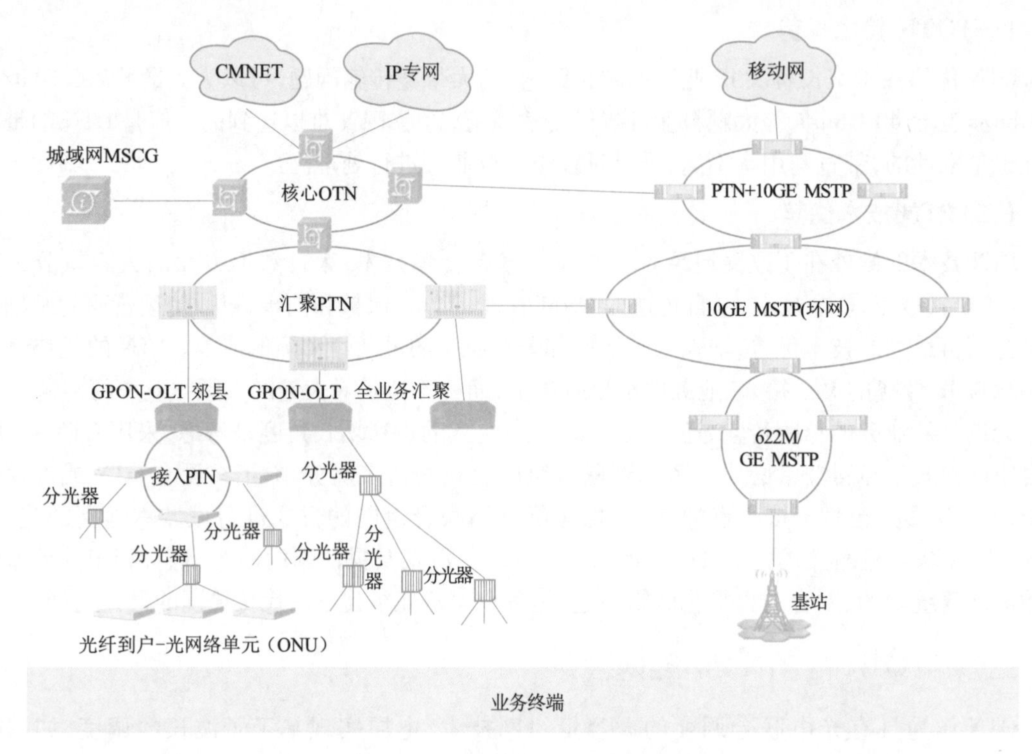

图 6-1-1　OTN + PTN 联合组网模式

注:GPON 吉比特无源光网络,OLT 光线路终端。

(二)精确时间同步问题

时间同步是移动制式提出的新需求,特别是对中国三大运营商而言在建设传输网时,尤其要注意精确的时间同步问题。从地面传送时间同步的技术体制来看,主要通过 IEEE 1588v2 协议完成精确的时间同步。由于采用 OTN + PTN 的联合组网模式,OTN 设备部署在网络的骨干核心层,PTN 设备部署在汇聚和接入层,而时间源首先部署在本地网核心机房 RNC 侧,RNC 先将时间同步信息传递给核心层 PTN,核心层 PTN 再传递给核心层的 OTN 设备,OTN 设备再依次传送给其他层的 PTN 设备进行全网的精确时间同步。目前 PTN 承载 1588v2 协议已经成为 PTN 一项基础技术,主流厂家已经经过了大量的测试。如果采用 OTN + PTN 联合组网模式,则要求 OTN 支持相关精确时间传送的功能,目前这属于一个新的研究课题,并且现实需求已经非常明显,但技术的成熟度显然还没有达到与 PTN 传送时间同步相提并论的阶段。从主流厂家 OTN 传送时间同步的技术来看,目前实现方案主要有三种:GE/10GE 的透传方案、OSC 带外传送方案以及 OTN 带内开销传送方案,实际组网中可根据需求以及不同方案传送的优缺点进行选择或组合应用。

（三）保护问题

网络的安全性高于一切，无论采用OTN、PTN组网，都需要对网络的保护进行统一的考虑。OTN设备部署在网络的骨干核心层，PTN设备部署在汇聚和接入层，各个层面之间往往需要大量的业务互通和调度，对于业务需要进行端到端或分段的保护。

（四）接口问题

在城域网和本地网中，往往数据业务占据了业务的主流，特别是GE、10GE业务更是占据了主导地位。当采用OTN+PTN联合组网模式时，存在着大量的PTN与OTN客户侧接口通过GE、10GE接口进行业务对接，应注意在组网中接口的一致性问题，以10GE信号为例，ITU-T在G.709和G.sup43中定义了几种10GE LAN信号在OTN网络中的映射方式，包括标准GFP-F方式G.sup43 6.2、ODU2e方式G.709 17.1.4和扩展的GFP-F/OPU2方式G.709 17.3.1，应保持封装以及映射信号的一致性问题。

（五）网管问题

从网管的角度来看，一般而言，目前业内主流厂家的PTN与OTN均可以实现共网管平台，以方便网络的维护。在PTN与OTN联合组网模式下，OTN往往定位于核心层，PTN定位在汇聚、接入层，各个层面之间需要大量的业务互通和调度，因此无论是在业务的开通上，还是在网管自身的维护需要上，都提出了更高的要求。

（六）网络的维护问题

在城域网和本地网，设备层次多，组网复杂，给网络的故障定位带来不小的难度。当采用OTN+PTN联合进行组网时，PTN与OTN技术都继承了SDH强大的层次化OAM管理机制，业务封装都会有相应的丰富的开销进行监控，PTN的OAM包括客户层OAM、信道层OAM、通道层OAM和段层OAM，OTN支持6级的TCM、SM、PM等，每一层都提供故障和性能的OAM，以实现在不同层面实时、精确的故障定位功能。

五、某运营商OTN和PTN联合组网方案介绍

以IP业务为主的数据业务是当今世界信息产业发展的主要推动力，随着国内宽带互联网业务的迅猛发展，对传输带宽产生了巨大的需求。某运营商作为湖北省领先的移动运营商，其IP业务正逐步成为最主要的收入来源之一。某运营商现有的传输网络经过多期的建设和扩容，已经难以满足社会和经济发展的需求。为了给社会提供更高品质的移动通信以及宽带互联网服务，某运营商骨干传输网必须提升对业务的支撑和保障能力，在经过长期的技术论证、严格的设备选型与测试，某运营商最终决定选择烽火通信进行战略合作，采用OTN+PTN联合组网技术共同构建与下级地市的下一代光传送网络，其典型组网整体架构如图6-1-2所示。

在某运营商全业务承载网中，骨干汇聚层由OTN设备完成调度，工程按照业务区划分新建大量汇聚节点，组建了高速OTN系统环网，每个环网在核心节点均考虑双节点落地实现负载分担，有效提高核心层系统容量，同时可抵抗单节点失效带来的网络风险。每个业务区的OTN系统作为此业务区内所有业务的上联汇聚节点，业务区的OTN设备构成全网OTN汇聚层，可快速实现大容量、大颗粒业务的灵活调度。在每个业务区内采用PTN设备作为业务区内基站业务、专线业务的接入和汇聚节点，所有业务区的PTN汇聚节点构成分组化的汇聚层，从而打造安全、高效、电信级的IP多业务承载平台。网络各接入节点与基站连接全部采用FE的光口对

通，所有 PTN 业务在 OTN 汇聚节点的 PTN 设备与 OTN 对接，在核心节点大容量 PTN 设备实现业务的重新整合以及与业务层面的灵活沟通，网络模型与业务组织如图 6-1-3 所示。

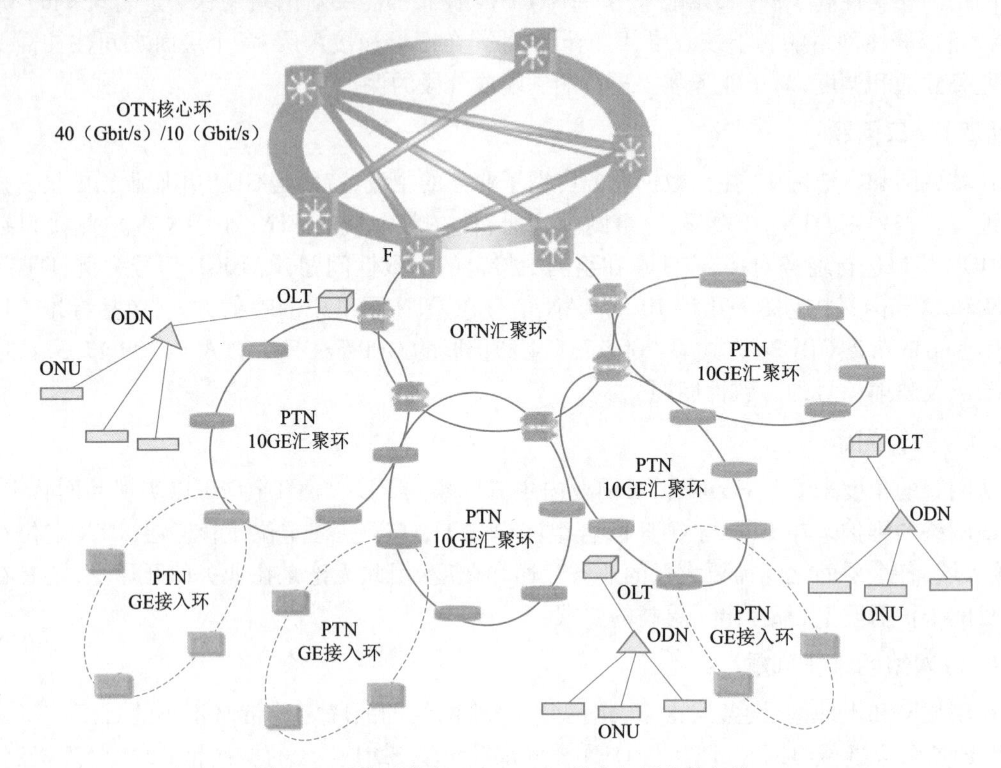

图 6-1-2　某运营商 OTN + PTN 联合组网整体架构

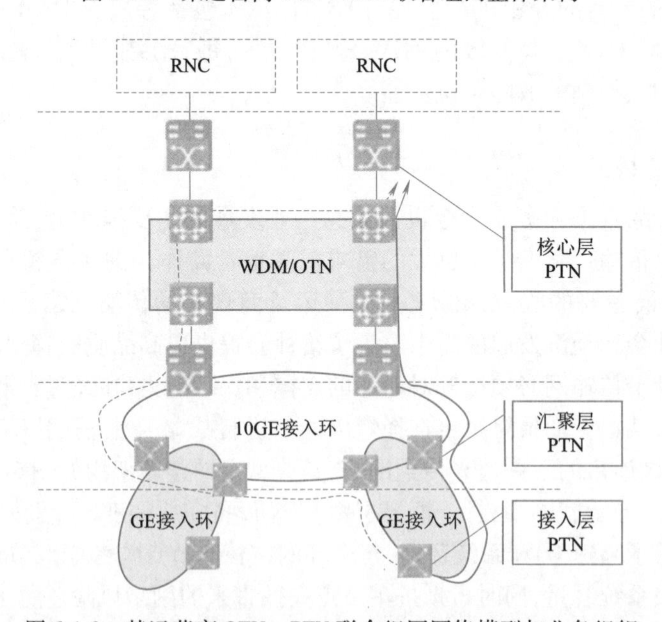

图 6-1-3　某运营商 OTN + PTN 联合组网网络模型与业务组织

新建的 OTN 网络，可以用于承载现网所有的数据业务，其大容量又很好地满足了今后的业务扩容需求，对于网络的平稳渐进的发展奠定了良好的基础。OTN 客户侧可灵活接入 GE、2.5 Gbit/s等业务，实现 GE、2.5 Gbit/s 业务在同一个波道混传，有效提高了波道利用率。通过

OTN 的灵活保护机制实现业务端到端的保护能力及多重保护机制。新建的 PTN 汇聚网络，通过大容量的设备实现数据业务的高效、安全承载；汇聚环速率达到 10GE，汇聚节点设备提供大量 GE/FE 接口，满足汇聚环内大量 GE/FE 业务的传输，并保证带宽；接入环速率达到 GE，接入容量成倍增加。

考虑到未来网络平滑演进，某运营商经过充分论证，最终选择中兴通讯全业务承载网解决方案，以系列化的 OTN 和 PTN 设备为承载平台建设某运营商 OTN + PTN 下一代传送网络。本次工程充分考虑了设备升级性以及扩容性，在业务规模不断扩大时，可以在 OTN 平台上向更大容量升级，单系统可以扩容到 96 波，单波道容量可以达到 40 Gbit/s 乃至 100 Gbit/s，核心层网络的巨大扩容空间，使得后期的网络调整量非常小，仅通过增加单板就可以满足 3 ~5 年业务容量增长的需求。在工程建设当中，克服了建设工期短、4 G 业务突发性强、带宽需求增长迅速等诸多方面的困难，最终通过 OTN + PTN 混合组网方案，协助某运营商下级地市公司打造了一张安全、高效、电信级的 IP 化城域传送网。经过双方的共同努力，某运营商的 PTN/OTN 已经实现了实际业务加载。

任务小结

本任务介绍 OTN 和 PTN 组网的优势及相关技术，并以某运营商的 OTN 和 PTN 组网案例介绍实际组网中的架构及网络模型、业务组织。

任务二　5G 承载网方案分析

任务描述

针对 5G 移动业务，光传送网(OTN)可以实现承载移动前传、中传和回传业务。本任务围绕 5G 承载技术，介绍 5G 移动网前传、中传、回传方案，并突出 OTN 技术在当下的变化。

学习目标

(1)识记:5G 移动业务。

(2)领会:5G 移动业务 OTN 承载解决方案。

任务实施

一、5G 对承载网带来的挑战

5G 移动新业务对承载网带来了新的要求和挑战，5G 网络架构的这些变化给承载网带来了影响:核心网业务锚点下移，回传网更加扁平化；C-RAN 架构带来更多的前传网络，前传网络要满足低成本、灵活组网的需求；光纤进一步下移，需要部署更多的承载节点。

(1)增强型移动宽带(eMBB)高带宽业务，对承载网提出了 10 倍以上的带宽需求。

(2)超可靠低时延通信(uRLLC)业务要求承载网络支持极低的时延和极高的可靠性。

(3)5G 承载网络需要支持高精度的时钟和时间同步。

(4)eMBB、uRLLC 和大规模机器类通信(mMTC)等不同的业务对带宽、时延、服务质量等不同的要求,并要求分配不同的网络资源,这就要求承载网提供网络切片能力。

(5)5G 网络架构相对于 3G、4G 发生的变化如图 6-2-1 所示。

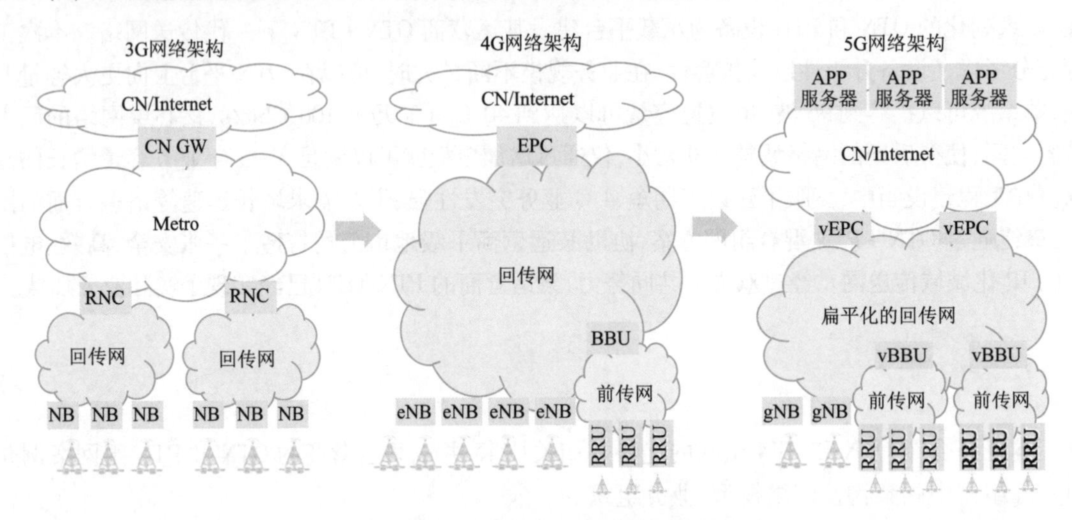

图 6-2-1　5G 网络架构变化对承载网络的影响

注:BBU 表示基带处理单元,CN 表示核心网,EPC 表示核心网分组演进,GW 表示网关,NB 表示节点,RNC 表示无线网络控制器,RRU 表示射频拉远单元。

(6)5G 核心网云化和虚拟化部署。5G 核心网引入了网络功能虚拟化(NFV)和软件定义网络(SDN),不再沿袭传统的"烟囱"架构;而是采用统一的物理基础设施,在云数据中心间实现池化、虚拟化、容器化的资源共享。5G 核心网将实现管理控制层和业务层的分离。

(7)5G 基站密度大幅度增加。为降低网络综合建设成本,无线接入网更多地采用集中式无线接入网络(C-RAN)架构,便于实现灵活的无线资源管理。

二、5G C-RAN 下的 5G 移动前传网技术方案

5G 承载网通常分为前传、中传和回传三部分。其中,C-RAN 架构下 4G 前传网有常见的如下三种传输技术,如图 6-2-2 所示。

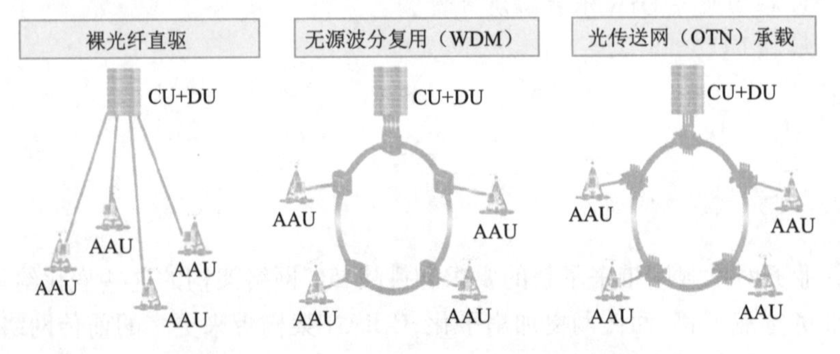

图 6-2-2　C-RAN 架构下 4G 前传网技术选择

注:AAU 表示有源天线单元,CU 表示集中单元,DU 表示分布单元,OTN 表示光传送网。

(一)裸光纤直驱

该方式在基带处理单元(BBU)和射频拉远单元(RRU)间无须传输设备,时延最低,部署最简单;但耗费光纤资源。

(二)无源波分复用(WDM)

该方式采用无源合分波器将多路波长复用到一根(或一对)光纤传输,可节省光纤资源,光器件引入的时延很小,无源设备不需加电,维护比较简单,综合成本较低;但 RRU 和 BBU 需要采用彩光接口,增加无线设备的成本,并且要求无线设备支持彩光功能,无线设备管理复杂化,增加成本。业务无保护,可靠性差。

(三)光传送网(OTN)承载

该方式采用 OTN 设备实现多个站点多路前传信号的复用和透明传输,可大幅度节省光纤资源,支持光层和电层的性能和故障检测等管理维护(OAM)功能,并能提供业务保护,保障业务的高可靠。OTN 采用 L0/L1 的传输,具有大带宽、低时延的特性,可实现低延时传输。该方案减少了无线设备部署的复杂度,支持从非 C-RAN 架构向 C-RAN 架构迁移时,不需要替换无线设备的光接口。缺点是设备成本相对较高,需开发低成本方案。

5G 的无线接入网(RAN)功能将被重新划分,原来的 BBU 和 RRU 被重构为集中单元(CU)、分布单元(DU)、RRU/有源天线单元(AAU)三个功能实体。根据 CU、DU、RRU/AAU 的放置位置不同,可以有不同的中传组网模式:

(1)DU 和 RRU/AAU 同站部署,它们之间通常以裸光纤直连为主。

(2)如 DU 按一定规模集中部署,DU 和 RRU/AAU 之间对应前传,由于 DU 实时性处理对时延的要求,前传距离应小于 10 km。这种情况下,可以采用裸纤直连,也可以采用 WDM/OTN 节省光纤,提供保护。

(3)OTN 承载 5G 前传。

OTN 的 Muxponder 将多个 RRU/AAU 的 10 Gbit/s 或 25 Gbit/s 的通用公共无线电接口(CPRI)或标准 CPRI(eCPRI)信号复用到 100 Gbit/s、200 Gbit/s 高速信号后传送到 DU,满足了大带宽的传输需求。按照光纤路由可灵活组建点到点、链形、环形网络(见图 6-2-3),在点到点组网的情况下还可采用单纤双向技术进一步减少光纤使用。DU 集中池化节省无线设备投资,同时提供最佳的协同增益。前传采用 OTN 设备成本还比较高,目前在进行成本优化。

三、5G 移动中传 WDM/OTN

承载方案 CU 和 DU 之间中传一般以环网为主。如图 6-2-4 所示,5G 移动中传业务承载,可采用 WDM/OTN 技术实现波长在光层穿通中间站点一跳直达,满足大带宽、低时延要求,可配置光通道保护,满足高可靠业务要求。由于不同传输站点的 DU 容量可能不同,各传输站点的波长可配置不同的速率,以满足不同的 DU 容量需求,并且各接入站点可单独扩容和升级,不影响其他站点。如果 OTN 集成分组增强功能(E-OTN),在 CU 站点可实现业务汇聚和灵活转发,在 DU 站点可对多个 DU 的业务进行汇聚收敛。

采用相同的 E-OTN 设备,也可以提供 100G 环网方案。DU 数量较少业务量小的多个站点可以用灵活速率光数字单元(ODUflex)子波长相连组成一个分组环,多站点业务统计复用,提高带宽利用率;业务量较大的站点(DU 池),可以 ODUflex 子波长在中间站点交叉连接穿通直达

CU 站点。或者不同类型的业务采用不同的 ODUflex 分片传送，如 eMBB 业务采用分组环网逐点转发，uRLLC 业务采用 L1 穿通直达，减少延时。ODUflex 的带宽以 1.25 Gbit/s 为颗粒灵活可调，100 Gbit/s 的环网总带宽可以在多个站点、多个逻辑环网间灵活分配。

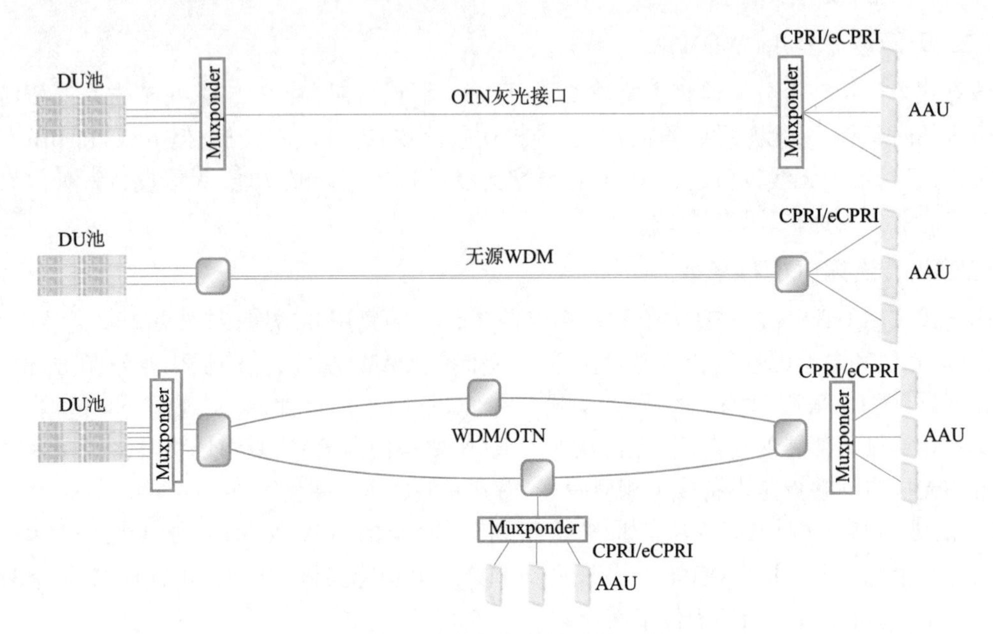

图 6-2-3　5G 前传 OTN 承载方案

注：AAU 表示有源天线单元，DU 表示分布单元，OTN 表示光传送网，CPRI 表示通用公共无线电接口，eCPRI 表示标准 CPRI，WDM 表示无源波分复用，Muxponder 表示波长转换器。

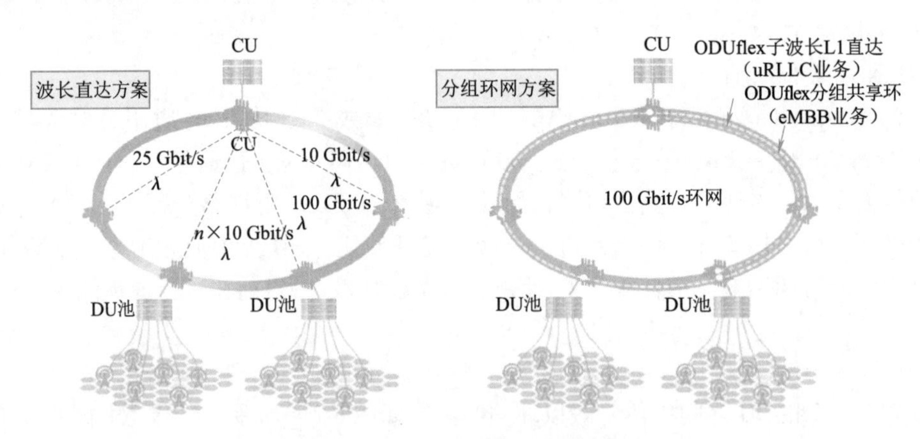

图 6-2-4　移动中传 E-OTN 承载

注：CU 表示集中单元，eMBB 表示增强移动宽带，DU 表示分布单元，uRRLC 表示超可靠低时延通信，ODUflex 表示灵活速率光数字单元，λ 表示波长。

四、固移融合统一回传和 OTN 承载方案

在移动网络向 5G 演进的同时，CO 重构也在进行中。未来城域网的流量将会是以边缘数字中心（DC）到网络提供点到点（PoP）间的南北向流量，以及边缘 DC 间和 PoP 点之间的东西向流量为主。如图 6-2-5 所示，5G 阶段的回传网也将会是固移业务统一承载的数据中心互联网

络。各级 DC 通过 OTN 光传送网高速互联,光网络构建带宽资源池,根据 DC 间流量进行带宽按需配置和合理调整。

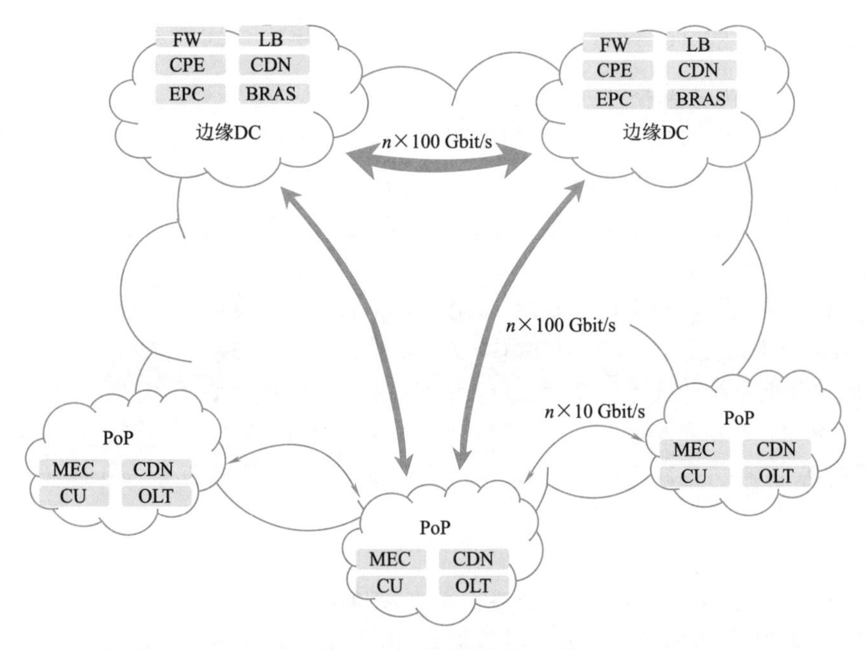

图 6-2-5　5G 阶段的回传网

注:BRAS 表示宽带远程接入服务器,DC 表示数据中心,MEC 表示移动边缘计算,CDN 表示内容分发网络,EPC 表示核心网分组演进,OLT 表示光线路终端,CPE 表示中央处理单元,FW 表示防火墙,PoP 表示点到点,CU 表示集中单元,LB 表示负载均衡器。

如图 6-2-6 所示,5G 回传网可以基于分组增强 OTN(E-OTN)来实现。OTN 集成分组功能,既可以在 L2 和 L3 实现业务的汇聚和灵活转发,又可以在 L0 和 L1 实现大容量低时延的业务传送。OTN 节点之间可以根据业务需求配置 IP/多协议标签交换传送应用(MPLS-TP)光通路数据单元(ODUk)通道,实现一跳直达从而保证 5G 业务的低时延和大带宽。

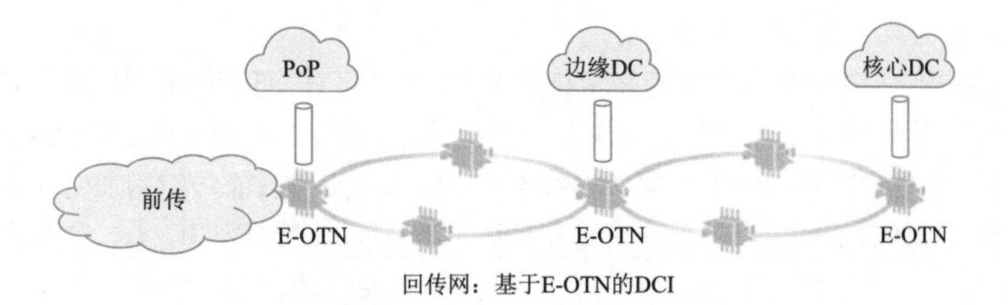

图 6-2-6　5G 回传网 E-OTN 组网方案

注:E-OTN 表示分组增强 OTN,PoP 表示点到点,DCI 表示数据中心互联,DC 表示数据中心。

回传网拓扑复杂,OTN 节点设备采用光交叉和电交叉的光电混合调度是满足高速传送、灵活调度、多样性组网的最好方式。大颗粒业务在光层调度,中小颗粒业务在电层梳理调度,光电配合整体功耗也是最低的。网络可分层次建设,汇聚层以环网为主,线路侧单波速率 100 Gbit/s或超 100 Gbit/s,采用 4 维 mini 可重构光分插复用器(ROADM)和 10T 级别的电交叉。核心层以无线网格网络(mesh)网为主,线路侧单波速率超 100 Gbit/s,采用 9 ~ 20 维

ROADM 和大容量电交叉。基于智能控制平面实现端到端业务部署、资源动态计算和调整、备用路径自动计算等。

五、5G 承载中的 OTN 关键技术

1. 高速率低成本传送技术

5G 带来海量的带宽增长，高速率、低成本、低功耗的业务传送成为关键。100G 和超 100G 速率信号的中长距离传输主要采用相干技术；而采用离散多载波（DMT）、4 级脉冲幅度调制（PAM4）等调制技术的线路光接口，是实现低成本、低功耗、高速传输的新选择。

2. 大容量光电混合调度

5G 业务有在城域网内网络拓扑复杂，采用具有光电混合调度能力的 OTN 设备组网是较理想的方式。ROADM 光交叉技术与 OTN 电交叉技术配合，可以实现更大的交叉容量和更灵活的调度能力，同时降低系统的成本和功耗，减少占地面积。在城域核心、汇聚层面引入光电混合交叉，实现电层业务汇聚和光层业务调度；网络进行 Mesh（网格）改造，实现多路径通达，一方面减少设备处理时延，另一方面减少网络层次，实现网络的扁平化，降低业务转发时延，提升网络安全性。

3. 分组与光传送的融合

OTN 设备支持 ODU*k*/Packet/VC4 统一交换，多业务统一传送，避免了目前传输网络技术体系多、设备种类庞杂、网络建设运维成本高等缺点，既有小颗粒业务处理的灵活性，又有海量的传送容量，提供刚柔并济的传送管道。其对 IP 层业务的感知，使光网络能够经济高效地传送 IP 业务，满足运营商发展 5G 业务的需要，同时也支撑如宽带等业务综合承载。中兴通讯 E-OTN 设备采用统一的硬件平台，分组带宽（P）与 OTN（O）带宽可任意比例配置，无缝接合，统一管控。

4. 低时延传送和转发

5G 前传和中传网络对时延要求非常苛刻，中兴通讯在 OTN 设备通过减少缓存时间、自动调整缓存深度、内部若干处理步骤串行转并行、提升内部处理时钟频率等多种技术和措施，可以将设备引入的时延降到微秒量级，更好地支撑业务的发展。

5. 面向前传的轻量级 OTN 标准

针对 5G 前传，业内也在研究新的轻量级的 OTN 标准，以降低设备成本，进一步降低时延，实现带宽灵活配置。例如：对 OTN 帧结构进行优化，线路侧接口采用 $n\times25$ Gbit/s，可以引入低成本的光器件；改变检错和纠错的机制，缩短缓存时间，降低时延；前传组网通常比较简单，可以简化 OTN 开销，减少设备处理；在业务映射和时隙结构方面考虑兼容 3G/4G 前传的 CPRI、兼容 5G 的 eCPRI 和下一代前传网络接口（NGFI），以及 small cell（小基站）的回传等。

6. 高精度时间同步

为满足 5G 高精度时间同步要求，中兴通讯 OTN 设备基于 1588v2.1 方案，采用相位检测技术和零延迟锁相环（PLL）技术，在频率同步优化基础上进行相位同步，确保相邻站点间同步误差低于 1 个时钟周期。同时通过复帧定位触发、高速接口底层触发等多种方式提升时间戳精度。针对时间源选择、时间同步融合算法进行优化。采用单纤双向消除时延不对称性。综合运用这些技术，时间同步精度将大幅提升。

任务小结

本任务介绍了5G移动通信以及5G承载网中相关技术;5G移动通信特点,前传、中传、回传中的承载技术;结合案例突出5G承载网的OTN技术。

※思考与练习

(一)填空题

1. OTN作为具有光电联合调度的大容量组网技术,电层实现基于子波长的调度,如GE、2.5 Gbit/s、10 Gbit/s颗粒;光层调度以10 Gbit/s或________波长为主,主要定位于网络中的________。

2. 5G承载网通常分为________、________和________三部分。

3. 5G C-RAN架构下4G前传网常见的有________、________和________。

4. OTN+PTN联合组网模式凭借其强大的________、汇聚及灵活调度能力,将有利于推动城域传输网向着统一的、融合的扁平化网络演进,是各个运营商组建下一代传输网的最佳选择。

5. PTN和OTN都是新兴的技术,OTN继承了________的大容量传送功能的同时,引入了基于波长、子波长的灵活调度功能。

(二)判断题

1. 在现网中,往往核心骨干层采用PTN,汇聚层及以下采用OTN组网,充分利用OTN将上联业务调度至PTN所属业务落地站点。(　　)

2. OTN设备部署在网络的骨干核心层,PTN设备部署在汇聚和接入层,各个层面之间往往需要大量的业务互通和调度,对于业务需要进行端到端或分段的保护。(　　)

3. 5G移动通信技术为降低网络综合建设成本,无线接入网更多地采用集中式无线接入网络(C-RAN)架构,更便于实现灵活的无线资源管理。(　　)

4. 5G承载方案,CU和DU之间中传一般以环网为主。(　　)

5. 如果OTN集成分组增强功能(E-OTN),在DU站点可实现业务汇聚和灵活转发,在CU站点可对多个CU的业务进行汇聚收敛。(　　)

(三)简答题

1. 与PTN比较,OTN技术有什么优势?

2. 与OTN比较,PTN技术有什么优势?

3. 请简述OTN和PTN联合组网中应注意的问题。

4. 5G移动新业务对承载网带来了哪些新的要求和挑战?

5. 5G承载网中OTN的关键技术有哪些?

6. 采用OTN和PTN如何组网?

7. 采用OTN+PTN组网方式,保护问题是如何考虑的?

8. 5G系统中,采用无源波分复用有什么特点?

9. 5G的无线接入网(RAN)功能是如何被重新划分的?

10. 5G承载采用OTN是如何降低时延的?

项目七 光传输网维护及故障处理

任务　日常性能维护及故障分析处理

任务描述

本任务主要介绍日常性能维护、故障分析及处理方法。

学习目标

(1)识记:日常维护过程中的日常性能查询方法与告警查询方法。

(2)领会:故障原因分析与故障处理方法。

(3)应用:故障实例分析。

任务实施

一、日常性能查询

设备性能是设备运行状态的直接体现方式,在网络运行维护中有重要意义。通过分析性能参数曲线,可推测设备运行状态发展趋势。

(一)拓扑视图查询性能

在拓扑视图中,通过右键快捷菜单可查询网元当前性能和历史性能。需已完成创建性能测量任务,性能数据库中存在性能数据。查询当前性能的网元必须已经建链。步骤如下:

1. 查询网元当前性能

(1)在拓扑视图中,选中一个或多个网元,右击,在弹出的快捷菜单中选择“性能管理”→“当前性能查询”命令。

(2)单击图标,弹出“修改当前性能查询”对话框。

(3)在“计数器选择”选项卡(见图7-1-1),按照表7-1-1设置相关参数。

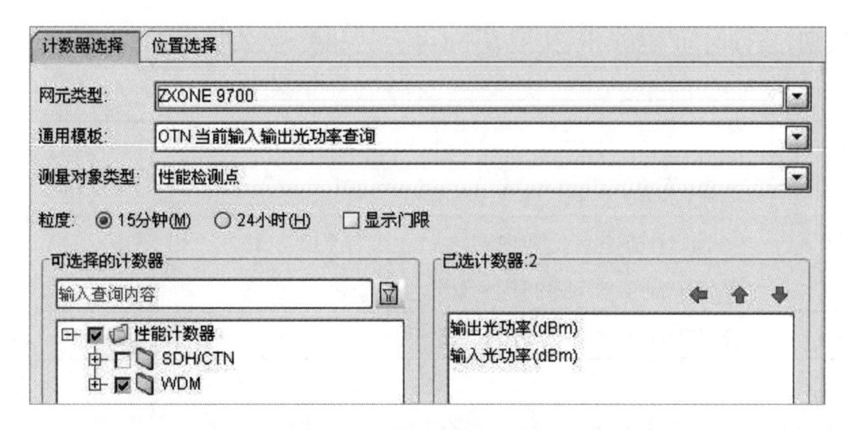

图 7-1-1　设置当前性能计数器选择参数

表 7-1-1　当前性能计数器选择页面参数设置

参数	说　明
网元类型	在下拉列表框中选择待设置网元的类型
通用模板	在下拉列表框中选择网管自带的或自定义的通用模板,或者不选择模板
测量对象类型	使用默认值性能检测点
粒度	设置系统采集数据的粒度,选择 15 分钟或 24 小时
可选择的计数器	当不选择通用模板时,可展开各节点,选中需查询的性能项
已选计数器	显示从可选择的计数器区域框中选中的性能项,例如:CPU 利用率

(4)切换到“位置选择”选项卡,按照表 7-1-2 设置相关参数。

表 7-1-2　当前性能位置选择页面参数设置

参数	说　明
通配层次	设置测量对象的范围
网元位置	设置测量对象所在网元的位置。当通配层次设置为选择全网所有网元时,该项不需要设置
测量对象位置	设置测量的具体对象。当通配层次设置为选择全网所有网元或选择到网元时,该项不需要设置

(5)单击“确定”按钮,当前性能查询页面显示查询到的性能。

2. 查询网元历史性能

(1)在拓扑视图中,右击选中的一个或多个网元,在弹出的快捷菜单中选择“性能管理”→“历史性能数据查询”命令,弹出历史性能数据查询窗口。

(2)在查询指标/计数器页面,设置相关参数。参数设置方法与查询当前告警相同。

(3)切换到“查询对象”选项卡,按照表 7-1-3 设置相关参数。

表 7-1-3　历史性能查询对象页面参数设置

参数	说　明
位置汇总	在下拉列表框中选择位置汇总,例如:查询原始数据
通配层次	在下拉列表框中选择通配层次,例如:单板
网元位置	在网元位置区域框中选择网元所在的位置
测量对象位置	在测量对象位置区域框中选中测量对象的位置。当通配层次选择全网所有网元或选择到网元时,不需要配置

(4)切换到“查询时间”选项卡,按照表 7-1-4 设置相关参数,如图 7-1-2 所示。

表 7-1-4 历史性能查询时间页面参数设置

参数项	说明
查询粒度	查询粒度表示系统进行性能数据查询的周期
查询时间段	系统进行性能数据查询的时间段
有效日期	系统只查询有效日期内的性能数据
有效时段	系统只查询有效时段内的性能数据

图 7-1-2 设置历史性能查询时间参数

(5)单击“确定”按钮,历史性能数据查询页面显示查询到的性能。

(二)主菜单查询性能

查询网元性能有五种方法,见表 7-1-5。

表 7-1-5 查询网元性能方法

菜单	说明
“性能”→“实时流量管理”→“实时流量监控”	监控网元相关的单板、端口的实时性能
“性能”→“当前性能查询”	查询网元当前性能
“性能”→“历史性能数据查询”	查询网元历史性能
“性能”→“直通性能查询”	直接从设备上查询设备某一段时间内的性能值(即设备侧的历史性能值)。 直通性能与历史性能数据的区别是:直通性能存储在设备侧,而历史性能数据存储在网管服务器上。 直通性能只能通过菜单查询
“性能”→“查询模板管理”	通过通用模板或自定义模板查询性能

这五种方法的步骤分别描述如下:

1. 监控实时性能

(1)在主菜单中,选择“性能”→“实时流量管理”→“实时流量监控”命令,打开实时流量监控窗口。

(2)设置需要监控的网元、监控对象类型以及监控对象。

(3)在启动设置中选择立即运行或是稍后运行。

(4)单击“开始”按钮,对已经设置的对象进行性能实时监控。

2. 查询当前性能

(1)在主菜单中,选择“性能”→“当前性能查询”命令,打开新建当前性能查询窗口。

(2)在计数器选择、位置选择选项卡设置查询参数,参数设置与通过拓扑视图查询当前性能相同。

(3)单击“确定”按钮,当前性能查询选项卡显示查询到的性能。

3. 查询历史性能

(1)在主菜单中,选择“性能”→“历史性能数据查询”命令,打开历史性能数据查询窗口。单击工具栏中的快捷图标也可以打开历史性能数据查询窗口。

(2)在“查询指标/计数器”、“查询对象”和“查询时间”选项卡设置查询参数,参数设置与通过拓扑视图查询历史性能相同。

(3)单击“确定”按钮,历史性能数据查询页面显示查询到的性能。

4. 查询设备直通性能

(1)在主菜单中,选择“性能”→“直通性能查询”命令,打开新建直通性能查询窗口。

(2)在“计数器选择”选项卡,按照表7-1-6设置相关参数,如图7-1-3所示。

表7-1-6　直通性能“计数器选择”选项卡参数设置

参数	说　明
网元类型	在下拉列表框中选择待查询网元的类型
测量对象类型	使用默认值性能检测点
粒度	设置直通性能查询的周期,选择15分钟或24小时
查询时间段	设置直通性能查询执行的时间段
可选择的计数器	展开各节点,选中需查询的性能项
已选计数器	显示从可选择的计数器区域框中选中的性能项,例如:CPU利用率

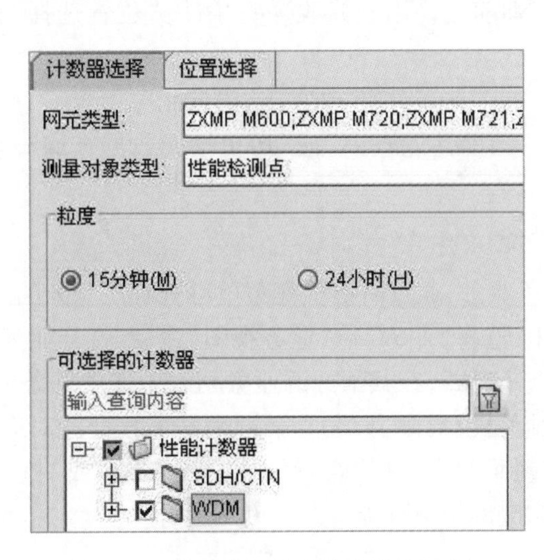

图7-1-3　设置直通性能计数器选择参数

(3)切换到“位置选择”选项卡,按照表7-1-7设置相关参数。

表 7-1-7　直通性能"位置选择"选项卡参数设置

参数	说　明
通配层次	设置测量对象的范围
网元位置	设置测量对象所在网元的位置。当通配层次设置为选择全网所有网元时,该项不需要设置
测量对象位置	设置测量的具体对象。当通配层次设置为选择全网所有网元或选择到网元时,该项不需要设置

(4)单击"确定"按钮,直通性能查询页面显示查询到的直通性能。

5. 按模板查询性能

(1)在主菜单中,选择"性能"→"查询模板管理"命令,打开模板管理窗口。

(2)在窗口左侧的模板管理导航树中,选中需要使用的模板类别,窗口右侧显示该模板类型下的所有模板,如图 7-1-4 所示。

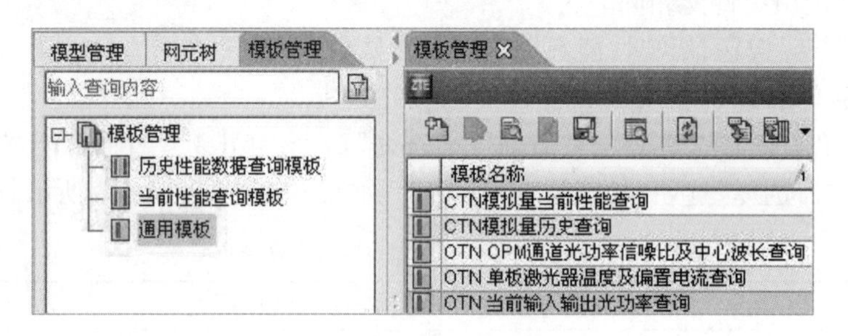

图 7-1-4　选择模板类别

(3)根据需求,选中当前性能查询模板或历史性能数据查询模板,右击选择快捷菜单中的"按模板查询"命令,或者单击工具栏中的按钮,弹出新建"当前性能查询"或"历史性能数据查询"对话框。

说明:新建"当前性能查询"或"历史性能数据查询"对话框中,"计数器选择"选项卡中的参数均为模板中预设的值,查询前允许用户修改这些条件,"位置选择"选项卡的参数没有设置,需要在此指定。

(4)切换到"位置选择"或"查询对象"选项卡,设置相关参数。

(5)单击"确定"按钮,"当前性能查询"或"历史性能数据查询"页面显示按模板查询到的性能。

(三)业务视图查询性能

在业务视图中选中一条业务,通过右键快捷菜单可查看该业务的当前性能。步骤如下:

(1)在客户端主菜单中,选择"业务"→"业务视图"命令,打开业务视图窗口。

(2)在拓扑图中单击一条链路,在其下方的业务列表中选中一条业务,右击,在弹出的快捷菜单中选择"查看"→"当前性能(含服务层)"命令,可查看该业务对应的当前性能。

(3)右击,在弹出的快捷菜单中选择"查看"→"历史性能"或"查看"→"历史性能(含服务层)"命令,可查看该业务对应的历史性能。

(四)机架图查询性能

在机架图中选中单板,通过右键快捷菜单可查看该单板的当前性能和历史性能。步骤如下:

(1)在拓扑管理视图中,双击待查询性能的网元,打开机架图。

(2)根据不同情况,执行对应操作。

查询本业务的当前性能时,右击单板,在弹出的快捷菜单中选择“当前性能”命令,在打开的窗口中查看单板的当前性能。

查询本业务的历史性能时,右击单板,在弹出的快捷菜单中选择“历史性能”命令,打开“历史性能数据查询”对话框。设置查询指标/计数器、查询对象和查询时间的参数,单击“确定”按钮,在打开的窗口中查看业务对应的历史性能。

(五)资源视图查询性能

在资源视图中选中一个网元或一条链路,通过右键快捷菜单可查看该网元的当前性能和历史性能,查看该链路的历史性能。步骤如下:

(1)选择下列任一方式打开承载网资源视图窗口:

①在主页面的工具栏中单击 ,打开承载网资源视图窗口。

②在拓扑管理视图中,选择“配置”→“承载数据设备网元配置”→“承载网资源视图”命令,打开承载网资源视图窗口。

③在拓扑管理视图中,右击任一网元,在弹出的快捷菜单中选择“承载资源视图”命令,打开承载网资源视图窗口。

(2)根据不同情况,执行对应操作:

查询网元的当前性能时,右击单个网元,在弹出的快捷菜单中选择“性能管理”→“当前性能查询”命令,在打开的窗口中查看网元的当前性能。

查询网元或链路的历史性能时,右击单个网元或一条链路,在弹出的快捷菜单中选择“性能管理”→“历史性能数据查询”命令,打开历史性能数据查询窗口。设置查询指标/计数器、查询对象和查询时间的参数,单击“确定”按钮,在打开的窗口中查看网元的历史性能。

二、日常告警查询

设备告警是设备性能的间接体现方式。当设备性能低于或高于某一门限值时,设备即会向网元管理系统上报告警代码。

(一)拓扑视图查询告警

在拓扑视图中查询网元告警有两种方法:直接查询或通过快捷菜单查询。步骤如下:

(1)在拓扑视图中,选中一个或多个网元,在拓扑视图下方,即可实时查看到这些网元的当前告警。

(2)在拓扑视图中,选中一个或多个网元,右击,在弹出的快捷菜单中选择“当前告警”/“历史告警”/“告警管理”命令,查看相关告警。

(二)主菜单查询告警

通过主菜单查询网元告警有两种方法:

方法一:通过“告警”→“告警监控”命令查询。

(1)在主菜单中,选择“告警”→“告警监控”命令,弹出告警监控窗口。

(2)在左侧的管理导航树中,双击当前告警、历史告警、通知下面的节点,查询相关告警。也可以双击自定义查询下的节点,按定制模板查询相关告警。告警查询导航树如图7-1-5所示。

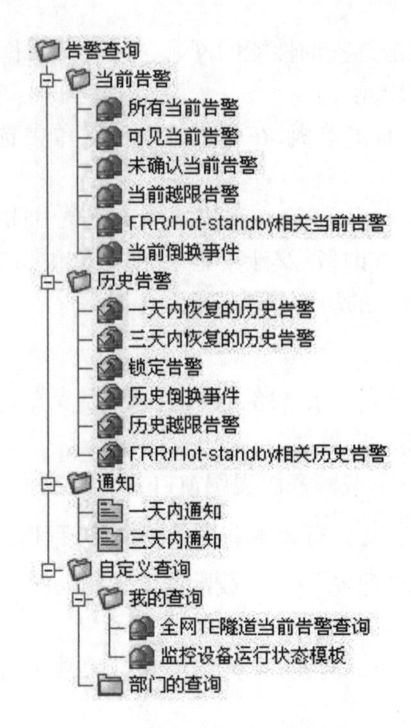

图 7-1-5　告警查询导航树

方法二:通过"告警"→"当前告警查询"和"告警"→"历史告警查询"命令查询。

(1)在主菜单中,选择"告警"→"当前告警查询"命令,弹出当前告警查询窗口。

(2)(可选)在"发生位置"选项卡,选择待查询的网元类型,默认为所有网元类型。

(3)(可选)切换到"告警码"选项卡,选择需查询的告警码,默认为所有码值。

(4)(可选)切换到"时间"选项卡,选择告警发生时间和确认/反确认时间。

(5)(可选)切换到"其他"选项卡,设置告警类型、数据类型、告警级别、确认状态和网元 IP。

(6)单击"确定"按钮,在当前告警查询窗口可查看到对应的告警。

(7)在主菜单中,选择"告警"→"历史告警查询"命令,弹出"历史告警查询"窗口。

(8)(可选)重复步骤(2)和步骤(3),选择待查询的网元类型和告警码。

(9)在"时间"页面,设置待查询的历史告警发生时间、告警恢复时间、确认/反确认时间、持续时间。

(10)(可选)切换到"其他"页面,设置告警类型、数据类型、告警级别、确认状态和网元 IP。

(11)单击"确定"按钮,在历史告警查询窗口可查看到对应的告警。

(三)业务视图查询告警

在业务视图中选中一条业务,通过右键快捷菜单可查看该业务的当前告警和历史告警。步骤如下:

(1)在客户端主菜单中,选择"业务"→"业务视图"命令,打开业务视图窗口。

(2)在拓扑图中单击一条链路,在其下方的业务列表中选中一条业务,右击,在弹出的快捷菜单中选择"查看"→"当前告警(含服务层)"命令,可查看该业务对应的当前告警。

(3)右击,在弹出的快捷菜单中选择"查看"→"历史告警"或"查看"→"历史告警(含服务层)”命令,可查看该业务对应的历史告警。

(四)机架图查询告警

在机架图中选中单板,通过右键快捷菜单可查看该单板的当前告警和历史告警。步骤如下:

(1)在拓扑管理视图中,双击待查询告警的网元,打开机架图。

(2)根据不同情况,执行对应操作。需查询单板的当前告警时,右击单板,在弹出的快捷菜单中选择“当前告警”命令,在打开的窗口中查看单板的当前告警。需查询单板的历史告警时,右击单板,在弹出的快捷菜单中选择“历史告警”命令,在打开的窗口中查看单板的历史告警。

(五)资源视图查询告警

在资源视图中可通过右键快捷菜单查询网元当前告警和历史告警。步骤如下:

(1)选择下列任一方式打开承载网资源视图窗口:

①在工具栏中,单击按钮,打开承载网资源视图窗口。

②在拓扑管理视图中,选择“配置”→“承载数据设备网元配置”→“承载网资源视图”命令,打开承载网资源视图窗口。

③在拓扑管理视图中,右击任一网元,在弹出的快捷菜单中选择“承载资源视图”命令,打开“承载网资源视图”窗口。

(2)选择下列任一方式查询告警:

①(仅适用于承载传输网元)右击单个或多个网元,在弹出的快捷菜单中选择“当前告警”/“历史告警”,查看相关告警。

②右击单个或多个网元,在弹出的快捷菜单中选择“告警管理”下的子菜单,进行相关操作。

三、故障定位及处理

由于OTN设备自身的应用特点是站点之间的距离较远,因此在进行故障定位时,最关键的一步就是将故障点准确定位到单站。故障定位的一般原则:

(1)排除外部的可能原因,如光纤断、交换故障或电源问题。

(2)排除ZXONE 8700设备内部的问题,尽可能准确定位产生问题的站点,再将故障定位到单板。

(3)在分析告警时,应先分析高级别告警,再分析低级别告警。

(一)故障原因分类

1. 工程问题

工程问题是指由于工程施工不规范、工程质量差等原因造成的设备故障。例如:机房建筑质量差,不符合设备运行环境要求。严格按工程规范施工安装,认真细致地按规范要求进行单点和全网的调试和测试,是防止此类问题出现的有效手段。

2. 外部原因

外部原因是指除传输设备以外导致设备故障的环境、设备因素,包括:

(1)供电电源故障,如设备掉电、供电电压过低。

(2)光纤故障,如光纤性能劣化、损耗过高,光纤损断、光纤插头接触不良。

(3)电缆故障,如中继电缆脱落、损断,电缆插头接触不良。

(4)设备周围环境劣化。

(5)光纤连接错位。在维护过程中最常见的原因是光接口插错。

3. 操作不当

操作不当是指由于维护人员对设备的了解不够深入,做出错误的判断和操作,从而导致设备故障。在设备维护工作中,最容易出现操作不当导致的故障。尤其在网络改造、升级、扩容时,出现新老设备混用、新老版本混用,因为维护人员不够了解新老设备或版本之间的差别,常常引发故障。

4. 设备原因

设备原因指由于设备自身的原因引发故障,包括设备损坏和板件配合不良。

(1)设备损坏是指在设备运行较长时间后,因器件老化出现的自然损坏,其特点是:设备已使用较长时间,在故障之前设备基本正常,故障只是在个别站点、个别板件出现,或在一些外因作用下出现。

(2)板件配合不良是指设备各部件之间配合不顺畅,容易导致故障。

(3)设备接地不良。

(4)单板性能劣化。

(二)故障定位的常见方法

故障定位的常见方法有七种,简要说明见表 7-1-8。

表 7-1-8　故障定位的常见方法简要说明

方法名称	方法说明	适用场景
观察分析法	通过观察单板指示灯运行情况、网管告警事件和性能数据信息分析故障	用于初步判断故障类型和故障点的位置
仪表测试法	使用仪表测试系统或单板性能,分析故障	用于排除外部原因、设备问题
拔插法	通过插拔单板或外部接口插头分析故障	用于排除外部原因中因接触不良导致的故障,或设备原因中处理器异常导致的故障
替换法	使用一个工作正常的物件替换一个怀疑工作不正常的物件分析故障	用于排除外部原因,如电源故障。 用于排除设备原因,如单个站点内单板的问题、接地问题
配置数据分析法	通过分析设备当前的网管配置数据和用户操作日志定位故障	用于在故障定位到网元后,进一步分析故障原因
更改配置法	通过更改设备配置定位故障	用于故障定位到单个站点后,排除由于操作不当,如配置错误导致的故障
经验处理法	根据工程经验处理故障	用于及时排除故障、恢复业务。经验处理法不利于故障原因的彻底查清,除非情况紧急,否则应尽量避免使用

1. 观察分析法

当系统发生故障时,在设备和网管上将出现相应的告警信息,通过观察设备单板上的指示灯运行情况,可以及时发现故障。有关指示灯的运行状态参见单板指示灯状态相关说明。

故障发生时,网管上会记录告警事件和性能数据信息。维护人员通过分析这些信息,并结合 WDM 告警原理机制,初步判断故障类型和故障点的位置。

通过网管采集告警信息和性能信息时,必须保证网络中各网元的当前运行时间设置和网管的时间一致。如果时间设置上有偏差,会导致对网元告警、性能信息采集的错误和不及时。

2. 仪表测试法

注意:OTN 设备的无源单板提供外置的监测光口。测试时,应使用该监测光口,以免影响主信道中正常传输的业务。

如果无法定位误码是由 SDH 还是 WDM 系统产生,可以采用远端尾纤自环、本端仪表测试的方法来确定。仪表测试法一般用于排除传输设备外部问题。为减小故障定位时对业务的影响,建议按照以下顺序使用仪表。

(1)SDH 分析仪。将 SDH 设备的远端自环,近端接 SDH 分析仪,判断误码来自 SDH 还是 WDM。

(2)光功率计。使用光功率计精确测量该点光功率。

(3)光谱分析仪。用光谱分析仪测试单板的光接口,直接从输出信号的光谱上读出光功率、信噪比,将得到的数据和原始数据比较,判断是否出现比较大的性能劣化。

如果受到影响的业务是主信道的所有业务,重点分析合分波子系统和光放大子系统单板的光谱。如果受损的业务只是主信道中的一路业务,重点分析光转发板、合分波子系统单板和光放大子系统单板的光谱。

(4)色散分析仪。对经过光纤传输的光信号进行色散分析。

(5)以太网测试仪表。对以太网业务性能指标进行测试。

(6)多波长计。对通道中心频率和中心波长漂移进行测量。

(7)光时域反射仪(OTDR)。对光纤的长度、断点和损耗进行测量。

3. 拔插法

发现单板故障时,可以通过插拔单板或外部接口插头的方法,排除因接触不良或处理器异常的故障。注意拔插单板时应严格按规范操作,以免由于操作不规范导致板件损坏等问题。

4. 替换法

替换法指使用一个工作正常的物件替换一个怀疑工作不正常的物件,从而达到定位故障、排除故障的目的。物件可以是一段尾纤、一块单板或一台设备。替换法操作简单,对维护人员要求不高,是比较实用的方法,缺点是要求有可用备件。替换法适用于以下情况:

(1)排除传输外围设备的问题,如光纤、接入设备、供电设备。

(2)故障定位到单站后,排除单站内单板的问题。

(3)解决电源、接地问题。

5. 配置数据分析法

设备配置变更或维护人员的误操作,可能会导致设备的配置数据遭到破坏或改变,导致故障发生。对于这种情况,可采用配置数据分析法分析故障。即在故障定位到网元单站后,分析设备当前的网管配置数据和用户操作日志,找出异常配置数据或误操作配置,修改为正确配置。

配置数据分析法可以在故障定位到网元后,进一步分析故障,查清真正的故障原因。但该方法定位故障的时间相对较长,对维护人员的要求高,只有熟悉设备、经验丰富的维护人员才能使用。

6. 更改配置法

更改配置法是通过更改设备配置来定位故障的方法。该方法适用于故障定位到单个站点后,排除由于配置错误导致的故障。注意更改设备配置之前,应备份原有配置数据,同时详细记录所进行的操作,以便故障定位和数据恢复。

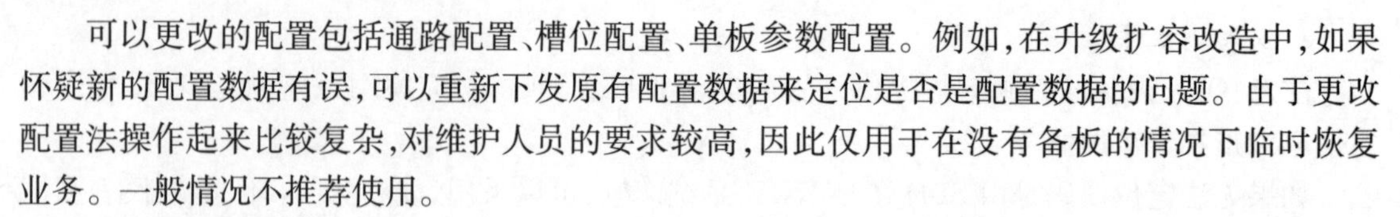

可以更改的配置包括通路配置、槽位配置、单板参数配置。例如，在升级扩容改造中，如果怀疑新的配置数据有误，可以重新下发原有配置数据来定位是否是配置数据的问题。由于更改配置法操作起来比较复杂，对维护人员的要求较高，因此仅用于在没有备板的情况下临时恢复业务。一般情况不推荐使用。

7. 经验处理法

在一些特殊的情况下（如由于瞬间供电异常、低压或外部强烈的电磁干扰），设备某些单板的异常工作状态（如业务中断、监控通信中断），可能伴随相应的告警，也可能没有任何告警，检查各单板的配置数据可能也是完全正常的。此时，经验证明，通过复位单板、重新下发配置数据或将业务倒换到备用通道等手段，可有效地及时排除故障、恢复业务。

经验处理法不利于故障原因的彻底查清，除非情况紧急，否则应尽量避免使用。当维护人员遇到难以解决的故障时，应通过正确渠道请求技术支援，尽可能地将故障定位出来，以消除隐患。

四、典型故障案例分析

（一）EONA 单板 DCM1 与 DCM2 端口间断纤导致多通道业务中断

【故障现象】

两个 OTM 站点间，A 点 GEM8 单板线路侧无告警，B 站点 GEM8 单板上报线路侧（OCH 检测点）OTU 帧丢失告警，如图 7-1-6 所示。

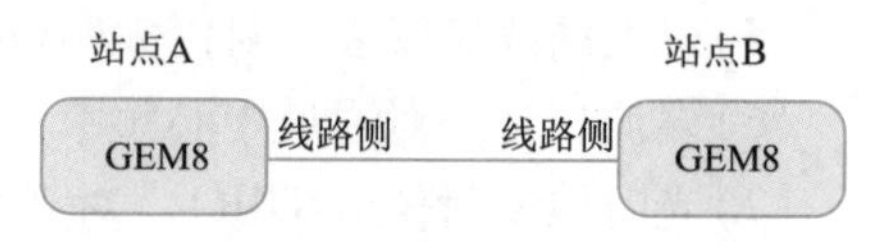

图 7-1-6　EONA 单板 DCM1 与 DCM2 端口间断纤导致多通道业务中断组网示意图

【故障分析】

（1）通过网管拓扑，发现经过站点 A、站点 B 光纤连接中断，并且所有业务线路侧信号全部中断，由此断定故障原因在主光路。

（2）检查主光功率性能数值，发现主光功率几乎无变化，怀疑有 EONA 单板故障，引入噪声，导致本次故障。

【故障处理】

（1）通过网管性能查询，查询 EONA 单板的偏置电流历史性能数据，发现偏置电流参数值波动较大，在输入光功率几乎无变化时，如果偏置电流波动较大，EONA 单板可能存在故障。

（2）找到故障 EONA 单板后，到现场处理问题。发现 EONA 单板色散补偿插箱 DCM1 和 DCM2 之间光纤夹断，更换光纤后，故障解决。

注意：更换光纤时，避免碰触其他光纤或用力拉扯光纤。

【总结】

EONA 单板色散补偿插箱 DCM1 和 DCM2 之间故障，系统有如下明显特征：

（1）主光功率无明显变化。

（2）由于 EONA 单板引入很强的噪声，会导致系统 OSNR 下降，单通道接收功率也有明显降低。

（二）尾纤不洁净导致多通道误码

【故障现象】

组网示意图如图 7-1-7 所示。站点 A～站点 I 组成环 1。站点 A、站点 B、站点 J～站点 M 组成环 2。环 2 各站点之间的距离较近，均不超过 15 km，六个跨段总共约 60 km。每跨段均配置

有 20 km 的色散模块。在开局过程中,网络部分通道存在误码。误码情况如下:

(1)环 2 业务误码情况:

①站点 J 的 SMU 单板(站点 K 方向)的 192.1、192.2、192.6 波道,出现纠错前误码率性能数据,数量级约为 10^{-5}。

②192.1、192.6 波道还出现不可纠正的误码个数和纠错后误码率性能数据。

上述 3 波道均是站点 A 的 SMU 单板对站点 J 的 SMU 单板,经过站点 K ~ 站点 M 时业务均为 OMU 单板到 ODU 单板穿通。

(2)环 1 业务误码情况:

①站点 G 经站点 F,接收站点 B 方向的 192.8 波道,出现纠错后误码性能数据。

②站点 A 经站点 I,接收站点 F 方向的波道,站点 F 经站点 I,发送站点 A 方向的 192.9 波道,出现纠错后误码性能数据。

③站点 B 经站点 C,接收站点 F 方向的波道,出现纠错后误码性能数据。

④站点 A 到站点 B 的长径方向没有出现纠错前误码性能数据。

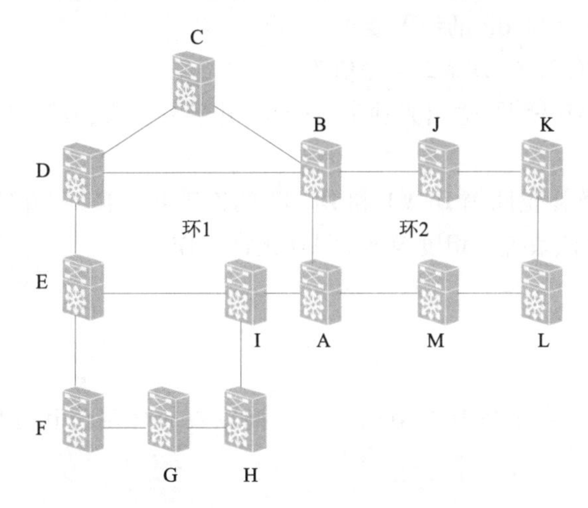

图 7-1-7　尾纤不洁净导致多通道误码组网示意图

【故障分析】

由于各站点距离较近,出现纠错前误码性能数据概率较低。如果出现误码,可能原因有:光功率、OSNR、色散、单板故障。

【故障处理】

(1)测试光功率和 OSNR,数据均正常。

(2)尝试色散模块增减、更换单板后,故障依旧。怀疑可能是某处尾纤连接器不清洁导致。

(3)执行全程尾纤连接器清洁,故障消失。

【总结】

在拔插跳纤时,需注意保护光纤接口,防止破坏尾纤截面或污染尾纤截面,对业务信号产生影响。

(三)EONAD 单板无法通过调节增益控制输出光功率

【故障现象】

使用网管对某新建干线网络 EONAD2520 单板进行增益调整后,该单板的输出光功率基本

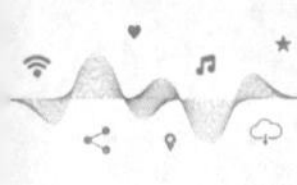

不变化。下游 OTM 站点能够扫描到信号。

【故障分析】

产生该故障原因可能有如下几方面：

(1)输入无光单板会进入下钳位状态。

(2)输入光功率过高,导致 EONAD 单板输出达到饱和功率,增益调整对输出影响不大。

(3)EONAD 单板的色散补充插箱 DCM1 与 DCM2 间连纤异常或差损过大,导致 EONAD 单板工作异常。

(4)EONAD 单板硬件故障。

【故障处理】

(1)通过网管,查询到 EONAD 单板的输入光功率当前性能数据约 -5 dBm,增益调整值为 25,但输出光功率当前性能数据只有 15 dBm。因此排除了输入/输出光功率异常的原因。

(2)怀疑 EOAND 单板硬件故障。更换 EONAD 单板,故障重现。

(3)使用光功率计测量 EONAD 单板的色散补充插箱 DCM1 与 DCM2 之间的插损,数值达到 20 dB,不符合插损值为 11 dB 的设置要求。

(4)更换尾纤,使 DCM1 与 DCM2 插损值为 11 dB。

(5)重新调整 EONAD 增益,输出光功率有变化,并恢复正常,故障排除。

【总结】

EONAD 单板的色散补充插箱 DCM1 和 DCM2 的连纤必须良好,并使 DCM1 和 DCM2 之间的插损值为 11 dB,以保证系统平坦度及 EONAD 正常工作。

任务小结

本任务介绍了网管平台上各种故障信息的查询以及故障定位和处理方法,并结合典型案例,掌握故障处理具体步骤。

※思考与练习

(一)填空题

1. 设备告警是设备性能的间接体现方式,当设备性能低于或高于某一门限值时,设备即会向网元管理系统上报________。

2. 工程问题是指由于________、________等原因造成的设备故障。

3. 设备性能是设备运行状态的直接体现方式,在网络运行维护中有重要意义。通过________,可推测设备运行状态发展趋势。

4. 实时流量监控是监控网元相关的________、________的实时性能。

5. 设置直通性能查询的周期,一般选择________或________。

(二)判断题

1. 设备性能是设备运行状态的直接体现方式,在网络运行维护中有重要意义。(　　)

2. 在分析告警时,应先分析低级别相对简单的告警,再分析高级别告警。(　　)

3. 仪表测试法一般用于排除传输设备外部问题。(　　)

4. 机架性能查询，选中单板，通过右键快捷菜单可查看该单板的当前性能和历史性能。(　　)

5. 由于 OTN 设备自身的应用特点是站点之间的距离较远，因此在进行故障定位时，最关键的一步就是将故障点准确定位到单站。(　　)

(三)简答题

1. 查询网元性能的方法有哪几种?
2. 请简述监控实时性能的步骤。
3. 故障定位的一般原则是什么?
4. 设备故障的原因有哪些?
5. 常见的故障定位方法有哪几种?
6. 请简述拓扑视图查询告警的操作步骤。
7. 直通性能计数器选择页面参数设置包含哪些参数?
8. 排查故障时有哪些工程问题?
9. 替换法适用于哪些情况?
10. 故障定位、处理时，要用到哪些仪表?(列举五种)

附录A

缩略语

缩　　写	英文全称	中文全称
AMP	asynchronous mapping procedure	异步映射规程
ASON	automatically switched optical network	自动交换光网络
ATM	asynchronous transfer mode	异步传输模式
AWG	arrayed waveguide grating	阵列波导光栅
BBU	base band unit	基带处理单元
BMP	bit-synchronous mapping procedure	比特同步映射规程
CBR	constant bitrate	固定码率
CD	chromatic dispersion	色度色散
CDMA	code division multiple access	码分多址
CPRI	common public radio interface	通用公共无线接口
DGD	different group delay	差分群时延
DWDM	dense wavelength division multiplexing	高密度分波多工
EPON	ethernet passive optical network	以太无源光网络
FAS	frame alignment signal	帧定位信号
GMP	generic mapping procedure	通用映射规程
GSM	global system for mobile communications	全球移动通信系统
GPON	gigabit-capable passive optical network	千兆无源光网络
ISDN	integrated services digital network	综合业务数字网
LCAS	link capacity adjustment scheme	链路容量调整机制
MEMS	micro-electro-mechanical systems	微机电系统
MFAS	multi-frame alignment signal	复帧定位信号
MSTP	multi-service transport platform	多业务传送平台
NNI	network node interface	网络节点接口
NGN	next generation network	下一代网络
NTP	network time protocol	互联网时间协议
OCH	optical channel layer	光通路层
ODN	optical distribution network	光配线网络

续表

缩　写	英文全称	中文全称
ODF	optical distribution frame	光纤分配架
ODU	optical channel data unit	光通道数据单元
OLT	optical line terminal	光线路终端
OMS	optical multiplexsection layer	光复用段层
ONU	optical network unit	光网络单元
OPU	optical channel payload unit	光通道净荷单元
OOF	out of frame	帧失步
OSNR	optical signal noise ratio	光信噪比
OTDR	optical time domain reflectometer	光时域发射测试仪
OTN	optical transport network	光传送网
OTS	optical transmission layer	光传输段层
OTU	optical channel transport unit	光通道传输单元
OXC	optical cross-connect	光交叉连接
PDM	polarization mode dispersion	光纤偏振模色散
PDH	plesiochronous digital hierarchy	准同步数字体系
POTN	packet optical transport network	分组光传送网
PTN	packet transport network	分组传送网
PTP	precision time protocol	精确时间协议
QOS	quality of service	服务质量
ROADM	reconfigurable optical add-drop multiplexer	可重构光分插复用

参考文献

[1] 王健. 光传送网 OTN 技术、设备及工程应用[M]. 北京:人民邮电出版社,2016.

[2] 刘国辉. OTN 原理与技术[M]. 北京:北京邮电大学出版社有限公司,2020.

[3] 李允博. 光传送网(OTN)技术的原理与测试[M]. 北京:人民邮电出版社,2013.

[4] 中华人民共和国工业和信息化部. 光传送网(OTN)工程技术标准:GB/T 51398—2019[S]. 北京:中国计划出版社,2019.